Kamailio in Action

Kamailio 实战

杜金房 吕佳娉 ◎ 著

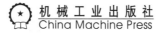
机械工业出版社
China Machine Press

图书在版编目（CIP）数据

Kamailio 实战 / 杜金房，吕佳娉著 . —北京：机械工业出版社，2022.8
ISBN 978-7-111-71247-3

I. ① K… II. ①杜… ②吕… III. ①计算机网络 - 通信协议 IV. ① TN915.04

中国版本图书馆 CIP 数据核字（2022）第 127670 号

Kamailio 实战

出版发行：机械工业出版社（北京市西城区百万庄大街 22 号　邮政编码：100037）

责任编辑：孙海亮　　　　　　　　　　　责任校对：陈　越　　刘雅娜

印　　刷：三河市宏达印刷有限公司　　　版　　次：2022 年 10 月第 1 版第 1 次印刷

开　　本：186mm×240mm　1/16　　　　印　　张：18.75

书　　号：ISBN 978-7-111-71247-3　　　定　　价：99.00 元

客服电话：（010）88361066　68326294

　　杜金房先生邀我为他的新书写一个推荐序，我非常高兴。我曾在通信行业工作，创业之前，在 Motorola、3Com 等公司研发通信产品 10 余年，对通信类的技术非常感兴趣。不过我之前对 Kamailio 不是很了解，因此利用周末时间学习了一下。

　　Kamailio 是一款有 20 多年历史的开源软件，能历经这么多年仍然保持强大的生命力，足见其不凡。老杜的书写得深入浅出，让我轻松理解了 Kamailio，也让我对老杜产生了由衷的佩服。

　　我现在做的产品 TDengine 就是开源的，认识老杜也是因为开源。大概是由于我比较高调，老杜很早就来到我们的用户微信群跟我们交流用 TDengine 来处理话单的存储和查询的感受。在 2021 年的一次开源大会上，老杜还拉着我在嘈杂的晚会一角聊了半个小时。

　　TDengine 是我现在带领团队在做的创业项目。2016 年下半年，我发现大家都习惯性采用 Hadoop 大数据平台来处理从机器、传感器、智能硬件上采集到的数据。其实这些数据是很有特点的，比如时序、结构化、很少删除等，我便想到应该充分利用这些数据特点，开发一个专用的大数据处理平台，来大幅提高系统的处理效率，减少系统研发和维护的复杂度。我个人判断，今后世界上 90% 的数据都是机器、传感器产生的，而不会是人产生的，这是一个巨大的市场，很有想象空间，因此我决定再次创业，专注于物联网、工业互联网领域，打造一个专用的高效时序大数据处理平台。

　　跟 Kamailio 类似，TDengine 也是使用 C 语言开发的。当然，20 多年前做 Kamailio 这样的软件，除了 C 语言几乎没什么其他选择，而现在我们有了更多的选择，比如被誉为互联网时代的 C 语言的 Go 语言等。但是因为我个人一直用 C 语言做研发，而且底层软件，包括几乎所有流行的数据库，都是用 C 语言开发的，所以我还是毫不犹豫地选择了 C 语言。老杜也是 C 语言的拥趸，看到他在 FreeSWITCH 开源项目中 10 多年间贡献了超过 15 万行代码，我还是非常佩服的。向开源项目做贡献跟自己做开源项目不一样，比如我自己的 TDengine 由我自主可控，可以提交任何我认为正确的代码，而向开源项目做贡献，要得到上游项目方的认可。老杜能够持续多年贡献这么多代码，本身就是一种实力的表现。

　　上个月老杜发起了一个开源项目：在 FreeSWITCH 中写一个 TDengine 的模块，使用 TDengine 存话单。话单本身就是 TDengine 的一个很好的应用场景，符合时序数据库的特点：数据量大，总体按时间有序，一次写、多次读且不能修改。在开发过程中他还遇到了 TDengine 客户端库与 FreeSWITCH 中符号表冲突的问题，并向我们提出了问题和解决方案。这也是开源的好处，如果不是他，我们可能要过很久才会发现这些潜在的问题，何况他还给我们带来了免费的解决方案。未来必将是开源软件主导的世界，因为这样会让整个社会的协作更有效率，让全球的开发者都能参与进来，产品的质量也更有保障。

　　IT 技术表面上变化很快，但究其根本，变化很小，因为底层的原理都是一样的。话单，本质上就是时序数据。而时序数据的存储，与 IT 系统中的消息队列的存储几乎没有区别。数据库技术中的集群技术，包括高可靠、高可用等，在通信行业，至少 30 年前就在研究和应用了。通信行业的集群需要通过分布式技术，让系统处理能力实现水平扩展，让硬件实现热插拔，让软件实现在线升级。因此，如果你精通一个领域的知识，再转到另外一个相关领域，会很容易。

　　再说回 Kamailio，这本书主要以 Lua 语言来写路由脚本，这对我来说很亲切。我们在 TDengine 客户端库中也用到了 Lua 语言。

　　这是第一本关于 Kamailio 的中文书，如果你在通信领域工作，特别是在做 SIP 相关工作，推荐你读一读这本书。

陶建辉

TDengine 创始人

2022 年 5 月写于美国加州

收到杜总让我写推荐序的邀请后，我一口气看完了杜总发过来的手稿，感到既惶恐又激动。感到惶恐是因为我平时除了写代码之外，很少在其他的"写"上下功夫。一是因为"懒"，二是因为文采实在有限——我的老板经常对我写的材料感到无可奈何（在此，感谢我的老板的宽容，并给我大块的自由时间）。我担心我这写作水平把杜总这么好的书写坏。至于激动，是因为杜总不仅技术水平过硬，而且性格好，交际广。他认识那么多技术专家，却还能想起我，让我觉得荣幸之至。

既然要写推荐序，那么我就按部就班地写两方面的东西。一方面是 Kamailio 本身，另一方面是杜总。

关于 Kamailio，我是在 2012 年开始使用的。在那之前，我们几个人开发了一套完整的 VoIP 产品，并于 2009 年卖给了美国一家公司。两年之后，我厌倦了安逸，萌生了再开发一套 VoIP 产品的念头。重起炉灶，从零开始是不现实的，那也是对全球源码贡献者的不尊重。当时在我们面前有几个优秀的开源栈：Resiprocate、Yate、FreeSWITCH、OpenSIPS、BellSIP、Kamailio、Sofia 等。由于当时我们还有大量的客户使用 E1/T1 中继，所以还要考虑 IMS、SIGTRAN、SS7 相关模块的开发。经过将近半年的摸索、压测、比对，我们在系统方面选择了 FreeSWITCH+Kamailio+Yate 的组合，以求在终端方面提供基于 IMS 架构的 SIP 软电话和 WebRTC 网页软电话。

在这里，我简单说一下我对产品的理解。相对来说，我觉得 FreeSWITCH、Kamailio 等都不算是一个完整的产品。一个产品是需要从整体用户需求、稳定性、可靠性、可兼容性、可维护性等方面来综合设计的（先声明，我不是产品经理），比如负载均衡、路由分发、资源重组、信令媒体分离、信令协议栈适配、音视频媒体分离、传输和编解码算法分离……所以，很多国内精通 FreeSWITCH 或者 Kamailio 的程序员，不一定能做出一个很好的产品。

Kamailio 和 OpenSIPS 都是 OpenSER 的分支，为什么我们选择了 Kamailio 呢？这和我们当时的产品思想有关。这主要体现在如下几方面。

第一方面，我们使用 FreeSWITCH 做媒体，并通过 dialplan 的 Lua 接口，使用 Lua 语言开发了一套 B2BUA 模块。这个 B2BUA 模块可以在不使用 Socket 的情况下，直接在应用层对接 Kamailio 的 Lua 模块并进行进程间的交互，从而形成 SIPServer（Kamailio）+ B2BUA+MediaServer（FreeSWITCH）的标准 VoIP 分布式架构。

第二方面，Kamailio 能够很好地支持 WebSocket 交互，从而支持 WebRTC 通信。

第三方面，Kamailio 能够方便对接 Yate 的 SIGTRAN 模块，进而驱动 M3K、M5K 等外部 SIGTRAN 设备。这样 Kamailio 就成了一个功能比较齐全的网关模块（支持 SIP、SIGTRAN、WSS 等）。

第四方面，Kamailio 能够很完美地支持 IMS 架构中的 P-CSCF 和 S-CSCF（虽然还是修改了一些代码）对接。现在随着 5G 的全面部署，4G 中的 IMS 模块也变成了 v-IMS 模块，Kamailio 能完美实现对新网元的功能对接。

当然，其他的开源栈并非不优秀，只是基于我们的产品设计，我们选择了 Kamailio，并且它也确实很好用！

关于杜总，我们年纪相同，相识于 2017 年。当时，他正为声网的 RTC 四处奔波。实际上，我和杜总身上有一些共同的标签，比如技术控，所以，几次交流后就变成了好朋友。但杜总身上有很多我不具备的优秀品质，比如勤奋、热爱分享。

杜总出版了多本书，最有名的是《FreeSWITCH 权威指南》。书很好，我看了好几遍。其实，我要比杜总更早接触 FreeSWITCH 和 Kamailio。但我总是宁愿看晦涩的英文文档，也从没动过把自己踩的坑好好整理成中文书的念头。2019 年，我和杜总曾计划联合写一本书，书名和目录都定下来了，但我却一直停工到现在。看到杜总又一本新书即将出版，我愈加觉得自己的"懒癌症"有点严重了！

杜总通过出书、讲课、建社区，极大地拉低了 VoIP 开发的技术门槛，培训出了无数优秀的技术人员，他为 RTC 行业发展做出了有目共睹的贡献。

最后，对于这本书，我希望从事 RTC 开发的伙伴能够人手一本，因为它会帮大家降低时间成本，提高开发效率。

王文敏

中移在线高级技术专家

早就想写这样一本书了。

自《FreeSWITCH 权威指南》于 2014 年出版以来，我收获了好多读者，也收到了很多很好的反馈，很多读者说希望能看到一本关于 SIP 代理服务器的书。因为随着业务规模扩大，FreeSWITCH 势必要做集群，而做集群就需要一个 SIP 代理服务器。Kamailio 是一个很好的 SIP 代理服务器，在过去的几年里，我们也在很多项目中用到了它。与其说为了满足读者的期盼，不如说我自己想写一本关于 Kamailio 的书。因为我们团队的小伙伴要看，我们给客户做培训要用，而关于 Kamailio 的中文资料却少之又少。

我与 Kamailio 的渊源

我与 Kamailio 的故事还得从很久以前说起。

我大学毕业后的第一份工作是在烟台电信[○]做程控交换机的运维，在大学里学的"程控数字交换与现代通信网"课程算是派上了用场。那时候，运营商使用的交换机还是程控交换机，非常庞大且笨重。我维护的交换机主要是上海贝尔 S1240 系列以及华为的 CC08 系列。感谢那些工作，让我做到了将理论与实践相结合，并对通信网和七号信令有了深入的理解。那些年，我也见证了电信改通信、通信改网通的行业变革。至于运营商混合所有制改革，那都是后来的事。

后来我又学习了 Asterisk 和 FreeSWITCH，并加入一家北京的在线教育公司，使用 FreeSWITCH 做实时在线口语教学。良好的通信知识基础和开放的团队氛围让我很快学会了 FreeSWITCH，并最终加入 FreeSWITCH 开源社区，成了 FreeSWITCH 开源项目的核心贡献者。我提交了很多补丁，涉及核心交换功能以及很多外围的模块，其中视频相关的代码和模块前期几乎都是我写的。后来，我整理了自己的学习笔记及博客文章，又编写了

○ 电信这个名字大家应该都很熟悉。中国电信业在短短的几年内经过了数次重组改制，我离开时叫烟台网
　通，现在叫烟台联通，而烟台电信是我刚参加工作时的名字，与现在的烟台电信不是同一家公司。

一些新内容，出版了《FreeSWITCH 权威指南》一书。该书出版时我已经辞职，开始独立创业，主要提供 FreeSWITCH、OpenSIPS、Kamailio 相关的技术开发和咨询工作。现在我的工作主要是带领团队基于这些开源项目打造与 IP-PBX、软交换和呼叫中心相关的实时通信产品和服务。

随着我对 FreeSWITCH 的深入理解和使用、维护的系统规模的扩大，以及客户对安全性、稳定性的要求越来越高，单机版的 FreeSWITCH 已经无法满足我的需求，因此，我又学习了 Kamailio 以及 OpenSIPS，并成功将它们应用于多个大型项目中。当时的 Kamailio 和 OpenSIPS 版本都还比较低，Kamailio 中还有很多处于独立目录中的 OpenSER 模块。也许是无知者无畏，当时我们还直接拉了 Kamailio 的代码按客户的要求进行大改，后来虽然测试成功了，但是我们最终决定只用 FreeSWITCH，而我们编写的那些代码也没有上线。不过我们因此积累了很多宝贵的一手经验。

再后来，我们在另一个大型项目中使用了 OpenSIPS，用其与 FreeSWITCH 配合。当时我们使用了一种非常简单但有效的架构：SIP 话机使用基于 UDP 的 SIP 协议通过 OpenSIPS 注册到 FreeSWITCH，话机做主叫时会经过 OpenSIPS 做负载均衡，做被叫时 FreeSWITCH 直接呼叫话机而不经过 OpenSIPS。这种架构简单好用，一直没出过问题，直到数年后我们遇到仅支持 TCP 且不太规范的 SIP 终端。

Kamailio 和 OpenSIPS 都是 OpenSER 的延续版，在最初的版本中两者其实差别不大。我在《FreeSWITCH 实例解析》⊖中写过一些 OpenSIPS 相关的内容。至于为什么是 OpenSIPS 而不是 Kamailio，大概是因为 OpenSIPS 的名字中含有 SIP 吧，也可能是因为我们感觉国内的 OpenSIPS 用户要更多一些，但无论如何总得选一个吧。实际上，两者一直在更新版本，但主要功能没多大差别，在我的项目中两者也都用过，具体用哪个主要看甲方的偏好。

我跟 Kamailio 和 OpenSIPS 的主要作者在 ClueCon 上见过多次面，喝过啤酒，聊过天。他们人也都很好，同是程序员，我和他们有聊不完的话题。现在，OpenSIPS 团队在罗马尼亚，Kamailio 主要作者则在德国柏林。2017 年我们还邀请 OpenSIPS 开发团队到我们主办的"FreeSWITCH 开发者沙龙"上做过远程演讲。

最近在项目中使用 Kamailio 比较多，主要是因为我比较喜欢 Kamailio 中的 KEMI 接口，可以直接用 Lua 语言写路由逻辑。事实上，本书将主要介绍 KEMI 和 Lua 路由脚本。

Kamailio 主要是一个代理服务器（Proxy），它不会主动发起呼叫，而是对呼叫 SIP 消息进行转发，因此不能"开箱即用"，你需要自己写一些转发逻辑。从另一个方面来讲，如果使用 Kamailio，你必将会用到像 FreeSWITCH 或 Asterisk 那样的软件。简单来讲，Kamailio 与 FreeSWITCH 最大的不同是——前者是一个代理服务器，而后者是一个 B2BUA。

或许你已经了解了 FreeSWITCH，事实上，本书中将会多次提到 FreeSWITCH。虽然

⊖ 我写的一本电子书，介绍了很多 FreeSWITCH 实例，但未正式出版。

具备 FreeSWITCH 基础知识并不是阅读本书的必要条件，但如果你了解 FreeSWITCH，那阅读本书会事半功倍。当然，本书也可以助你深入了解 SIP，进而更了解 FreeSWITCH。

本书面向的读者

在开始写作本书时，Kamailio 刚刚庆祝完 20 周岁的生日，所以我希望以本书作为献给 Kamailio 的生日礼物，同时希望能帮助初学者快速掌握 Kamailio，帮助资深运维和开发人员深入理解和灵活使用 Kamailio。

具体来说，我希望本书能对以下人员有帮助。

1）FreeSWITCH 从业者

这些人大部分应该已读过我的《FreeSWITCH 权威指南》。相信本书能从另一个角度、另一个维度帮助他们理解 SIP，理解通信逻辑。无论最终是否使用 Kamailio，本书都会给他们带来帮助。即使他们自己不使用 Kamailio，他们的对端也有可能在使用 Kamailio，知己知彼，百战百胜；如果自己要使用 Kamailio，阅读完本书自然能事半功倍。

2）VoIP 系统、软交换系统、电信设备开发人员

这些开发人员必定会与 SIP 打交道，有的甚至要自主研发 SIP 协议栈和设备，这时就要与别人对接，Kamailio 可以是一个很好的测试和验证平台。另外，他山之石可以攻玉，说不定看看 Kamailio 的源代码能得到很多启发。无论如何，参考 Kamailio 的 KEMI，将 Lua 等嵌入式脚本语言融入这些电信设备，必将大大增加系统的可扩展性和兼容性。

3）Asterisk 开发者

跟大多数 Asterisk 开发者一样，我也是读着《Asterisk，电话未来之路》《Trixbox⊖不相信眼泪》一路走过来的。与 FreeSWITCH 类似，Asterisk 也需要做集群，若做集群，则 Kamailio 是不二之选。

4）VoIP 系统实施、维护人员

对于实施、维护呼叫中心、IP-PBX 等系统的人员来说，本书也是不可多得的 SIP 教程。运维人员通常需要进行现场诊断、排错，还要分析 SIP 包等。扎实的 SIP 功底是高效做好这些事情的必要条件。Kamailio 以及本书提到的一些 SIP 工具可以帮助模拟信令流程，进而帮助这些人更快地定位问题并排错。甚至，可以临时将 Kamailio 串联到系统中，处理不兼容设备间的信令适配问题。

5）电信企业的维护人员、销售人员、决策人员

广大电信企业的人员在以往的工作中积累了大量的工作经验，但往往局限于华为、中兴等设备厂家提供的解决方案和技术架构。技术瞬息万变，在市场竞争日益激烈，国内电信政策调整并逐渐宽松之际（如虚拟运营商牌照的发放），只有了解另一种解题思路，掌握

⊖ 基于 Asterisk 的一款 PBX 软件，提供了图形配置界面、安装维护系统等。

新技术，才能更好地把握市场方向，为客户提供更好的服务。

6）电信企业的开发人员

现在，国内的电信企业内部都有自己的研究院，以支撑电信系统以及周边系统的选型与建设。在软件国产化、"信创"、自主可控的产业背景下，如果用到 SIP 处理，Kamailio 当然是一个很好的选择。

7）呼叫中心从业人员

可以预见，在不远的将来，将有很多呼叫中心是基于 FreeSWITCH 和 Kamailio 开发的。而本书中丰富的基础知识和详尽的功能介绍将对使用、管理呼叫中心系统起到很好的指导作用。

8）在校教师和学生

大部分学校的教材只讲了 VoIP 原理及 SIP，很枯燥。老师教育学生"要理论与实践相结合"，而本书正是理论与实践的最佳结合点。学生在本书中学到的知识和技能可以直接用在日后的工作中。

9）互联网 RTC 从业人员

随着 WebRTC 的飞速发展，基于互联网的实时通信也发展迅猛，各种互联网教育、直播连麦、在线音视频会议等都会使用新兴的 RTC 技术。但 WebRTC 是一个媒体层的标准，没有规定信令，而 Kamailio 实现了 SIP over WebSocket 信令，支持浏览器中的 WebRTC 呼叫。另外，不管使用何种信令，基于互联网的 RTC 系统也难免与传统的通信系统对接，深入了解 SIP 才能更好地做好互联网与传统电信系统的无缝互联与融合。

10）开发经理、技术决策人员

了解本书所讲的知识有助于技术选型和决策。本书虽然主要讲 Kamailio，但对相关的技术和产品（如 FreeSWITCH、OpenSIPS 等）也都有对比和分析。全面了解各种技术有助于做出更好的决策。

11）OpenSIPS 用户

Kamailio 与 OpenSIPS 同根同源，很多概念和理论都是相通的。虽然本书的示例主要使用 KEMI，在 OpenSIPS 中还没有对应的方法，但是，在呼叫流程的处理、SIP 消息头域管理、号码变换、路由选择、负载均衡和高可用等方面都是相通的。事实上，KEMI 在 Kamailio 中也是很新的概念，本书的示例也有很多是从原生脚本的示例中翻译过来的。如果读懂本书，就能将这些示例翻译回原生脚本，使其适用于 Kamailio 和 OpenSIPS。

本书的内容及特色

本书从 Kamailio 的历史、基本概念和逻辑讲起，即使没有相关经验的读者也能轻松入门。如果读者还有一些通信相关的行业背景知识以及相关的计算机网络基础知识，读起来会更轻松。为了照顾对通信和 SIP 不太熟悉的读者，本书附带了大量的脚注信息和相关链接，供读者查阅。本书的附录部分也有对 FreeSWITCH、Docker 和 Lua 语言等相关基础知识的介绍，即使不熟悉这些内容的读者也能快速入门并无障碍地阅读本书。此外，如果你读过《FreeSWITCH 权威指南》，你就有了阅读本书的非常好的基础。

鉴于本书的章节安排，本书适合按从头到尾的顺序阅读。当然，所谓顺序阅读并不是需要逐字逐句阅读。尤其是第 3 章中列出的参数众多，初次阅读时观其大略即可。读完一遍后，再反复阅读某些章节，相信每次你都会有新的收获。

本书的主要特色是 KEMI，以及通过 Lua 写路由脚本。Lua 是一门轻量级的编程语言，非常适合写路由脚本。Lua 除了用在 Kamailio 中外，还被广泛用在 FreeSWITCH、Nginx（OpenResty）、PostgreSQL、VLC、Wireshark 等知名软件中。

排版及约定

❑ 有些代码行或日志输出较长，为适应版面，进行了人工换行和排版。

❑ 提示符：对于命令行的输入输出来说，在 Linux 及 Mac 等 UNIX 类平台上，前面的 $ 或 # 为操作系统命令提示符；在不至于引起混淆的情况下，可能会省略系统提示符。

❑ 注释：在 Kamailio 原生脚本中，统一使用 # 或 // 表示注释（有的情况下 # 也代表命令行提示符，请注意区分），而在 Lua 脚本和 SQL 语句中，使用 -- 表示注释。

❑ 本书给出的示例代码，如果在随书附赠的源代码中也有，一般会给出源代码文件名，如 mtree.lua，以方便读者运行对照。

❑ 为节省篇幅，本书的示例代码中加了大量的注释，这样处理可以使注释更便于阅读且更有针对性。所以代码内的注释也是本书很重要的部分。

资源和勘误

❑ kamailio.org 是 Kamailio 社区官方网站，上面有各种资源。

❑ kamailio.org.cn 是 Kamailio 中文网站，由我和 SIP/VoIP 专家 James Zhu 共同维护。

❑ book.dujinfang.com 是本书的在线站点，提供本书的源代码下载及勘误服务等。

❑ dujinfang@gmail.com 是我的电子邮箱，如果你对本书有任何意见、建议或批评，请发到该邮箱。

❑ https://weibo.com/dujinfang 是我的个人微博，我很乐意与各位读者进行交流。

❑ RTS.cn 是一个探讨开源和商业最佳结合的技术社区，有 Kamailio、FreeSWITCH 相关的技术交流以及年度技术论坛——RTSCon。

❑ FreeSWITCH-CN 是 FreeSWITCH 中文社区的微信公众号，未来也会多发一些 Kamailio 的内容，欢迎大家搜索 "FreeSWITCH-CN" 关注。

由于我水平有限，书中错误和疏漏在所难免，欢迎广大读者朋友批评指正。

致谢

本书在写作时参考的大量资料都来自 Kamailio 开源社区及其官方网站上公开的信息，包括但不限于网页、演讲 PDF、YouTube 视频等，以及 *SIP Routing with Kamailio* 这本电子书[⊖]。Daniel-Constantin Mierla 是 Kamailio 开发者之一，为本书的写作提供了很多指导和建议。Kamailio 软件发展到今天，是德国的 FhG FOKUS 研究所、参与开源社区的众多个人开发者和公司共同努力的成果，在此一并致谢。

感谢机械工业出版社。机械工业出版社对中文原创计算机图书的支持让我倍感温馨。感谢杨福川编辑，他的图书出版理念给了我许多启发和写作的动力。感谢孙海亮编辑，他的耐心和细致保证了本书的质量和写作进度。

感谢我的妻子吕佳娉，她是本书的第二作者，也是本书的第一读者。她编辑整理了前三章和附录中的部分内容，也常常帮我修订文字错误。她基本上包揽了所有的家务和孩子的功课辅导，让我有更多的时间写作。

感谢我的儿子杜昱凝。他从很小就帮我测 FreeSWITCH 电话，现在已经是初中生的他也经常帮我调试 Kamailio 路由脚本并测试电话。也感谢他对我的理解，我总是忙于上班和写作，少了很多陪他玩耍的时间。

感谢我的同事韩小仿、景朝阳、杜林君、杨小金等，他们帮我提供了很多案例，做了很多测试和验证。感谢我的同事林彦君设计了本书封面。感谢烟台小樱桃网络科技有限公司，为本书的出版提供了人力和资金支持。没有他们，便没有此书。

杜金房
2022 年 5 月于烟台

⊖ 又称为 *Kamailio Admin Book*，作者为 Daniel-Constantin Mierla 及 Elena-Ramona Modroiu，参见 https://www.asipto.com/sw/kamailio-admin-book/。

Contents **目　　录**

推荐序一

推荐序二

前言

第 1 章　Kamailio 与 SIP ············· 1

1.1　什么是 Kamailio ················· 1

1.2　背景 ························ 3

1.3　SIP ······················· 5

　　1.3.1　SIP 基础················· 6

　　1.3.2　SIP 的基本概念和相关元素 ···· 7

　　1.3.3　SIP 的基本方法和头域 ······· 9

　　1.3.4　SIP URI ················ 9

　　1.3.5　SDP 和 SOA ·············· 10

　　1.3.6　SIP 承载················ 14

　　1.3.7　事务、对话和会话 ·········· 14

　　1.3.8　Stateless 与 Stateful ······· 17

　　1.3.9　严格路由和松散路由 ········· 18

　　1.3.10　Record-Route ··········· 19

1.4　Kamailio 基本架构 ··········· 19

第 2 章　理解 Kamailio 配置文件 ······· 23

2.1　基本配置文件 ················ 23

2.2　原生脚本 ··················· 27

2.3　Lua 脚本 ··················· 32

2.4　Lua 脚本的其他写法 ··········· 38

第 3 章　Kamailio 基本概念和组件 ···· 40

3.1　core 详解 ·················· 40

　　3.1.1　全局参数部分 ············· 40

　　3.1.2　模块设置部分 ············· 41

　　3.1.3　路由块部分 ··············· 41

　　3.1.4　通用元素 ················ 42

　　3.1.5　核心关键字 ··············· 46

　　3.1.6　核心值 ················· 48

　　3.1.7　核心参数 ················ 49

　　3.1.8　DNS 相关参数 ············· 60

　　3.1.9　TCP 相关参数或选项 ········· 61

　　3.1.10　TLS 相关参数 ············ 66

　　3.1.11　SCTP 概述 ·············· 66

　　3.1.12　UDP 相关参数 ············ 66

　　3.1.13　核心函数 ··············· 67

　　3.1.14　自定义全局参数 ··········· 73

　　3.1.15　脚本语句 ··············· 73

　　3.1.16　脚本操作符 ·············· 75

3.2　其他概念和组件 ··············· 78

　　3.2.1　伪变量 ················· 78

　　3.2.2　htable ················· 79

　　3.2.3　AVP ··················· 80

　　3.2.4　模块 ··················· 81

第 4 章　KEMI 详解 ·············· 83

4.1　KEMI Lua 入口 ·············· 84

4.2 KEMI 函数 ·················· 85
4.2.1 函数整型返回值规则 ··· 85
4.2.2 函数返回 0 的情况 ····· 86
4.2.3 模块函数 ··············· 86
4.3 在 C 函数中导出 KEMI 函数 ······· 86
4.4 KEMI 和伪变量 ············ 89
4.4.1 伪变量静态名称限制 ····· 89
4.4.2 针对特定伪变量的函数 ··· 90
4.5 核心和 pv 模块中的函数 ·········· 91
4.5.1 核心中的常用函数 ······· 91
4.5.2 pv 模块相关函数 ········ 94
4.5.3 KSR.hdr 子模块 ········ 96
4.5.4 特殊的 KEMI 函数 ······ 99
4.6 原生脚本与 KEMI 对比 ······· 100
4.6.1 函数名 ················ 100
4.6.2 函数的参数 ············ 100
4.6.3 停止当前脚本执行 ········ 101
4.7 其他 ···················· 101

第 5 章 Kamailio 运行环境与实例··· 104
5.1 运行 Kamailio ··········· 104
5.1.1 环境准备 ············· 104
5.1.2 在命令行上运行 Kamailio ···· 105
5.1.3 将配置文件保存到宿主机···· 113
5.1.4 使用 Docker Compose 管理
容器 ················ 113
5.2 将 SIP 呼叫转发到 FreeSWITCH · 115
5.3 从简单的路由脚本开始 ·········· 116
5.4 Kamailio 命令行工具 ······· 117
5.4.1 kamctl ············· 117
5.4.2 kamdbctl ·········· 120
5.4.3 kamcmd ·········· 121
5.4.4 kamcli ··········· 122

5.4.5 sipexer ··········· 124
5.5 Web 管理界面 ··········· 127
5.6 调试与排错 ·············· 130
5.6.1 使用 sipdump 模块跟踪 SIP
消息 ··············· 130
5.6.2 其他 SIP 相关工具简介······· 131

第 6 章 使用 Kamailio 做 SIP
路由转发 ··············· 132
6.1 什么是路由 ·············· 132
6.2 基本路由转发 ············ 134
6.2.1 最简单、最安全的路由转发··· 134
6.2.2 无状态转发 ··········· 134
6.2.3 有状态转发 ··········· 135
6.2.4 并行转发 ············· 135
6.2.5 串行转发 ············· 138
6.3 使用 dispatcher 模块做路由转发
和负载均衡 ·············· 140
6.3.1 基本用法 ············· 140
6.3.2 dispatcher 模块 ······ 142
6.3.3 优先级路由及备用路由 ····· 144
6.3.4 按权重路由 ··········· 145
6.3.5 特殊参数 ············· 145
6.3.6 从数据库中加载 ········ 146
6.4 呼叫从哪里来 ············ 146
6.4.1 根据 IP 地址段判断 ········ 147
6.4.2 使用 dispatcher 模块判断 ···· 148
6.4.3 使用 permissions 模块判断 ··· 149
6.4.4 使用 geoip2 模块判断 ······ 150
6.5 API 路由 ··············· 151
6.5.1 通过 HTTP 查询路由 ······ 151
6.5.2 rtjson ·············· 157
6.5.3 evapi ············· 161

6.6 在 KEMI 脚本中调用原生脚本中的路由块 ·········· 168

第 7 章 数据库操作 ·········· 169

7.1 初始化数据库 ·········· 169
7.1.1 PostgreSQL ·········· 169
7.1.2 MySQL ·········· 171
7.2 配置数据库连接 ·········· 172
7.3 在路由时进行 SQL 查询 ·········· 172
7.4 其他函数和伪变量 ·········· 174
7.5 常用数据库表结构 ·········· 175

第 8 章 15 个典型的路由示例 ·········· 177

8.1 通过号码分析树进行路由 ·········· 177
8.2 号码翻译 ·········· 179
8.3 低成本路由 ·········· 181
8.4 前缀路由 ·········· 184
8.5 动态路由 ·········· 186
8.6 缩位拨号 ·········· 188
8.7 通过别名数据库路由 ·········· 189
8.8 运营商路由 ·········· 190
8.9 字冠域名翻译 ·········· 192
8.10 用户注册和查询 ·········· 193
8.11 向外注册 ·········· 195
8.12 更多 AVP 示例 ·········· 198
8.13 话单 ·········· 200
8.14 SBC ·········· 202
8.14.1 代理注册 ·········· 202
8.14.2 NAT 穿透 ·········· 206
8.14.3 代理媒体 ·········· 209
8.14.4 使用 FreeSWITCH 做 B2BUA 模式 ·········· 217

8.14.5 拓扑隐藏 ·········· 218
8.15 WebRTC ·········· 219

第 9 章 性能 ·········· 223

9.1 性能测试 ·········· 223
9.1.1 早期的性能测试 ·········· 223
9.1.2 KEMI 性能测试 ·········· 234
9.1.3 使用 VoIPPerf 进行性能测试 ·········· 235
9.2 拆解 Kamailio 高性能信令服务设计 ·········· 238
9.2.1 懒解析 ·········· 238
9.2.2 内存管理 ·········· 240
9.2.3 并发和同步 ·········· 241
9.2.4 定时器和异步操作 ·········· 242
9.2.5 缓存 ·········· 242
9.2.6 异步处理 ·········· 243
9.2.7 其他 ·········· 243

第 10 章 安全 ·········· 244

10.1 基本安全手段和策略 ·········· 244
10.2 限呼 ·········· 245
10.2.1 限制 User-Agent 头域 ·········· 245
10.2.2 限呼某些目的地 ·········· 246
10.2.3 限制高频呼叫 ·········· 247
10.2.4 限制太多的错误鉴权 ·········· 248
10.2.5 限制并发呼叫 ·········· 249
10.3 TLS ·········· 250
10.3.1 理解 TLS 证书及密钥 ·········· 251
10.3.2 自签名证书 ·········· 252
10.3.3 在 Kamailio 中配置 TLS ·········· 252
10.3.4 TLS 连接测试 ·········· 253
10.3.5 自制 CA 根证书 ·········· 254

10.3.6　其他 ·················· 255

10.4　iptables ················· 256

10.5　其他安全建议和相关链接 ······· 257

附录 A　安装 Kamailio ·············· 258

附录 B　FreeSWITCH 快速入门 ····· 262

附录 C　Lua 快速入门 ················ 267

附录 D　Docker 简介及常用命令 ···· 275

附录 E　模块索引表 ··················· 280

后记 ······································ 282

第 1 章　*Chapter 1*

Kamailio 与 SIP

Kamailio[⊖]是一个开源的 SIP 服务器，主要用作 SIP 代理服务器、注册服务器等，而 FreeSWITCH[⊖]是一个典型的 SIP B2BUA，主要用于 VoIP 媒体相关的处理。

在学习 FreeSWITCH 以及 SIP 的过程中，经常有人问我："SIP 消息中那么多头域和参数，都是干什么用的？有些头域我从来也没有用过，是否真正有用？"我的回答是肯定的。FreeSWITCH 只是一个应用场景，SIP 是面向运营商设计的协议，在实际的部署环境中比单纯的 FreeSWITCH 要复杂得多。当然并不是所有人都能接触到运营商的环境，不过，现在是开源主导的世界，通过学习 OpenSIPS 或 Kamailio，就可以更好地理解 SIP 了。

1.1　什么是 Kamailio

Kamailio 主要处理 SIP，因此了解 SIP 对更快地学习 Kamailio 有很大帮助，而学好 Kamailio 又有助于进一步了解 SIP，两者相辅相成。即使没有这两者太多的基础，相信通过本章的讲解，你也能初窥门径。

Kamailio 基于 GPLv2+ 开源协议发布，它可以支持每秒建立和释放成千上万次的呼叫（Call Attempt Per Second，CAPS），可用于构建大型的 VoIP 实时通信服务——音视频通信、状态呈现（Presence）、WebRTC、实时消息等；也可以构建易扩容的 SIP-to-PSTN 网关、IP-PBX 系统，以及连接 Asterisk、FreeSWITCH、SEMS 等。

Kamailio 具有如下特性：

⊖　参见 https://www.kamailio.org/。

⊖　想了解更多 FreeSWITCH 相关知识的话，可参考笔者所著的《FreeSWITCH 权威指南》。

- 支持异步的 TCP、UDP、SCTP、TLS、WebSocket。
- 支持 WebRTC，支持 IPv4 和 IPv6。
- 支持 IM 消息及状态呈现。
- 支持 XCAP 和 MSRP Relay。
- 支持异步操作。
- 支持 VoLTE 相关的 IMS 扩展。
- 支持 ENUM、DID 以及 LCR 路由。
- 支持负载均衡、主备用路由（Fail-Over）。
- 支持 AAA（记账、鉴权和授权）。
- 支持很多 SQL 和 NoSQL 数据库后端，如 MySQL、PostgreSQL、Oracle、Radius、LDAP、Redis、Cassandra、MongoDB、Memcached 等。
- 支持消息队列，如 RabbitMQ、Kafka、NATS 等。
- 支持 JSON-RPC、XML-RPC 控制协议以及 SNMP 监控。

Kamailio 从 2001 年开始开发⊖，至今也有 20 余年的历史了。Kamailio 的读法是 Kah-Mah-Illie-Oh，或简单一点，Ka-Ma-ili-o，或 Kama-ilio，谷歌翻译成 "卡迈里奥"，但笔者觉得翻译成 "卡马伊里奥" 或简称 "卡马"⊜更为合适。

Kamailio 与 FreeSWITCH 配合使用最常用的场景是 Kamailio 作为注册服务器和呼叫负载均衡服务器（一般主备配置），FreeSWITCH 进行媒体相关的处理（如转码、放音、录音、呼叫排队等），如图 1-1 所示。

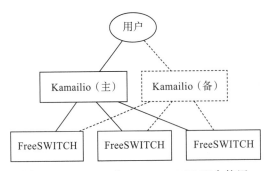

图 1-1　Kamailio 与 FreeSWITCH 配合使用

简单总结一下，Kamailio 是一个：

- SIP 服务器（SIP Server）。
- SIP 代理服务器（SIP Proxy Server）。

⊖　参见 https://www.kamailio.org/w/2021/09/kamailio-20-years-of-development/。
⊜　Kamailio 由 OpenSER 改名而来。Kamailio 意为讲话、交流。这个名字在欧洲和北美以及全球范围内有其独特性，也契合软件本身的意义，不失为一个好名字。参见 https://www.kamailio.org/w/openser-renamed-to-kamailio/。另外，可以到 https://www.kamailio.org/pub/kamailio-jingle/ 页面上听一听 Kamailio 的正宗发音。

❑ SIP 注册服务器（SIP Registrar Server）。

❑ SIP 地址查询服务器（SIP Location Server）。

❑ SIP 重定向服务器（SIP Redirection Server）。

❑ SIP 应用服务器（SIP Application Server）。

❑ SIP 负载均衡服务器（SIP Load balance Server）。

❑ SIP WebSocket 服务器（SIP WebSocket Server）。

❑ SIP SBC 服务器（SIP SBC Server）。

相对而言，Kamailio 不是：

❑ SIP 软电话（SIP Phone）。

❑ 媒体服务器（Media Server）。

❑ 背靠背用户代理（Back-to-Back UA，B2BUA）。

它有以下特性：

❑ 快。

❑ 可靠。

❑ 灵活。

但它不做以下事情：

❑ 发起通话。

❑ 应答通话。

❑ 做音、视频等媒体处理。

1.2　背景

Kamailio 起源于一个研究项目——SER。SER 项目的全称是 SIP Express Router，最早是由位于德国柏林的 FhG FOKUS 研究所开发的，并以 GPL 协议发布。核心研发人员有 Andrei Pelinescu-Onciul、Bogdan-Andrei Iancu、Daniel-Constantin Mierla、Jan Janak 以及 Jiri Kuthan。2004 年 FhG FOKUS 在 SER 的基础上启动了一个新项目 IPtel（iptel. org），次年该项目的商业部分卖给了 Tekelec，核心开发团队中部分成员去了 iptel.org，而 Bogdan 和 Daniel 离开 FhG FOKUS 创建了一家新的公司 Voice-System，并开始维护开源版本的 SER——OpenSER⊖。后来，OpenSER 分出两个项目⊜，一个是 Kamailio，另一个是 OpenSIPS。再后来，Kamailio 与 OpenSER 项目合并，这使得 Kamailio 看起来更"正宗"一些。不管怎样，两者最初的代码都是一样的，但由于思路和方向不同，后来的版本差异就比较大了。本书中我们主要讨论 Kamailio。下面是 Kamailio 的发展简史。

⊖　参见 https://www.voip-info.org/about-openser。

⊜　至于分裂的"恩怨"我们不得而知，现在两个团队都分别有年度会议——Kamailio World 和 OpenSIPS Summit，每年的 ClueCon 年度会议上他们也都会有各自的主题演讲。

- 2001 年 9 月，SER 项目，Andrei Pelinescu-Onciul 在德国 FhG FOKUS 研究所写下第一行代码。
- 2005 年 6 月，分离为 SER 与 OpenSER 两个项目。
- 2008 年 8 月，OpenSER 分为 Kamailio 与 OpenSIPS，首个 Kamailio 版本是 1.4.0。
- 2008 年 11 月，OpenSER 与 Kamailio 代码合并，两者的模块可以通用，但分为不同的模块目录。
- 2009 年 3 月，发布 Kamailio v1.5.0，这是代码合并后的第一个大版本，该版本引入了很多新特性。
- 2013 年 3 月，发布 Kamailio v4.0.0，彻底整合了 OpenSER 的模块，使用同一个模块目录。
- 2017 年 2 月，发布 Kamailio v5.0.0，增加了 KEMI 支持，移除了 MI 控制接口，将相关功能统一到 RPC 管理接口。
- 2017 年 12 月，发布 Kamailio v5.1.0，增强了 KEMI 支持，增加了 sipdump 等 9 个新模块。
- 2018 年 11 月，发布 Kamailio v5.2.0，继续增强 KEMI 支持，增强了 dispatcher 模块，支持 rtpengine 转码功能，增加了 acc_json 等 6 个新模块。
- 2019 年 11 月，发布 Kamailio v5.3.0，继续增强 KEMI 支持，增强 dispatcher 模块，支持 HAProxy 协议，增加了 rtp_media_server 等 6 个新模块。
- 2020 年 7 月，发布 Kamailio v5.4.0，继续增强 KEMI 支持，支持 STIR/SHAKEN，增加了 JSON 格式日志支持，增加了 secsipid、kafka 等 5 个新模块。
- 2021 年 5 月 5 日，发布 Kamailio v5.5.0，继续增强 KEMI 支持，增加 rtpengine 的 Websocket 控制接口支持，增加 jwt 等 6 个新模块。
- 2022 年 2 月 27 日，发布 Kamailio v5.5.4，本书开始写作时最新的版本，包含一些缺陷更新。
- 2022 年 5 月，发布 Kamailio v5.6.0，本书截稿时，该版本已冻结更新并准备发布。完整的特性列表尚未公布。当你拿到本书时，相信该版本就已经发布了。

Kamailio 简史如图 1-2 所示。

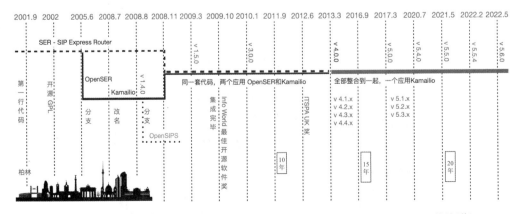

图 1-2　Kamailio 简史（参考 Daniel-Constantin Mierla 在 ClueCon 2020 上的演讲）

1.3　SIP

SIP（Session Initiation Protocol，会话初始协议）是一个控制发起、修改和终结交互式多媒体会话的信令协议。它是由 IETF（Internet Engineering Task Force，Internet 工程任务组）在 RFC 2543⊖中定义的。最早发布于 1999 年 3 月，后来在 2002 年 6 月又发布了一个新的标准 RFC 3261⊜。

除此之外，还有大量相关的或是在 SIP 基础上扩展出来的 RFC，如关于 SDP 的 RFC 4566⊜、关于会议的 RFC 4579⊛等。

关于 SIP，笔者找到对 Henning Schulzrinne⊗教授的一段采访⊗。采访中他回忆了 SIP 协议的诞生过程。

我最开始对音频和视频编码产生兴趣，是因为我的硕士论文与此有关。那时候 PC 声卡还没有广泛用于真正的音频采集，所以我只能在一台 PDP-11/44 迷你计算机上使用 A/D 转换器对信息进行转换。后来互联网和早期的 SUN 工作站（如 SPARC）可以传输实时音视频了，我开始致力于开发和标准化用于在互联网上传输音视频的协议，如 RTP 和 SIP。移动设备的广泛使用造就了"无处不在的系统"，包括现在广为人知的 IoT。

我当时正在致力于一个被称为 DARTnet 的博士科研项目，这个项目可以在一个试验性的叠加网络中传输音频和视频，该网络当时使用了一个新的协议——ST-II（现在已弃用）。网络节点是早期可以实现网络路由器和叠加网络的 SPARC 工作站（来自 SUN 公司），这个系统需要配合相关工具和协议才能运行。我开始积极投入到音视频的各种技术工作中——从创造传输语音和视频的协议到开发支持流畅播放的算法。当时 IETF 为了支持组播骨干网（一种早期可以向千百个观众传输音视频的技术），开始开发所需协议，我也参与其中。这些工作促成了 RTP 的开发工作。RTP 最初是针对组播设计的，后来被用于大多数"基于标准"的音视频传输，而不只限于组播。随着这项工作不断成熟，包括我在内参与这项工作的很多人认为，需要更好的方法来启动音视频会话，SIP 因此诞生了。当时没人在意我们这个小组的研究，因为"真正的"电信工程师们正在研究时分复用电路交换机，而 SIP 是基于 IP 交换的。这反而成了我们的优势，没有人来指手画脚，我们的研究进程也较快。随着有线和无线行业开始认识到需要转入 IP 网络，SIP 所需的底层协议标准实际上已经准备就绪了。

⊖　参见 http://tools.ietf.org/html/rfc2543。

⊜　参见 http://tools.ietf.org/html/rfc3261。

⊜　参见 http://tools.ietf.org/html/rfc4566。

⊛　参见 http://tools.ietf.org/html/rfc4579。

⊗　Henning Schulzrinne 教授是多媒体领域的先驱人物。他是 IEEE 通信协会互联网技术委员会的联合主席，同时也是 *Journal of Communications and Networks* 的编辑。他领导和开发了 VoIP 协议，并为 SIP、RTP 和 RTSP 等多媒体领域中的关键网络传输协议做出了重要贡献。他已发表 250 余篇期刊会议论文，以及 70 多个 RFC 标准。

⊗　详见 https://mp.weixin.qq.com/s/ZoERYGOX1DQm5jstP33fXA。

下面介绍 SIP 中一些基本概念。

1.3.1　SIP 基础

SIP 是一个基于文本的协议，从这方面来讲，SIP 与 HTTP、SMTP 类似。一个典型的 SIP 请求如下：

```
INVITE sip:seven@xswitch.cn SIP/2.0
```

请求由三部分组成：INVITE 表示发起一次呼叫请求；`seven@xswitch.cn` 为请求的地址（Request URI，RURI），又称 SIP URI 或 AOR（Adress of Record，用户的公开地址）；SIP/2.0 是版本号。

SIP URI 类似于一个电子邮件地址，其格式为"协议:名称 @ 主机"。"协议"有 SIP 和 SIPS（后者用于安全通信，如 `sips:seven@xswitch.cn`）两种；"名称"可以是一串数字形式的电话号码，也可以是字母表示的名称；而"主机"可以是一个域名，也可以是一个 IP 地址。

一个 SIP 请求会得到一个响应，响应消息的第一行如下所示：

```
SIP/2.0 200 OK
```

其中中间部分为状态码，由三位数字构成：

- ❑ 1×× 表示临时响应。
- ❑ 2×× 表示成功响应。
- ❑ 3×× 表示重定向。
- ❑ 4×× 表示客户端引起的错误（如请求一个不存在的地址时就会收到著名的 404 状态码）或需要客户端进一步提供的认证信息（如 401 等）。
- ❑ 5×× 表示服务器端的错误（服务器脚本出错等）。
- ❑ 6×× 表示全局错误。

其中临时响应（1××）不是必需的，其他所有的响应都称为最终响应，每一个 SIP 请求都应该有一个最终响应。

起始行以下为 SIP 消息头，如 From 和 To 等。有些 SIP 消息（如 INVITE、200 OK）中会有更进一步的描述信息，这类信息称为正文（Body）。Body 是可选的，并不是所有的请求或响应中都有 Body 字段。如果 Content-Length 为 0 或不存在，就没有 Body。消息头中的 Content-Length 表示正文的长度。在所有的 SIP 头域结束后，会有一个空行，它标志着 SIP 头部的结束及消息正文的开始。

熟悉 HTTP 的读者会发现，SIP 其实与 HTTP 类似。事实上 SIP 就是参考 HTTP 设计的，重用了很多 HTTP 中的内容，如 Digest（摘要）认证等。HTTP 是互联网最重要的协议，而 SIP 也在通信领域很快替代了二进制的 H323 协议成为主流。

1.3.2　SIP 的基本概念和相关元素

SIP 是一个对等的协议，类似于 P2P。不像 HTTP 那样是"客户端 – 服务器"的结构，也不像传统电话那样必须有一个中心的交换机，SIP 甚至可以在不需要服务器的情况下进行通信，只要通信双方都知道对方的地址（或者只有一方知道另一方的地址）。如图 1-3 所示，Bob 拿起话机给 Alice 发送一个 INVITE 请求，说"一起吃饭吧"，Alice 说"好的"，电话就接通了。

图 1-3　SIP 点对点通信

在 SIP 网络中，Alice 和 Bob 的话机都称为 UA[⊖]。UA 是在 SIP 网络中发起或响应 SIP 处理的逻辑功能。UA 是有状态的，也就是说，它维护会话（或称对话）的状态。UA 有两种功能。一种是 UAC（UA Client，用户代理客户端），它是发起 SIP 请求的一方，如图 1-3 中所示的 Bob。另一种是 UAS（UA Server，用户代理服务器端），它是接受请求并发送响应的一方，如图 1-3 中所示的 Alice。由于 SIP 是对等的，所以当 Alice 呼叫 Bob 时（有时候 Alice 也会主动约 Bob 一起吃饭），Alice 的话机就称为 UAC，而 Bob 的话机会执行 UAS 的功能。一般来说，UA 都会实现上述两种功能。

设想 Bob 和 Alice 是经人介绍刚刚认识的一对恋人。因为他们彼此还不熟悉，所以 Bob 想请 Alice 吃饭还需要一个中间人（M）传话，而这个中间人就称为代理服务器（Proxy Server），如图 1-4 所示。还有另一种中间人称为重定向服务器（Redirect Server），它以类似于这样的方式工作：中间人 M 告诉 Bob，我也不知道 Alice 在哪里，但我爱人知道，要不然我告诉你我爱人的电话，你直接问她吧，我爱人叫 W。这样，M 就成了一个重定向服务器（把 Bob 对他的请求重定向到 W，这样 Bob 接下来要直接联系 W），而 W 是真正的代理服务器。这两种服务器都是 UAS，它们主要为一对欲通话的 UA 提供路由选择功能，如图 1-5 所示。

图 1-4　代理服务器示意图

还有一种被称为注册服务器的 UAS。试想这样一种情况：Alice 还是个学生，没有自己的手机，但她又希望 Bob 能随时找到她，于是当她在学校时就告诉中间人 M 说她在学校，如果有事找她可以打宿舍的电话；而当她回家时也通知 M 说有事打家里电话，哪天去姥姥

⊖　全称是 User Agent，即用户代理，与 HTTP 协议中的 UA 类似。浏览器就是一个 UA。

家了，Alice 也要把姥姥家的电话告诉 M。总之，只要 Alice 换一个新的位置，它就要向 M 重新"注册"新位置的电话号码，以便 M 能随时找到她，这时候 M 就相当于一个注册服务器。注册服务器的另一个功能是"寻址"，比如 Bob 想要找 Alice，那么他就要问 M，用哪个电话号码可以联系到她，这时候 M 起的作用就是寻址，如图 1-6 所示。

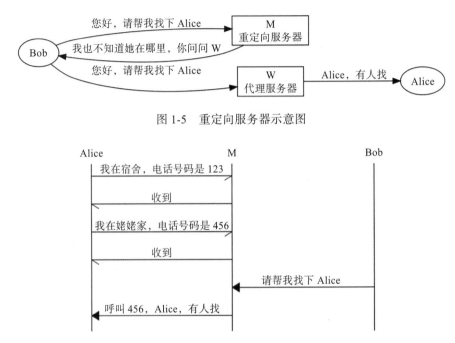

图 1-5　重定向服务器示意图

图 1-6　注册服务器、寻址服务器示意图

还有一种特殊的 UA 称为 B2BUA。需要指出，其实 RFC 3261 并没有定义 B2BUA 的功能，它只是实现一对 UAS 和 UAC 的串联。我们前面提到的 FreeSWITCH 就是一个典型的 B2BUA。

此外，还有一个概念——边界会话控制器（Session Border Controller，SBC）。它主要位于一堆 SIP 服务器的边界，用于打通内外网的 SIP 通信、隐藏内部服务器的拓扑结构、抵御外来攻击等。SBC 可能是一个代理服务器，也可能是一个 B2BUA。其应用位置和拓扑结构如图 1-7 所示。

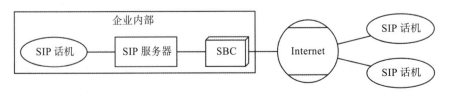

图 1-7　SBC 位置示意图

与 FreeSWITCH 相比，Kamailio 是一个典型的代理服务器。不过，Kamailio 也可以做注册服务器、SBC 等。一般来说，Kamailio 只处理 SIP，但在某些场景中，如 NAT 穿越、拓扑隐藏等，也会配合 MediaProxy 或 rtpengine（这两个都是媒体代理）一起工作。

1.3.3　SIP 的基本方法和头域

SIP 定义了 6 种基本方法，如表 1-1 所示。

表 1-1　SIP 的基本方法

基本方法	说　　明
REGISTER	注册联系信息
INVITE	初始化一个会话
ACK	对 INVITE 消息的最终响应的证实
CANCEL	取消一个等待处理或正在处理的请求
BYE	终止一个会话
OPTIONS	查询服务器和能力，也可以用作 ping 测试

除此之外，SIP 还定义了一些扩展方法，如 SUBSCRIBE、NOTIFY、MESSAGE、REFER、INFO、PRACK⊖等。

另外，无论是基本方法还是扩展方法，所有 SIP 消息都必须包含表 1-2 所示的 6 个头域。

表 1-2　SIP 消息必备头域

名　　称	描　　述
Call-ID	用于区分不同会话的唯一标志
CSeq	顺序号，用于在同一会话中区分事务
From	说明请求来源
To	说明请求接受方
Max-Forwards	限制跳跃点数和最大转发次数
Via	描述请求消息经过的路径

1.3.4　SIP URI

如图 1-8 所示，192.168.1.9 是 Kamailio 服务器，而 Bob 和 Alice 分别在另外两台机器上。

⊖　即 Pre-ACK，在 IMS 中常用，用于对与早期媒体（如回铃音、彩铃、呼叫不通的提示音）相关的临时消息（180 或 183 消息）等进行证实，又称为 100rel（100% Reliability，百分之百可靠）。

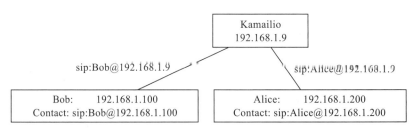

图 1-8　Bob 和 Alice 分别在另外两台机器上的情况

在图 1-8 所示情况中，Alice 注册到 Kamailio，Bob 呼叫她时，使用她的服务器地址（因为 Bob 只知道服务器地址），即 `sip:Alice@192.168.1.9`。Kamailio 接到 SIP 呼叫请求后，查找本地数据库，发现 Alice 的实际地址（Contact 地址，即联系地址）是 `sip:Alice@192.168.1.200`，进而建立呼叫。

SIP URI 除使用 IP 地址外，也可以使用域名，如 `sip:Alice@example.com`。域名将使用 DNS 的 A 记录（对于 IPv4）或 AAAA 记录（对于 IPv6）进行查询，更高级及更复杂的配置则可能需要 DNS 的 SRV 记录，在此就不做讨论了。

这里再重复一下，Bob 呼叫 Alice 时，Bob 是主叫方，他已经知道服务器的地址，因此可以直接给服务器发送 `INVITE` 消息，因而他是不需要注册的⊖。而 Alice 不同，她是作为被叫的一方，为了让服务器能找到她，她必须事先通过 `REGISTER` 消息将自己"注册"到服务器上。

1.3.5　SDP 和 SOA

SIP 负责建立和释放会话，一般来说，会话会包含相关的媒体，如视频和音频。媒体数据是由 SDP（Session Description Protocol，会话描述协议）来描述的。SDP 一般不单独使用，它与 SIP 配合使用时会放到 SIP 的正文（Body）中。

会话建立时，需要媒体协商，这样双方才能确定对方的媒体能力以交换媒体数据。Kamailio 不处理媒体，但有时也可以配合 rtpengine 等做媒体代理、实现转码、完成 NAT 穿越等。在此，我们通过一个简单的 FreeSWITCH 例子介绍一下 SDP 是如何工作的。

我们来看一个 FreeSWITCH 参与的单腿呼叫的例子。客户端 607 呼叫 FreeSWITCH 默认的服务 `echo`，它是一个回声服务，呼通后，主叫用户不仅能听到自己的声音，还能看到自己的视频（如果有的话）。为了更直观一些，我们使用 Wireshark 进行抓包和分析。图 1-9 显示了该 SIP 呼叫的流程。

由图 1-9 可知，客户端（`192.168.1.118`）呼叫 FreeSWITCH（`192.168.1.9`），`INVITE` 中带了 SDP 消息。其认证过程与我们上面讲到的类似。最后，FreeSWITCH 回复

⊖ 某些服务器在收到呼叫请求时会检查主叫是否已注册，若未注册则不允许继续呼叫，这是策略问题，不是必做事项。

200 OK 对通话进行应答，然后双方互发 RTP 媒体流（G711A，即 PCMA 的音频和 H264 的视频）。

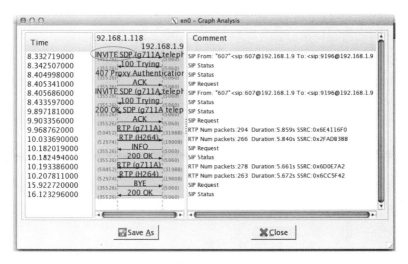

图 1-9　带 SDP 的 SIP 呼叫

在图 1-9 中还可以看出，客户端的 SIP 端口号是 35526，音频端口号是 50452，视频端口号是 52974；FreeSWITCH 的端口号则分别是 5060、31988 和 19008。到后面我们会在 SIP 消息中找到这些。

下面是一个完整的 SIP INVITE 消息：

```
recv 921 bytes from udp/[192.168.1.118]:35526
-------------------------------------------
INVITE sip:9196@192.168.1.9 SIP/2.0
Via: SIP/2.0/UDP 192.168.1.118:35526;branch=z9hG4bK-d8754z-0a09c74c6345dc09-1---
d8754z-;rport
Max-Forwards: 70
Contact: <sip:607@192.168.1.118:35526>
To: <sip:9196@192.168.1.9>
From: "607"<sip:607@192.168.1.9>;tag=f49f383a
Call-ID: ZTQ0N2Y2NzI2ZjMxZTcwZTY0YTA5ODUyZDUzNWM2YjM
CSeq: 1 INVITE
Allow: INVITE, ACK, CANCEL, OPTIONS, BYE, REFER, NOTIFY, MESSAGE, SUBSCRIBE, INFO
Content-Type: application/sdp
Supported: replaces
User-Agent: Bria 3 release 3.5.0b stamp 69410
Content-Length: 381

v=0
o=- 1371880105304943 1 IN IP4 192.168.1.118
s=Bria 3 release 3.5.0b stamp 69410
c=IN IP4 192.168.1.118
b=AS:2064
t=0 0
m=audio 50452 RTP/AVP 8 0 98 101
a=rtpmap:98 ILBC/8000
```

```
a=rtpmap:101 telephone-event/8000
a=fmtp:101 0-15
a=sendrecv
m=video 52974 RTP/AVP 123
b=TIAS:2000000
a=rtpmap:123 H264/90000
a=fmtp:123 profile-level-id=428014;packetization-mode=0
a=rtcp-fb:* nack pli
a=sendrecv
```

对于 SIP 头部我们前面已经了解得差不多了。其中的 Content-Length 跟 HTTP 中的类似，表示正文的长度。这里的正文类型是用 Content-Type 表示的，在这里它是 application/sdp，表示正文中是 SDP 消息。同样，一个空行把 SIP 头部（Header）与 SIP 正文（Body）部分隔开。（SIP 头部的结束是以 "\r\n\r\n" 为标志的。）

下面我们主要讨论 SDP 部分。

❑ v（Version），表示协议的版本号。

❑ o（Origin），表示源。各项的含义依次是 username、sess-id、sess-version、nettype、addrtype、unicast-address。

❑ s（Session Name），表示本 SDP 所描述的 Session 的名称。

❑ c（Connection Data），连接数据。两个字段分别是网络类型和网络地址，以后的 RTP 流就会发到该地址上。注意，在 NAT 环境中我们要解决透传问题，就是要看这个地址，这在后文中也会讲到。

❑ b（Bandwidth Type），带宽类型。

❑ t（Timing），起止时间。0 表示无限。

❑ m=audio（Media Type），媒体类型。audio 表示音频，50452 表示音频的端口号，应该跟图 1-9 所示一致；RTP/AVP 是传输协议，这里是 RTP；后面是支持的 Codec 类型，与 RTP 流中的 Payload Type（负荷类型）相对应，在这里分别是 8、0、98 和 101。8 和 0 分别代表 PCMA 和 PCMU，它们属于静态编码，因而有一一对应的关系。而对于大于 95 的编码都属于动态编码，需要在后面使用 "a=" 进行说明。

❑ a（Attributes），属性，用于描述上面音频的属性，如本例中 98 代表 8000Hz 的 ILBC 编码，101 代表 RFC2833 DTMF 事件。a=sendrecv 表示该媒体流可用于收和发，其他的还有 sendonly（仅收）、recvonly（仅发）和 inactive（不收不发）。

❑ m=video（Media Type），媒体类型。video 表示视频。可以看出它的端口号 52974 也跟图 1-9 所示一致。而且 H264 的视频编码对应的也是一个动态 Payload Type，在本例中是 123。

FreeSWITCH 收到上述的请求后，进行编码协商。这里我们省去 SIP 交互的中间环节，直接看 200（应答）消息：

```
send 1255 bytes to udp/[192.168.1.118]:35526
------------------------------------------
SIP/2.0 200 OK
```

```
Via: SIP/2.0/UDP 192.168.1.118:35526;branch=z9hG4bK-d8754z-39cda633284f4f26-1---
d8754z-;rport=35526
From: "607"<sip:607@192.168.1.9>;tag=f49f383a
To: <sip:9196@192.168.1.9>;tag=9UXHpKBrZrc4N
Call-ID: ZTQ0N2Y2NzI2ZjMxZTcwZTY0YTA5ODUyZDUzNWM2YjM
CSeq: 2 INVITE
Contact: <sip:9196@192.168.1.9:5060;transport=udp>
User-Agent: FreeSWITCH-mod_sofia/1.3.17+git~20130329T031728Z~aca9257f93
Accept: application/sdp
Allow: INVITE, ACK, BYE, CANCEL, OPTIONS, MESSAGE, INFO, UPDATE, REGISTER, REFER,
NOTIFY, PUBLISH, SUBSCRIBE
2013-06-22 13:48:26.932214 [DEBUG] mod_erlang_event.c:156 Sending event CHANNEL_
CALLSTATE to attached session 5b10acf6-daff-11e2-8a9b-a577a8aef831
Supported: timer, precondition, path, replaces
Allow-Events: talk, hold, conference, presence, dialog, line-seize, call-info,
sla, include-session-description, presence.winfo, message-summary, refer
Session-Expires: 120;refresher=uas
Min-SE: 120
Content-Type: application/sdp
Content-Disposition: session
Content-Length: 297
Remote-Party-ID: "9196" <sip:9196@192.168.1.9>;party=calling;privacy=off;screen=no

v=0
o=FreeSWITCH 1371848118 1371848119 IN IP4 192.168.1.9
s=FreeSWITCH
c=IN IP4 192.168.1.9
t=0 0
m=audio 31988 RTP/AVP 8 101
a=rtpmap:8 PCMA/8000
a=rtpmap:101 telephone-event/8000
a=fmtp:101 0-16
a=silenceSupp:off - - - -
a=ptime:20
m=video 19008 RTP/AVP 123
a=rtpmap:123 H264/90000
```

SIP 头域我们就不多讲了,列在这里只是为了让消息完整。下面直接看 200 返回的 SDP 数据,我们也能找到音视频的 IP 地址是 192.168.1.9,端口号分别是 31988 和 19008。该 SDP 也携带了 FreeSWITCH 协商后的编码 PCMA(8)以及 a=ptime 项,ptime 表示 RTP 数据的打包时间,其实这里也可以省略,默认就是 20(毫秒)。至此,双方都有了对方的 RTP 地址和端口信息,它们就可以互发 RTP 流了。

媒体流的协商过程称为 SOA⊖(Service Offer and Answer,提议 / 应答),即首先有一方提供它支持的 Codec 类型,另一方基于此进行选择。如本例中,607 先提议:"我支持 PCMA、PCMU 和 ILBC 编码,你看咱俩用哪种通信比较好?"FreeSWITCH 回复说:"那我们就用 PCMA 吧。"然后双方就可以互发 RTP 流进行媒体交换了。当然,根据现有的媒体协商标准,FreeSWITCH 也可以说:"我支持 PCMA 和 PCMU 两个编码,随便你发,用哪个都行。"在这种情况下,双方就必须准备好能收发两种编码的 RTP 流,不管对方用哪个发,都必须能正确接收。不过,到目前为止,FreeSWITCH 还不支持同时回复两个编码,

---

⊖ 参见 http://tools.ietf.org/html/rfc3264。

但是如果 FreeSWITCH 是请求方，对方回复了两种编码，FreeSWITCH 是可以正确支持的。虽然应答方回复多个编码会增加复杂性，但标准就是这么规定的。

1.3.6　SIP 承载

大家已经熟知，HTTP 是用 TCP 承载的⊖，而 SIP 支持 TCP 和 UDP 承载（当然也支持 TLS 等其他承载方式）。事实上，RFC 3261 规定，任何 SIP UA 必须同时支持 TCP 和 UDP。我们常见的 SIP 都是用 UDP 承载的。由于 UDP 是面向无连接的，故在大并发量的情况下与 TCP 相比，可以节省 TCP 由于每个 IP 包都需要确认带来的额外开销⊖。不过，在 SIP 包比较大的情况下，如果超出了 IP 层的最大传输单元（MTU，即 Maximum Transmit Unit，通常最大是 1500 字节）的大小，在经过路由器时可能会被拆包，使用 UDP 承载的 SIP 消息就可能会发生丢失、乱序等，这时候就应该使用更可靠的传输层协议 TCP。

在需要对 SIP 加密的情况下，可以使用 TLS⊜。TLS 是基于 TCP 实现的。

在新的网络时代，又出了一个新的草案，名为 SIP over WebSocket⊕。当前，主流浏览器如 Chrome 和 Edge 已经实现了 WebSocket，从而可以通过它承载 SIP ；而这些浏览器大多也实现了 WebRTC⊕，这意味着它们可以通过 Web 浏览器与普通的 SIP 话机（甚至 PSTN）进行音视频通话。SIP over WebSocket 的承载为 SIP/WS 或 SIP/WSS，其中后者是基于 TLS 实现的。WebRTC 必须加密后才能传输，所以网上实际在用的信令协议都是 SIP/WSS。

1.3.7　事务、对话和会话

Kamailio 在大多数情况下都被用作 SIP 代理（SIP Proxy），典型的应用场景是处理用户注册、呼叫路由、负载均衡等。要理解 SIP 代理，我们还需要进一步理解如下概念。

1. 事务

事务（Transaction）是指一个请求消息以及这个请求对应的所有响应消息的集合。对于 INVITE 事务来讲，除包含 INVITE 请求和对应的响应消息外，在非成功响应的情况下，还包括 ACK 请求。Via 头域中的 branch 参数能够唯一确定一个事务。branch 值相同的，代表为同一个事务。事务是由方法（事件）来引起的，一个方法（Method）的建立和到来都将建立新的事务。实际上当收到新消息时，就是根据 branch 来查找对应事务的。

一个事务由 5 个必要部分组成：From、To、Via 头域中的 branch 参数、Call-ID 和 CSeq。这 5 个部分一起识别某一个事务，如果缺少任何一部分，该事务就会设置失败。事务是逐一

⊖ 严格来说应该是 HTTP 2.0 及以下版本是用 TCP 承载的，从 3.0 版本开始，HTTP 开始基于 QUIC 协议实现，这是使用 UDP 承载的。

⊖ 当然，仁者见仁，智者见智。笔者也听有人说过由于使用了 TCP，客户端可以不用总发注册消息来保持连接或穿越 NAT 等，反而节省了资源。可惜找不到原文出处了。

⊜ 参见 http://zh.wikipedia.org/wiki/ 安全套接层。

⊕ 参见 http://datatracker.ietf.org/doc/draft-ietf-sipcore-sip-websocket/。

⊕ 参见 http://www.webrtc.org/ http://zh.wikipedia.org/wiki/WebRTC。

跳转（Hop by Hop，每一个路由节点称为一跳，即一个 Hop）的关系，即路由过程中交互的双方包括一个请求及其触发的所有响应（即若干临时响应和一个最终响应）。事务的生命周期用于表示从请求产生到收到最终响应的完整周期。

2. 对话

对话（Dialog）是两个 UA 之间持续一段时间的点对点的 SIP 连接，它使 UA 之间的消息变得有序，同时给出请求消息的正确的路由。Call-ID、`from-tag` 以及 `to-tag` 三个值的组合能够唯一标识一次对话。对话只能由 INVITE 或 SUBSCRIBE 来创建。

对话是点到点（Peer to Peer）的关系，即真实的通信双方，其生命周期贯穿一个点到点会话的始终。

3. 会话

会话（Session）是一次通信过程中所有参与者之间的关联关系以及它们之间的媒体流的集合，是端到端的。只有当媒体协商成功后，会话才能被建立起来。

如图 1-10 所示，根据前面的描述，图中有 1 个 SIP 对话和 3 个事务。从 INVITE 到 200 OK 是一个事务，从 BYE 到 200 OK 则是另一个事务。ACK 是一个单独事务。在这个场景中，会话和对话是重合的。

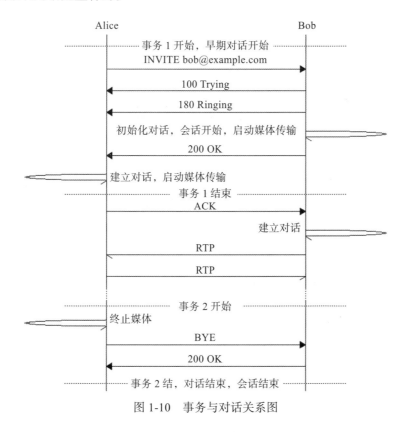

图 1-10　事务与对话关系图

　　图 1-11 描述的是两个 UA 经过代理服务器转发的情况。事务和对话只存在于直接相连的 UA 间，而会话是端到端的——Alice 和 Bob 之间的通话是一个会话。

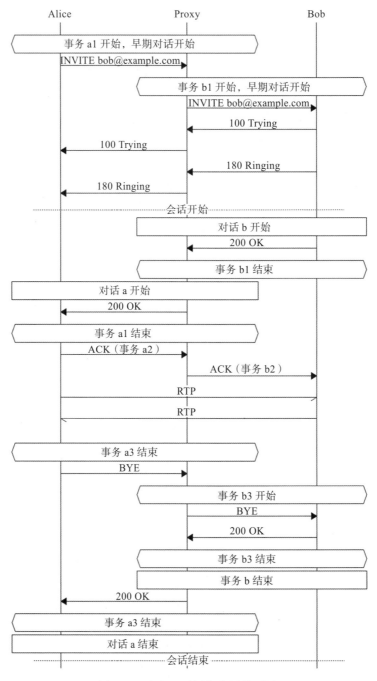

图 1-11　事务、对话与会话关系图

4. CSeq

CSeq 的生存期是一个会话。CSeq 用于将一个会话中的请求消息进行序列化，以便对重复消息、"迟到"消息进行检测，以及对响应消息与相应请求消息进行匹配。它包含两部分：一个 32 位的序列号，一个请求方法。

通常在会话开始时确定一个初始值，其后在发送消息时将该值加 1。主叫方与被叫方各自维护自己的 CSeq 序列，互不干扰。CSeq 序列有点像 TCP/IP 中 IP 包的序列。

一个响应消息有与其对应的请求消息相同的 CSeq 值。

注意：SIP 中 CANCEL 消息与 ACK 消息是比较特殊的。CANCEL 消息的 CSeq 中的序列号总是跟其将要撤销（Cancel）的消息相同，而对于 ACK 消息，如果它所要确认的 INVITE 请求是非 2×× 响应，则 ACK 消息的 CSeq 中的序列号与对应 INVITE 请求的相同；如果是 2×× 响应，则不同，此时 ACK 被当作一个新的事务。

Call-ID、from-tag 以及 to-tag 这三个值相同代表是同一个对话；branch 值相同代表是同一个事务，否则代表不同的事务。

1.3.8　Stateless 与 Stateful

作为一个代理服务器，关键的作用就是路由 SIP 消息，即控制 SIP 消息从哪里来、到哪里去。当然，如果有必要的话，可以在中间修改 SIP 消息。

SIP 代理服务器有两种工作状态——Stateless 与 Stateful，即无状态和有状态。在无状态情况下，代理服务器只是机械地路由消息，将收到的消息根据一定的规则转发到下一跳，它不关心会话、对话和事务。在这种情况下代理服务器不会维护状态机，因而比较轻量级，但同时，对于错误处理和计费应用来讲会有诸多限制。

在有状态的情况下，代理服务器在收到请求消息（如 INVITE）时会启动一个状态机，跟踪一个事务，一直到收到 200 OK 或其他最终响应。所以，如果一个代理服务器在收到 200 OK 消息时知道与之关联的 INVITE 消息，那么该代理服务器就是有状态的。

在 Kamailio 中，无状态模式使用 forward() 转发消息，而有状态模式使用 t_relay() 转发，且可以在 onreply_route() 中处理响应消息。

在有状态的情况下，状态只维护在一个事务内，而不是整个对话。即状态只维护在从收到 INVITE 消息到 200 OK 消息的过程中，而不是在从 INVITE 到 BYE 的过程中。

有状态模式适合处理更复杂的应用，如语音信箱、会议、呼叫转移、计费等。

在 Kamailio 中，有状态模式的处理一般分为以下几个步骤。

（1）验证请求合法性。

❑ 检查消息大小是否超长，消息是否完整。

❑ 检查 Max-Forward 头域，看是否有循环请求。

（2）路由消息预处理。如果有 Record-Route 字段则对其进行处理。

（3）确定处理请求目的地时是否涉及如下问题。

❑ 目标是本地注册用户吗?(可以在本地数据库中查到。)

❑ 本机是最终目的地吗?

❑ 是否需要转发到外部的域(其他服务器)?

(4)消息转发。调用 t_relay() 进行转发。Kamailio 将会自动处理所有与状态相关的工作,如重发等。

(5)响应处理。如果收到响应消息,则进行处理,一般情况下这些都是自动完成的,但也可以在 onreply_route() 里进行处理,如"遇忙转移"业务,可以在收到"486 Busy Here"消息时,转到另一个号码或进入语音信箱进行处理。

1.3.9 严格路由和松散路由

Strict Router 和 Loose Router 分别称为严格路由和松散路由。松散路由是 SIP Version 2 中才有的概念。

我们可以看到,在 Router 字段中设置的 SIP URI 经常有一个 lr 的属性,例如 <sip:example.com;lr>,这就是表示这个地址所在的代理服务器是一个松散路由,如果没有 lr 属性,它就是一个严格路由。

松散路由实际上表示代理服务器依据 RFC 3261 处理 Route 字段的规则,而严格路由表示 Proxy Server 根据 RFC 2357 处理 Route 字段的规则。严格路由要求 SIP 消息的 Request URI 为其自身的地址。具体步骤如下。

(1)松散路由和严格路由首先都会检查 Router 字段的第一个地址是否为自己,如果是,则从 Router 字段中删除自己。

(2)严格路由在发往下一跳时将使用 Router 字段中的下一跳地址更新 Request URI。

(3)松散路由首先会检查 Request URI 是否为自己。如果不是,则不做处理;如果是,则取出 Route 字段中最后一个地址作为 Request URI 地址,并从 Route 字段中删去最后一个地址。

(4)松散路由还会检查下一跳是否为严格路由。如果不是,则不做处理;如果是,则将 Request URI 添加为 Route 的最后一个字段,并用下一跳严格路由的地址更新 Request URI。

由上可见,后面两步其实是松散路由为了兼容严格路由而做的额外工作。两者最大的区别体现在 Request URI 会不会变,如图 1-12 及图 1-13 所示。

图 1-12 严格路由

图 1-13　松散路由

1.3.10　Record-Route

当一个代理服务器收到一个 SIP 消息时，它可以决定是否留在 SIP 传输的路径上，即后续的 SIP 消息是否还要经过它。比如在 A 呼叫 B 时，如果代理服务器只起到"找到 B"的作用，则它可以将第一个消息原样传送，B 回送的消息将可以不经过代理服务器而直接回到 A 上，这种方式称为 Forward，如图 1-14 所示。

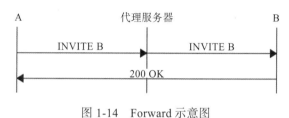

图 1-14　Forward 示意图

如果代理服务器想保留在 SIP 路径上，则它在将消息转发到下一跳之前要把它自己的地址加到 Record-Route 头域中。那么，当 B 在回复响应消息的时候，就会将消息发回到 Record-Route 指定的地址上，这种方式称为 Relay，如图 1-15 所示。

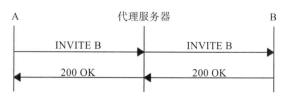

图 1-15　Relay 及 Record-Route 示意图

有了上述基础知识，下面我们就可以看看 Kamailio 的应用了。事实上，这些基础知识略显枯燥，也不是那么容易懂，大家可以先学习后面的内容，再回过来复习这部分，或许更有助于理解。

1.4　Kamailio 基本架构

类似于 FreeSWITCH，Kamailio 也是由核心和可加载模块组成的。Kamailio 的核心非常短小精悍，负责基本的 SIP 消息处理，而模块则扩展了核心的功能。Kamailio 的模块实现了一些命令和函数，可以在配置文件（或称脚本）中使用，而配置文件则是这些命令和函数的黏合剂，实现相应的业务逻辑。

Kamailio 的配置文件默认为 kamailio.cfg，由以下几部分组成。

❏ **全局定义**：配置全局参数，如日志、调试级别、监听的 IP 地址和端口等。全局参数影响 Kamailio 核心以及所有模块。

❏ **模块**：模块使用 loadmodule 指令加载，加载后就可以使用模块里面的函数。

❏ **模块配置**：可以使用 modparam() 函数配置模块的参数，如 "modparam(模块名，参数名，参数值)"。

❏ **主路由块**：处理 SIP 请求，是最先接触到 SIP 消息的地方。

❏ **次级路由块**：类似于子函数，可以使用 route() 命令定义其他路由块。

❏ **回复路由块**：用于处理临时或最终响应的 SIP 消息（如 200 OK 等）。

❏ **失败路由块**：用于处理失败或异常，如忙或超时等。

❏ **分支路由块**：在对 SIP 进行 Fork 操作的时候，处理每个分支的逻辑。

❏ **本地路由块**：用于在 Kamailio 内部产生一条通过 TM 模块主动发送的消息（仅在作为 UAS 时）。

配置文件使用类似 C 语言的语法实现，示例如下（仅作为示例，并不是完整的配置）：

```
####### 全局参数 #########
### LOG Levels: 3=DBG, 2=INFO, 1=NOTICE, 0=WARN, -1=ERR
#!ifdef WITH_DEBUG  # 预处理指令，如果设置了该值，则下面的配置生效，否则 else 后面的配置有效
debug=3            # 设置调试级别
log_stderror=yes   # 是否将日志输出到标准错误上
#!else
debug=2
log_stderror=no
#!endif
memdbg=5                    # 内存调试级别
memlog=5                    # 内存日志级别


####### 模块 ########
# mpath="/usr/local/lib/kamailio/modules/"          # 模块路径

loadmodule "tm.so"                                  # 加载 tm 模块


# ----- tm 模块相关的参数 -----
modparam("tm", "failure_reply_mode", 3)
modparam("tm", "fr_timer", 30000)
modparam("tm", "fr_inv_timer", 120000)

####### 路由逻辑 ########

# 主路由，收到消息后最先执行这里
request_route {
    # 初始化，具体的路由块在后面，相当于一个函数调用
    route(REQINIT);

    # NAT 检测
```

```
    route(NATDETECT);

    # CANCEL 处理
    if (is_method("CANCEL")) {
        if (t_check_trans()) {
            route(RELAY);
        }
        exit;
    }

    # 处理对话内的 SIP 消息
    route(WITHINDLG);

    # 只有初始请求会调用这些 (没有 To tag 的情况)
    if(t_precheck_trans()) {              # 处理重传
        t_check_trans();
        exit;
    }
    t_check_trans();

    # 鉴权
    route(AUTH);

    # 对于对话级的请求，添加 Record-Route 头域

    remove_hf("Route"); # 先删除 Route 头域
    if (is_method("INVITE|SUBSCRIBE")) # 仅对这两个方法有效
        record_route();       # 添加 Record-Route 头域

    if (is_method("INVITE")) {  # 仅对 INVITE 请求记账
        setflag(FLT_ACC); # 设置记账标志
    }

    route(SIPOUT);        # 将请求路由到外部 SIP 服务

    route(REGISTRAR);    # 处理注册消息

    route(LOCATION);     # 呼叫本地注册用户
}
# 次路由，接力转发 SIP 消息
route[RELAY] {
    if (!t_relay()) {
        sl_reply_error();
    }
    exit;
}

# 对每个 SIP 请求进行初始化检查
route[REQINIT] {
}

# 处理对话内的 SIP 消息
route[WITHINDLG] {
}

# 处理 SIP 注册
route[REGISTRAR] {
```

```
}

# 呼叫本地注册用户
route[LOCATION] {
}

# IP 鉴权
route[AUTH] {
}

# NAT 检测
route[NATDETECT] {
}

# NAT 处理
route[NATMANAGE] {
}

# 对话内的 URI 相关处理
route[DLGURI] {
}

# 路由到其他 SIP 服务器
route[SIPOUT] {
}

# 分支路由，管理外呼的分支呼叫
branch_route[MANAGE_BRANCH] {
}

# 回复路由，处理对方回复的消息
onreply_route[MANAGE_REPLY] {
}

# 失败路由，失败时调用
failure_route[MANAGE_FAILURE] {
}
```

从这里可以看出，写 Kamailio 的配置文件基本上相当于用 C 语言写程序，所以，不仅需要懂 SIP，还需要懂 Kamailio 的各种路由逻辑，即需要学习这门新的配置"语言"，这对维护人员或程序员来说要求还是比较高的。如果本书的名字叫"Kamailio 从入门到放弃"，那本书到这里就可以结束了。但如果你不言放弃，那么请继续学习，后面还有更有趣的内容等着你。

第 2 章 *Chapter 2*

理解 Kamailio 配置文件

为了能直观地了解 Kamailio，本章我们通过一个示例来讲解配置文件。

在 Kamailio 源代码⊖的 `misc/examples/` 目录下，有一些配置文件，我们选取 `kemi` 目录下的配置文件作为例子进行讲解。

Kamailio 从 5.0 版本开始支持 KEMI（参见第 4 章），除了原生的配置方式外，还支持使用一些主流的脚本语言（如 Lua、JavaScript、Python 等）对路由进行配置。原生的配置方式只能调用 Kamailio 本身实现的函数和逻辑，而通过其他脚本语言进行配置，可以调用更多脚本语言的特性。下面先看一些例子。

2.1 基本配置文件

下面的例子来自 `Kamailio-basic-kemi.cfg`，为节省篇幅，我们做了一些删减，并添加了一些注释，以方便读者阅读。有些重要的功能和模块我们还会在后面进行更详细的讲解，因此在此仅做简要注释，并不深入展开。

在配置文件中，行内以 `#` 开头的是注释，但以 `#!` 开头的是真正有效的内容，不是注释。配置文件也支持 C 语言风格的注释，如 "/* 这是一个注释 */"。

`#!define` 会定义一个常量（与 C 语言中的 `#define` 类似），`#!ifdef` 需要与 `#!endif` 配对使用。如果需要将这些定义注释掉，可以在前面再加上一个或多个 `#`。可以通过定义这些常量来控制后面的配置执行哪些代码。

```
#!define WITH_MYSQL          # 启用 MySQL 支持
```

⊖ Kamailio 的源代码可以从 Github 上获取：https://github.com/kamailio/kamailio。

```
#!define WITH_AUTH           # 对 SIP 消息进行认证
#!define WITH_IPAUTH         # 进行 IP 认证
#!define WITH_USRLOCDB       # 使用用户 Location 数据库表
#!define WITH_NAT            # 启用 NAT 穿越
#!define WITH_ANTIFLOOD      # 启用防洪水攻击
#!define WITH_ACCDB          # 启用记账（话单）数据库记录
```

我们还可导入其他配置文件，如果对应的配置文件不存在，也不报错。导入功能的主要作用是在不改变主配置文件的情况下，从其他文件中读入一些个性化的配置。比如，我们可以把这些主配置文件存储在 Git 仓库中，而本地化个性化的配置文件却因人、因环境而异，也不适合存入公共的 Git 仓库里。导入文件的命令如下所示。

```
import_file "Kamailio-local.cfg"
```

如果启用 MySQL 数据库，则需要设置数据库连接字符串。#!ifndef 表示仅在常量没定义的情况下才执行它后面的内容，也需要和 #!endif 配对使用，相关代码如下所示。

```
#!ifdef WITH_MYSQL # 如果启用 MySQL 支持的话
#!ifndef DBURL     # 定义一个数据库连接字符串，它将在 auth_db、acc、usrloc 等模块中使用
#!define DBURL "mysql://Kamailio:Kamailiorw@localhost/Kamailio"
#!endif
#!endif
#!define MULTIDOMAIN 0 # 默认不启用多域支持，这样会简单些，改成 1 则启用
```

定义一些标志（Flag），这些标志的名称和值可以随意定义，但若能遵守约定俗成的命名规则通常会使配置更易读。下面是两个常用的前缀。

❑ **FLT_**：Flag Transaction，与事务相关的定义。

❑ **FLB_**：Flag Branch，与分支相关的定义。

定义标志的示例如下。

```
#!define FLT_ACC 1
#!define FLT_ACCMISSED 2
#!define FLT_ACCFAILED 3
#!define FLT_NATS 5
#!define FLB_NATB 6
#!define FLB_NATSIPPING 7
```

下面是一些全局变量。

```
### LOG Levels: 3=DBG, 2=INFO, 1=NOTICE, 0=WARN, -1=ERR
#!ifdef WITH_DEBUG
debug=3           # 设置 Debug 的级别，值越大日志越详细
log_stderror=yes # 是否将日志输出到"标准错误"
#!else
debug=2
log_stderror=no
#!endif

memdbg=5          # 内存调试级别
memlog=5          # 内存日志级别

# 定义 Log 的前缀，在打印日志时带有这些前缀可方便查看日志
#!ifdef WITH_CFGLUA
log_prefix="LUA {$rm}: "
```

```
#!else
#!ifdef WITH_CFGPYTHON
log_prefix="PY2 {$rm}: "
#!else
log_prefix="NAT {$rm}: "
#!endif
#!endif

# 延迟相关的日志级别，可跟踪哪一部分执行了多长时间，便于后期优化
latency_cfg_log=2
latency_log=2
latency_limit_action=100000
latency_limit_db=200000
log_facility=LOG_LOCAL0

fork=yes     # 是否启动到后台，一般在生产上都是启动到后台，在学习或调试时启动到前台会更方便
children=2 # 子进程个数（注意，如果开启了 TCP 或其他模块，都有可能会启动更多单独的子进程）

# 下面这几行内容默认是注释掉的
#disable_tcp=yes # 是否禁用 TCP，默认为不禁用
#auto_aliases=no # 是否禁用通过反向 DNS 自动根据 IP 地址查找别名的功能，默认为不禁用
#alias="sip.mydomain.com" # 增加一个别名（就是认为这个域是该服务器需要处理的，也可以增加多行）
#listen=udp:10.0.0.10:5060 # 监听地址，默认会监听所有 IP 地址

port=5060 # SIP/HTTP 监听端口

#!ifdef WITH_TLS
enable_tls=yes       # 是否启用 TLS
#!endif

/* TCP 连接最大时长，如果 SIP 客户端处于 NAT 环境下，则 Kamailio 无法做反向主动连接，只能依赖客户
端连上来，所以，默认值是略微超过 SIP 注册的最大有效时长（3600 秒）*/
tcp_connection_lifetime=3605

####### 下面是模块区域 ########

# mpath="/usr/local/lib/Kamailio/modules/" # 设置模块文件所在的路径

# 加载下列模块

#!ifdef WITH_MYSQL
loadmodule "db_mysql.so"    # MySQL 模块
#!endif

loadmodule "jsonrpcs.so"    # JSON-RPC 模块
loadmodule "kex.so"         # Kamailio 核心扩展模块
loadmodule "corex.so"       # 核心扩展模块，有一些新函数可以支持动态参数
loadmodule "tm.so"          # Transaction 管理模块，有状态（Stateful）转发时需要该模块
loadmodule "tmx.so"         # tm 模块的扩展模块
loadmodule "sl.so"          # Stateless，无状态转发模块
loadmodule "rr.so"          # Record-Route 相关逻辑
loadmodule "pv.so"          # PV 处理函数
loadmodule "maxfwd.so"      # 管理 Max-Forward 头域的模块
loadmodule "usrloc.so"      # User Location，用户注册信息管理模块
loadmodule "registrar.so"   # 处理注册消息，但用户实际的注册信息（Contact）会在 usrloc 模块
                            #   中管理
loadmodule "textops.so"     # 字符串处理模块
loadmodule "siputils.so"    # SIP 工具函数
```

```
loadmodule "xlog.so"            # 日志函数
loadmodule "sanity.so"          # SIP 完成性校验模块
loadmodule "ctl.so"             # 使用 binrpc 管理 Kamailio 的模块，支持 Unix Socket、UDP、TCP 等
loadmodule "cfg_rpc.so"         # 使用 RPC 动态获取和设置全局变量的模块
loadmodule "acc.so"             # Accounting，记账模块，记录话单
loadmodule "kemix.so"           # KEMI 中用到的相关函数实现，详见后面介绍 KEMI 的章节
#!ifdef WITH_AUTH
loadmodule "auth.so"            # 认证鉴权模块
loadmodule "auth_db.so"         # 认证鉴权 + 数据库模块
#!ifdef WITH_IPAUTH
loadmodule "permissions.so"     # 使用 IP 地址列表鉴权的模块
#!endif
#!endif
#!ifdef WITH_NAT
loadmodule "nathelper.so"       # NAT 穿越模块
loadmodule "rtpproxy.so"        # RTP Proxy 控制模块
#!endif
#!ifdef WITH_TLS
loadmodule "tls.so"             # TLS 协议支持模块
#!endif
#!ifdef WITH_DEBUG
loadmodule "debugger.so"        # 调试模块
#!endif
#!ifdef WITH_ANTIFLOOD
loadmodule "htable.so"          # 哈希表模块
loadmodule "pike.so"            # 防洪水攻击模块
#!endif
#!ifdef WITH_CFGLUA
loadmodule "app_lua.so"         # KEMI Lua 语言模块
#!endif
#!ifdef WITH_CFGPYTHON
loadmodule "app_python.so"      # KEMI Python 语言模块
#!endif


# ---------------- 设置各模块的参数 ---------------

modparam("jsonrpcs", "pretty_format", 1) # 设置 JSON 格式为方便阅读的"漂亮"格式
modparam("tm", "failure_reply_mode", 3)  # 失败回复模式，自动丢弃之前串行 Fork 产生的 Leg
modparam("tm", "fr_timer", 30000)        # 设置默认重传间隔为 30 秒
modparam("tm", "fr_inv_timer", 120000)   # 设置 1×× 消息后 INVITE 重发超时
/* 用户注册数据管理，启用数据库持久化，模块加载时自动从数据库加载注册信息 */
modparam("usrloc", "preload", "location")
#!ifdef WITH_USRLOCDB
modparam("usrloc", "db_url", DBURL)      # 数据库连接字符串，在前面定义
modparam("usrloc", "db_mode", 2)         # 数据库模式，2 表示将内存中的数据写入数据库
modparam("usrloc", "use_domain", MULTIDOMAIN) # 是否支持多域
#!endif


# ...... 在此省略掉一些模块配置 ......


#!ifdef WITH_CFGLUA    # 加载 Lua 路由脚本
modparam("app_lua", "load", "/usr/local/etc/kamailio/kamailio-basic-kemi-lua.lua")
cfgengine "lua"
#!else
cfgengine "native"     # 加载原生路由脚本
include_file "/usr/local/etc/kamailio/kamailio-basic-kemi-native.cfg"
#!endif
#!endif
```

上面的配置文件在 Kamailio 启动时加载，并且加载后不能重加载，如果有变化，只能重启 Kamailio。不过，其中用 modparam() 指定的参数，有一些可以在 Kamailio 运行时通过 RPC 命令动态修改，具体需要参考相应模块的说明文档。

从配置文件的最后几行可以看到，我们可以根据情况选择使用的路由脚本。在此保留 app_python 模块只是为了演示如何加载不同的脚本，为节省篇幅其他语言的用法在这里省略掉了。下面我们仅讨论原生脚本和 Lua 脚本。

2.2　原生脚本

同上面的配置一样，原生脚本也只能在 Kamailio 启动时加载一次，不能在运行时改变。

第一个路由块是 request_route，它是最先接收 SIP 消息的地方。根据请求以及呼叫进展的情况，它会调用其他路由块进行处理（为了让代码逻辑更清楚一些），如下面的 route(REQINIT)。注意，这些 route() 路由块内可能会调用 exit 实现返回，也就是说，不管在哪里执行了 exit，对本 SIP 消息的处理就结束了，都不会再执行它后面的代码。

```
request_route { # 主路由，第一次接触到 SIP 消息的地方，每一个进来的 SIP 请求消息都在这里处理
    route(REQINIT);    # 对每一个请求都进行初始化合法性检查，是一个独立的路由块，实现代码在后面
    route(NATDETECT); # 检测是要否处理 NAT，在独立的路由块中执行，实现代码在后面，下同
    if (is_method("CANCEL")) {# CANCEL 逻辑，如果有相应的事务则路由到下一跳，否则直接退出
        if (t_check_trans()) {
            route(RELAY);
        }
        exit;
    }
    route(WITHINDLG);    # SIP 对话内的消息处理
    ### 如果没有对话（没有 To tag 的消息），则继续进行下面的处理
    if(t_precheck_trans()) { # 重传处理
        t_check_trans();
        exit;
    }
    t_check_trans();
    route(AUTH);        # 鉴权
    remove_hf("Route"); # 去掉原有的 Route 消息头（如果有的话），并换成我们自己的，以便后续的
                          消息还经过我们
    if (is_method("INVITE|SUBSCRIBE")) # 对这两个方法增加 Record-Route 头域
        record_route();
    /* 仅对 INVITE 消息记账（话单），FLT_ACC 与 acc 模块中的 log_flag 对应，通话完成后会打印日志，如果
       acc 模块开启了数据库设置，也可以将通话话单写入数据库 */
    if (is_method("INVITE")) {
        setflag(FLT_ACC); # do accounting
    }
    /* 如果请求的 domain 不是本服务器（不在本地 alias 列表中），则直接路由到对应的 domain*/
    route(SIPOUT);
    ### 如果请求的 domain 由本服务器负责，则继续执行下面的路由块
    route(REGISTRAR); # 处理注册消息
    if ($rU==$null) { # 合法性检查
        # 如果 SIP 消息到了这里，那么在 RURI 中必须有 username 部分，否则报错
        sl_send_reply("484","Address Incomplete");
        exit;
```

```
    }
    route(LOCATION);  # 呼叫本地的注册用户

}

route[RELAY] {  # 接力转发
    # 对于转发的消息，执行更多的事件触发路由，如串行 Forking、RTP 转发处理等
    if (is_method("INVITE|BYE|SUBSCRIBE|UPDATE")) {
        # 如果设置了 `branch_route`，则会触发相应的事件路由
        if(!t_is_set("branch_route")) t_on_branch("MANAGE_BRANCH");
    }
    if (is_method("INVITE|SUBSCRIBE|UPDATE")) {
        if(!t_is_set("onreply_route")) t_on_reply("MANAGE_REPLY");
    }
    if (is_method("INVITE")) {
        if(!t_is_set("failure_route")) t_on_failure("MANAGE_FAILURE");
    }
    # 调用 t_relay() 进行转发，如果出错则返回错误消息
    if (!t_relay()) {
        sl_reply_error();
    }
    /* 到此就结束了，因此，如果在任意路由块里调用了该函数，对于本消息而言，脚本执行就终止，
       不再进行后续的操作了 */
    exit;
}

route[REQINIT] {  # 对每一个 SIP 请求执行合法性检查
#!ifdef WITH_ANTIFLOOD
    if(src_ip!=myself) {  # 检查是否收到大量 SIP 消息（洪水攻击），将信任的 IP 地址放到白名单内，
                          # 以防误伤
        if($sht(ipban=>$si)!=$null) {  # 这个 sht 是一个共享内存的哈希表，用作 IP 地址黑名单
            # 如果能从表中找到，说明这个 IP 地址已经被防住了，直接退出
            xdbg("request from blocked IP - $rm from $fu (IP:$si:$sp)\n");
            exit;
        }
        # 使用 pike 模块检测从同一个 IP 地址收到的消息频率（具体频率可设置），如果请求频次超过限
        # 额，则将这个 IP 地址加入黑名单
        if (!pike_check_req()) {
            xlog("L_ALERT","ALERT: pike blocking $rm from $fu (IP:$si:$sp)\n");
            $sht(ipban=>$si) = 1;
            exit;
        }
    }
    # 判断 User-Agent 是否是已知的扫描工具，如果是，则直接返回 200 OK，不处理
    if($ua =~ "friendly-scanner") {
        sl_send_reply("200", "OK");
        exit;
    }
#!endif
    # 检查 Max-Forward 字段是否低到 10，防止 SIP 消息又绕回来产生死循环
    if (!mf_process_maxfwd_header("10")) {
        sl_send_reply("483","Too Many Hops");
        exit;
    }
    if(is_method("OPTIONS") && uri==myself && $rU==$null) {  # 处理 OPTIONS 请求
        sl_send_reply("200","Keepalive");
        exit;
    }
```

```
        if(!sanity_check("1511", "7")) { # 检查 SIP 消息的合法性
            xlog("Malformed SIP message from $si:$sp\n");
            exit;
        }
}

route[WITHINDLG] { # 处理 SIP 对话内的请求
    if (!has_totag()) return;
    if (loose_route()) { # 同一对话内后续的请求应该从 Record-Routing 头域中选择下一跳
        route(DLGURI);
        if (is_method("BYE")) {
            setflag(FLT_ACC); # 记账
            setflag(FLT_ACCFAILED); # 即使呼叫失败也记账
        } else if ( is_method("ACK") ) {
            route(NATMANAGE); # ACK 需要无状态转发
        } else if ( is_method("NOTIFY") ) {
            record_route(); # 为对话内的 NOTIFY 增加 Record-Route 头域，参见 RFC 6665
        }
        route(RELAY);
        exit;
    }
    if ( is_method("ACK") ) {
        if ( t_check_trans() ) {
            # 不是松散路由，但却是有状态的 ACK，该 ACK 应该是 487 后的 ACK
            # 或者是上游服务器返回 404 时的 ACK
            route(RELAY);
            exit;
        } else {
            exit; # ACK 没有对应的事务，忽略并丢弃
        }
    }
    # 如果执行到这里，那就不归我们管了，回复 404 错误消息
    sl_send_reply("404", "Not here");
    exit;
}

route[REGISTRAR] { # 处理 SIP 注册请求
    if (!is_method("REGISTER")) return; # 仅处理注册消息，否则直接返回
    if(isflagset(FLT_NATS)) { # NAT 相关的处理，略
        setbflag(FLB_NATB);
#!ifdef WITH_NATSIPPING
        setbflag(FLB_NATSIPPING); # 执行 SIP NAT pinging
#!endif
    }
    /* 将注册消息中的 Contact 写到 loation 表中（可以是内存也可以是数据库）并返回 200 OK，
       如果保存失败则返回错误 */
    if (!save("location"))
        sl_reply_error();
    exit;
}

route[LOCATION] { # 查找并呼叫本地注册用户
    # 比如两个用户 a 和 b 都注册到 Kamailio 中，则 a 呼叫 b 时就会查询 location 表看 b 有没有注册
    if (!lookup("location")) { # 如果找不到则根据返回值进行出错处理
        $var(rc) = $rc;
        t_newtran();
        switch ($var(rc)) {
            case -1:
```

```
            case -3:
                send_reply("404", "Not Found");
                exit;
            case -2:
                send_reply("405", "Method Not Allowed");
                exit;
        }
    }
    if (is_method("INVITE")) {  # 当使用 usrloc 路由时，也对未呼通的呼叫记账
        setflag(FLT_ACCMISSED);
    }
    route(RELAY);  # 如果找到被叫用户的注册地址，则向注册地址转发 INVITE 消息
    exit;          # 退出
}

route[AUTH] {  # 基于 IP 地址的认证
#!ifdef WITH_AUTH
#!ifdef WITH_IPAUTH
    # 检查是否在 IP 地址白名单里
    if((!is_method("REGISTER")) && allow_source_address()) {
        return;  # 允许，直接返回
    }
#!endif
    if (is_method("REGISTER") || from_uri==myself) {
        # 处理注册请求，检查 subscriber 表中有没有对应的用户名和密码信息
        if (!auth_check("$fd", "subscriber", "1")) {
            # 如果还没有认证则发起 chanllenge 认证，返回 407
            auth_challenge("$fd", "0");
            exit;
        }
        # 已经验证通过，在转发到下一跳前去掉认证相关的消息头
        if(!is_method("REGISTER|PUBLISH"))
            consume_credentials();
    }

    /* 如果主叫不是我们本地已知的用户，则只允许呼叫本地注册用户，否则不允许转发，毕竟我们的服务
       器不是开放的转发服务器 (Open Relay) */
    if (from_uri!=myself && uri!=myself) {
        sl_send_reply("403","Not relaying");
        exit;
    }
#!endif
    return;
}

route[NATDETECT] {  # 进行主叫 NAT 相关处理，如修改 Contact 信息等。略
#!ifdef WITH_NAT
    force_rport();
    if (nat_uac_test("19")) {
        if (is_method("REGISTER")) {
            fix_nated_register();
        } else {
            if(is_first_hop())
                set_contact_alias();
        }
        setflag(FLT_NATS);
    }
#!endif
```

```
        return;
}

route[NATMANAGE] { # RTPProxy 控制，在 NAT 环境下将会修改 SDP，通过 RTPProxy 进行媒体转发。略
#!ifdef WITH_NAT
    if (is_request()) {
        if(has_totag()) {
            if(check_route_param("nat=yes")) {
                setbflag(FLB_NATB);
            }
        }
    }
    if (!(isflagset(FLT_NATS) || isbflagset(FLB_NATB)))
        return;
    rtpproxy_manage("oo");
    if (is_request()) {
        if (!has_totag()) {
            if(t_is_branch_route()) {
                add_rr_param(";nat=yes");
            }
        }
    }
    if (is_reply()) {
        if(isbflagset(FLB_NATB)) {
            set_contact_alias();
        }
    }
#!endif
    return;
}

route[DLGURI] { # 在对话相关请求中可能要进行 URI 更新
#!ifdef WITH_NAT
    if(!isdsturiset()) {
        handle_ruri_alias();
    }
#!endif
    return;
}

route[SIPOUT] { # 路由到外部的 SIP 服务器（domain 不属于我们）
    if (uri==myself) return; # 如果不是外部 SIP 服务器则返回
    append_hf("P-hint: outbound\r\n"); # 增加 SIP 头域以便跟踪 SIP 消息
    route(RELAY); # 直接转发 SIP 消息
    exit;
}

branch_route[MANAGE_BRANCH] { # 外呼的分支
    xdbg("new branch [$T_branch_idx] to $ru\n"); # 打印日志
    route(NATMANAGE); # 转到 NAT 处理
}

onreply_route[MANAGE_REPLY] { # 收到回复消息时进行处理
    xdbg("incoming reply\n");
    if(status=~"[12][0-9][0-9]")
        route(NATMANAGE); # 检查是否需要 NAT 处理
}
```

```
failure_route[MANAGE_FAILURE] { # 呼叫失败的处理
    route(NATMANAGE); # 检查是否需要 NAT 处理
    if (t_is_CANCELed()) { # 如果之前收到过 CANCEL 消息，则直接退出，否则继续处理
        exit;
    }
}
```

上述路由脚本可以完成 SIP 用户注册互打电话这样的场景，也可以呼叫到其他的 SIP 服务器（只需要指定其他 SIP 服务器的域即可）。可以看出，针对不同的 SIP 消息（如 INVITE、CANCEL 等），在呼叫的不同阶段都有不同的处理方式，里面的业务逻辑也比较多（好多 if…else 判断）。一般来说，从头写一个路由脚本还是比较难的，如有需要，最好在官方提供的示例脚本的基础上进行修改。

如果要支持注册，需要将 SIP 客户端的注册信息写入 subscriber 表，具体实现方法我们将在后文详细描述。

上述脚本是 Kamailio 原生的路由配置脚本。在 5.0 以后的 Kamailio 中，我们都建议使用 KEMI 脚本并用 Lua 或 Python 等语言配置路由。但由于 KEMI 比较新，资料比较少，网上很多例子都是用原生脚本写成的，因此，笔者希望通过本节帮助大家理解 Kamailio 的路由逻辑，与 KEMI 进行对比也更有助于进一步理解和学习 Kamailio 的配置方法。

2.3 Lua 脚本

Lua 脚本跟原生脚本在性能上没什么差距，但由于 Lua 是一门专业的编程语言，有编程背景的人写起来会更顺手一些。

Lua 脚本仅用于路由部分，基本的配置还是要用到 2.1 节介绍的脚本。但如果在后续只更改 Lua 的路由部分，可以在命令行上使用 kamcmd app_lua.reload 进行重载，而无须重启 Kamailio，这样就不会影响通话了。这也是 Lua 脚本的最大好处之一。

Lua 脚本中有一个全局的 KSR 对象，用于调用 Kamailio 中的函数和逻辑，它是在 app_lua 模块中实现的。Kamailio 旧版本中的 Lua 功能会产生 sr 对象，现在 sr 对象由 app_lua_sr 模块实现，这样做仅为了向后兼容，在未来的版本中可能会去掉相关设置。

Lua 脚本中，以 -- 开头的是单行注释语句，用 --[[ ]] 包起来的是多行注释语句。

🛈 **注意** 不要在 Lua 脚本中执行 exit，它会导致整个 Kamailio 退出，如果只是结束当前消息的处理，则应该使用 KSR.x.exit()。KSR.drop() 会丢弃 SIP 消息，但路由脚本还会继续执行，如果需要停止执行，则需要在其后面调用 KSR.x.exit()，或者直接将 KSR.drop() 换为 KSR.x.drop()。

可以用 luac -p /path/to/script.lua 命令检查 Lua 脚本有没有语法问题。

下面看一个示例。

```lua
-- 全局变量，在这里还需要再定义一遍，要与主配置文件中相应的配置一致
FLT_ACC=1
FLT_ACCMISSED=2
FLT_ACCFAILED=3
FLT_NATS=5
FLB_NATB=6
FLB_NATSIPPING=7

-- ksr_request_route 这个名称是固定的，对应原生脚本中的 request_route，收到所有的 SIP 请求都
   会调用该函数进行处理
function ksr_request_route()
    ksr_route_reqinit();
    -- 初始合法性检查，其实它就是一个一般的 Lua 函数（function）调用，函数名可以任意
    ksr_route_natdetect();  -- NAT 处理
    if KSR.is_CANCEL() then -- CANCEL 处理
        if KSR.tm.t_check_trans()>0 then
            ksr_route_relay();
        end
        return 1;
    end
    ksr_route_withindlg(); -- SIP 对话内的消息处理
    -- 如果没有对话（仅对于没有 To tag 的消息），则继续进行下面的处理
    if KSR.tmx.t_precheck_trans()>0 then -- 重传处理
        KSR.tm.t_check_trans();
        return 1;
    end
    if KSR.tm.t_check_trans()==0 then return 1 end
    ksr_route_auth(); -- 鉴权
    -- 去掉原有的 Route 消息头（如果有的话），并换成我们自己的，以便后续的消息还经过我们
    KSR.hdr.remove("Route");
    if KSR.is_method_in("IS") then   -- 如果 method 是 INVITE 或 SUBSCRIBE
        KSR.rr.record_route();
    end
    if KSR.is_INVITE() then -- 仅对 INVITE 记账
        KSR.setflag(FLT_ACC); -- 记账
    end
    ksr_route_sipout(); -- 将 domain 不是本地的请求转发到外部服务器
    -- 下面都是我们自己的 domain 了
    ksr_route_registrar(); -- 处理注册
    if KSR.corex.has_ruri_user() < 0 then
        -- RURI 中必须有 user 部分，否则回复 "484 地址不全" 的消息
        KSR.sl.sl_send_reply(484,"Address Incomplete");
        return 1;
    end
    ksr_route_location(); -- 查找并呼叫本地注册用户
    return 1;
end

function ksr_route_relay() -- 接力转发
    -- 对于转发的消息执行更多的事件触发路由，如串行 Forking、RTP 转发处理等
    if KSR.is_method_in("IBSU") then
        if KSR.tm.t_is_set("branch_route")<0 then
            -- 如果设置了 branch_route，则会触发相应的事件路由
            KSR.tm.t_on_branch("ksr_branch_manage");
        end
    end
```

```lua
    if KSR.is_method_in("ISU") then
        if KSR.tm.t_is_set("onreply_route")<0 then
            KSR.tm.t_on_reply("ksr_onreply_manage");
        end
    end
    if KSR.is_INVITE() then
        if KSR.tm.t_is_set("failure_route")<0 then
            KSR.tm.t_on_failure("ksr_failure_manage");
        end
    end
    if KSR.tm.t_relay()<0 then -- 调用 t_relay() 进行转发，如果出错则返回错误消息
        KSR.sl.sl_reply_error();
    end
    -- 到此就结束了，因此，如果在任意路由块里调用了该函数，对于本消息而言，脚本执行就终止，就不
        进行后续的操作了
    KSR.x.exit();
end

function ksr_route_reqinit() -- 对每一个 SIP 请求执行合法性检查
    if not KSR.is_myself_srcip() then
        -- 检查是否收到大量 SIP 消息的洪水攻击，将信任的 IP 地址放到白名单内，以防误伤
        local srcip = KSR.kx.get_srcip();
        -- 这个 sht 是一个共享内存的哈希表，用作 IP 地址黑名单
        if KSR.htable.sht_match_name("ipban", "eq", srcip) > 0 then
            -- 如果能从表中找到，说明这个 IP 地址已经被防住了，直接退出
            KSR.dbg("request from blocked IP - " .. KSR.kx.get_method()
                    .. " from " .. KSR.kx.get_furi() .. " (IP:"
                    .. srcip .. ":" .. KSR.kx.get_srcport() .. ")\n");
            KSR.x.exit();
        end
        -- 使用 pike 模块检测从同一个 IP 地址收到消息的频率（具体频率可设置），如果请求频次超过限
            额，则将这个 IP 地址加入黑名单
        if KSR.pike.pike_check_req() < 0 then
            KSR.err("ALERT: pike blocking " .. KSR.kx.get_method()
                    .. " from " .. KSR.kx.get_furi() .. " (IP:"
                    .. srcip .. ":" .. KSR.kx.get_srcport() .. ")\n");
            KSR.htable.sht_seti("ipban", srcip, 1);
            KSR.x.exit();
        end
    end
    -- 判断 User-Agent 是否是已知的扫描工具，如果是，则直接返回 200 OK，不处理
    local ua = KSR.kx.gete_ua();
    if string.find(ua, "friendly") or string.find(ua, "scanner")
            or string.find(ua, "sipcli") or string.find(ua, "sipvicious") then
        KSR.sl.sl_send_reply(200, "OK");
        KSR.x.exit();
    end
    -- 检查 Max-Forward 字段是否低到 10，防止 SIP 消息又绕回来产生死循环
    if KSR.maxfwd.process_maxfwd(10) < 0 then
        KSR.sl.sl_send_reply(483,"Too Many Hops");
        KSR.x.exit();
    end
    if KSR.is_OPTIONS() -- 处理 OPTIONS 请求
            and KSR.is_myself_ruri()
            and KSR.corex.has_ruri_user() < 0 then
        KSR.sl.sl_send_reply(200,"Keepalive");
        KSR.x.exit();
    end
```

```lua
        if KSR.sanity.sanity_check(1511, 7)<0 then -- 检查 SIP 消息的合法性
            KSR.err("Malformed SIP message from "
                    .. KSR.kx.get_srcip() .. ":" .. KSR.kx.get_srcport() .."\n");
            KSR.x.exit();
        end

    end


-- 处理 SIP 对话内的请求
function ksr_route_withindlg()
    if KSR.siputils.has_totag()<0 then return 1; end
    -- 同一对话内后续的请求应该从 Record-Routing 头域中选择下一跳
    if KSR.rr.loose_route()>0 then
        ksr_route_dlguri();
        if KSR.is_BYE() then
            KSR.setflag(FLT_ACC); -- 记账
            KSR.setflag(FLT_ACCFAILED); -- 即使呼叫失败也记账
        elseif KSR.is_ACK() then
            ksr_route_natmanage(); -- ACK 需要无状态转发
        elseif KSR.is_NOTIFY() then
            -- 为对话内的 NOTIFY 增加 Record-Route 头域，参见 RFC 6665
            KSR.rr.record_route();
        end
        ksr_route_relay();
        KSR.x.exit();
    end
    if KSR.is_ACK() then
        if KSR.tm.t_check_trans() >0 then
            -- 不是松散路由，却是有状态的 ACK，该 ACK 应该是 487 后的 ACK
            -- 或者是上游服务器返回 404 时的 ACK
            ksr_route_relay();
            KSR.x.exit();
        else
            KSR.x.exit(); -- ACK 没有对应的事务，忽略并丢弃
        end
    end
    -- 如果执行到这里，那就不归我们管了，返回 404 错误
    KSR.sl.sl_send_reply(404, "Not here");
    KSR.x.exit();
end

function ksr_route_registrar() -- 处理 SIP 注册请求
    if not KSR.is_REGISTER() then return 1; end -- 仅处理注册消息，否则直接返回
    if KSR.isflagset(FLT_NATS) then -- NAT 相关的处理，略
        KSR.setbflag(FLB_NATB);
        KSR.setbflag(FLB_NATSIPPING); -- 执行 SIP NAT pinging，略
    end
    -- 将注册消息中的 Contact 写到 loation 表中 (可以是内存也可以是数据库) 并返回 200 OK，如果
        保存失败则返回错误
    if KSR.registrar.save("location", 0)<0 then
        KSR.sl.sl_reply_error();
    end
    KSR.x.exit();
end

function ksr_route_location() -- 查找并呼叫本地注册用户
    -- 比如两个用户 a 和 b 都注册到 Kamailio 中，则 a 呼叫 b 时就会查询 location 表看 b 有没有注册
    local rc = KSR.registrar.lookup("location");
```

```lua
    if rc<0 then -- 如果找不到则根据返回值进行出错处理
        KSR.tm.t_newtran();
        if rc==-1 or rc==-3 then
            KSR.sl.send_reply(404, "Not Found");
            KSR.x.exit();
        elseif rc==-2 then
            KSR.sl.send_reply(405, "Method Not Allowed");
            KSR.x.exit();
        end
    end
    if KSR.is_INVITE() then -- 当使用 usrloc 路由时，也对未呼通的呼叫记账
        KSR.setflag(FLT_ACCMISSED);
    end
    -- 如果找到被叫用户的注册地址，则向注册地址转发 INVITE 消息
    ksr_route_relay();
    KSR.x.exit();
end

function ksr_route_auth() -- 基于 IP 地址的认证
    if not KSR.auth then
        return 1;
    end
    if KSR.permissions and not KSR.is_REGISTER() then -- 检查是否在 IP 地址白名单里
        if KSR.permissions.allow_source_address(1)>0 then
            return 1; -- 允许呼叫，直接返回
        end
    end
    -- 处理注册请求，检查 subscriber 表中有没有对应的用户名和密码信息
    if KSR.is_REGISTER() or KSR.is_myself_furi() then
        -- 对请求进行鉴权检查
        if KSR.auth_db.auth_check(KSR.kx.gete_fhost(), "subscriber", 1)<0 then
            -- 如果还没有认证则发起 chanllenge 认证，返回 407
            KSR.auth.auth_challenge(KSR.kx.gete_fhost(), 0);
            KSR.x.exit();
        end
        -- 已经验证通过，在转发到下一跳前去掉认证相关的消息头
        if not KSR.is_method_in("RP") then
            KSR.auth.consume_credentials();
        end
    end
    -- 如果主叫不是我们本地已知的用户，则只允许呼叫本地注册用户，否则不允许转发，毕竟我们的服务
      器不是开放的转发服务器 (Open Relay)
    if (not KSR.is_myself_furi())
            and (not KSR.is_myself_ruri()) then
        KSR.sl.sl_send_reply(403,"Not relaying");
        KSR.x.exit();
    end
    return 1;
end

function ksr_route_natdetect() -- 进行主叫 NAT 相关处理，如修改 Contact 信息等。略
    if not KSR.nathelper then return 1; end
    KSR.force_rport();
    if KSR.nathelper.nat_uac_test(19)>0 then
        if KSR.is_REGISTER() then
            KSR.nathelper.fix_nated_register();
        elseif KSR.siputils.is_first_hop()>0 then
            KSR.nathelper.set_contact_alias();
```

```
            end
            KSR.setflag(FLT_NATS);
        end
        return 1;
end

-- RTPProxy 控制，在 NAT 环境下将会修改 SDP，通过 RTPProxy 进行媒体转发。略
function ksr_route_natmanage()
    if not KSR.rtpproxy then
        return 1;
    end
    if KSR.siputils.is_request()>0 then
        if KSR.siputils.has_totag()>0 then
            if KSR.rr.check_route_param("nat=yes")>0 then
                KSR.setbflag(FLB_NATB);
            end
        end
    end
    if (not (KSR.isflagset(FLT_NATS) or KSR.isbflagset(FLB_NATB))) then
        return 1;
    end
    KSR.rtpproxy.rtpproxy_manage("co");
    if KSR.siputils.is_request()>0 then
        if KSR.siputils.has_totag()<0 then
            if KSR.tmx.t_is_branch_route()>0 then
                KSR.rr.add_rr_param(";nat=yes");
            end
        end
    end
    if KSR.siputils.is_reply()>0 then
        if KSR.isbflagset(FLB_NATB) then
            KSR.nathelper.set_contact_alias();
        end
    end
    return 1;
end

function ksr_route_dlguri() -- 在对话相关请求中可能要进行 URI 更新
    if not KSR.nathelper then return 1; end
    if not KSR.isdsturiset() then
        KSR.nathelper.handle_ruri_alias();
    end
    return 1;
end

function ksr_route_sipout() -- 路由到外部的 SIP 服务器（domain 不属于我们）
    if KSR.is_myself_ruri() then return 1; end
    KSR.hdr.append("P-Hint: outbound\r\n"); -- 增加一个 SIP 头域以便跟踪 SIP 消息
    ksr_route_relay(); -- 直接转发 SIP 消息
    KSR.x.exit();
end

function ksr_branch_manage() -- 外呼的分支，相当于原生脚本中的 branch_route[...]
    KSR.dbg("new branch [".. KSR.pv.get("$T_branch_idx")
            .. "] to " .. KSR.kx.get_ruri() .. "\n");
    ksr_route_natmanage();
    return 1;
end
```

```
function ksr_onreply_manage() -- 收到回复消息时进行处理，相当于原生脚本中的 onreply_route[...]
    KSR.dbg("incoming reply\n");
    local scode = KSR.kx.get_status();
    if scode>100 and scode<299 then
        ksr_route_natmanage();
    end
    return 1;
end

function ksr_failure_manage() -- 呼叫失败的处理，相当于原生脚本中的 failure_route[...]
    ksr_route_natmanage();
    if KSR.tm.t_is_CANCELed()>0 then
        return 1;
    end
    return 1;
end

function ksr_reply_route() -- 收到回复消息时进行处理，相当于原生脚本中的 reply_route[...]
    KSR.info("===== response - from Kamailio lua script\n");
    return 1;
end
```

从上面的 Lua 脚本中可以看出，它与原生脚本的功能和写法基本是一样的，也许它的代码量（行数）并不少，但读起来更清晰也更易懂，而且它是真正的编码语言，更便于写单元测试，甚至在没有 Kamailio 的情况下也可以测试脚本的正确性（关于单元测试，我们将在后文中讲解），这一点使用原生脚本是做不到的。

2.4 Lua 脚本的其他写法

上一节介绍的 Lua 脚本是 Kamailio 自带的示例，与原生脚本写法一致是为了方便对照学习，并不是说只有这一种写法。事实上，有一个 lua-kamailio⊖项目就使用了另一种写法。该项目的描述是：它实现了一个 Kamailio Lua 函数库，用于替换单一 KEMI 示例文件，以方便进行单元测试。我们先来看如下代码。

```
-- 文件名：headers.lua
-- 处理 SIP Header 相关的函数
rex = require "rex_pcre"
message = require "kamailio.message"

local headers = {}

function headers.get_request_user()
  return KSR.pv.get("$rU")
end

function headers.set_request_user(value)
  KSR.pv.sets("$rU", value)
end
```

⊖ 参见 https://github.com/sipgate/lua-kamailio。

```
return headers

-- 文件名: core.lua
-- 核心相关的函数
local core = {}

function core.exit()
  KSR.x.exit()
end

function core.set_flag(flag)
  KSR.setflag(flag)
end

function core.set_branch_flag(flag)
  KSR.setbflag(flag)
end

function core.is_flag_set(flag)
  return KSR.isflagset(FLT_NATS)
end

return core
```

　　以上只是一些代码片段，因篇幅所限，就不在此多解释了。通过将 Lua 代码分散到不同的文件中，使用模块化方式进行组织，可以使路由脚本代码看起来更具 Lua 风格。虽然上述项目并不十分活跃，但可以作为一个很有意义的参考，大家在以后的项目中可以自由发挥。

　　至此，大家应该对 Kamailio 中的 SIP 处理和路由逻辑有了大致的理解，可以进行后面的学习了。如果上面的代码让你感觉很难理解，先不要急，跳过去就好了。接下来，我们会针对每一个概念和主题进行详细讲解，那时再回来阅读本章，一切就显得很容易了。

第 3 章

Kamailio 基本概念和组件

Kamailio 是一个多进程多线程的系统，这一点与 FreeSWITCH 不同，后者是一个多线程的系统。进程是操作系统（如 Linux）管理的独立的资源调度单位，有独立的内存空间，管理起来比多线程更复杂一些。

Kamailio 要支持跨进程的内存管理和通信，就会用到共享内存，以便不同的进程都能管理相同的数据。Kamailio 的很多设计都与此有关。下面一起来看一下 Kamailio 中的基本概念和组件⊖。

3.1 core 详解

core（核心）是 Kamailio 的核心组件，可对外导出一些函数和参数，用于 Kamailio 的配置文件。在前文中我们讲到 Kamailio 的配置文件大致分为全局参数、模块设置、路由块几个部分。

下面就来看一下核心中包含的内容以及上述配置文件中的几个部分与核心组件的对应关系。

3.1.1 全局参数部分

除预处理相关的指令外，全局参数是配置文件中的第一部分。参数和格式一般是："name=value"。其中 name 对应核心模块中对外导出的参数（3.1.7 节中将详细描述），如果配置文件中的参数在核心实现中找不到（可能因拼写错误导致），Kamailio 将报错并无

⊖ 注意，本章介绍的组件和参数并不是全部，受篇幅所限我们仅列举最重要的部分。

法启动。

value 的典型类型有 3 种：整型、布尔型和字符串型。其中字符串型需要用双引号引起来，但有一种"标志符"字符串，不需要使用双引号。

有的参数可能复杂一些，会包含整型、字符串型等，如 listen 参数，通常的格式如下：

```
proto:ip:port              # 协议 :IP 地址 : 端口
```

这里就包含了标志符字符串和整型变量。

下面是一些常见的例子。

```
log_facility = LOG_LOCAL0       # 标志符字符串，日志设备
children = 4                    # 整型
disable_tcp = yes               # 布尔型
alias = "sip.xswitch.cn"        # 字符串型
listen = udp:192.168.7.7:5060   # 标志符字符串，整型
```

一般来说行尾无须加分号，但是有的参数可能支持多行（如 listen 和 alias），这时候就要加分号了，以免下一行被错误解析，示例如下。

```
alias = "sip.xswitch.cn";
```

如果你使用 Kamailio 保留字符串（内置标志符），则需要使用引号，如在下面的例子中，"dns"是保留字。

```
listen = tcp:127.0.0.1:5060 advertise "sip.dns.example.com":5060
```

3.1.2　模块设置部分

配置模块的加载，可以通过以下参数指定路径。

```
mpath = "/usr/local/lib/kamailio/modules/"
```

模块加载的例子如下。

```
loadmodule "debugger.so"                   # 加载该模块
modparam("debugger", "cfgtrace", 1)        # 设置模块参数
```

不同的模块有不同的参数，模块参数的格式是"modparam(" 模块名称 "，" 参数名称 "，参数值)"。其中参数值也有字符串或整数之分，也可以引用 #!define 定义的宏。

3.1.3　路由块部分

路由块部分是实际意义上的 SIP 消息处理的逻辑，使用 Kamailio 原生脚本语言描述。SIP 消息的处理从下列路由块开始。

```
request_route { // 主路由块，SIP 消息最先触达的地方
    route(REQINIT); // 次路由块，每个请求都调用一次
    ...
}
```

```
branch_route[MANAGE_BRANCH] { // 分支路由块，在新分支创建时被调用
    xdbg("new branch [$T_branch_idx] to $ru\n");
    route(NATMANAGE);
}
```

各种路由块我们已经在第 2 章中讲过了，此处不再赘述。

3.1.4　通用元素

本节介绍 Kamailio 配置脚本中的通用元素。

1. 6 种主要的通用元素

Kamailio 配置脚本中的通用元素主要有 7 种，本节介绍前 6 种，因为第七种预处理指令内容比较多，所以单独作为一节来介绍。

（1）**注释**。支持以 # 和 // 的形式进行单行注释，以及以类似于 C 语言中的 "/* */" 的形式进行多行注释。示例如下。

```
# 这是一行注释
// 这是另一行注释
/* 这是
  一个
  多行注释
*/
```

注意：以 #! 开头的是预处理指令（类似于 C 语言中的预处理），不是注释。

（2）**值**。Kamailio 有如下 3 种类型的值。

❑ 整型：32 位整数，如 10。

❑ 布尔型：1、true、on、yes 或 0、false、off、no。

❑ 字符串型：单引号或双引号括起来的字符串，如 "this is a string value"。

（3）**标志符**。标志符是不加引号的字符串，用于匹配整数或布尔值。核心参数名、函数名、模块函数名、核心关键字、语句等都是标志符，如前面提到的 dns、uri、return 等。

（4）**变量**。变量以 $ 开头。示例如下。

```
$var(x) = $rU + "@" + $fd;
```

其中，`$var()` 为自定义变量，其他的为伪变量。$rU 代表 Request User，$fd 代表 From Domain，它们跟 @ 拼接后赋值给一个变量 x。更多的伪变量说明可以参见 3.2 节。

（5）**动作或语句**。在路由模块中执行的指令，结尾需要加 "；"。指令可以是核心或模块的函数调用语句、条件语句、循环语句或赋值语句等，语法类似于 C 语言。示例如下。

```
sl_send_reply("404", "Not found");
exit;
```

（6）**表达式**。表达式是由一组语句、变量、函数和操作符组成的值。示例如下。

```
if(!t_relay())
if($var(x)>10)
"sip:" + $var(prefix) + $rU + "@" + $rd
```

2. 预处理指令

类似于 C 语言，Kamailio 配置文件中也有一些预处理指令，简述如下。

1) include_file

include_file 使用方法如下。

```
include_file "path_to_file"
```

include_file 类似于 C 语言中的 #include 指令，用于引入一个文件。path_to_file 是被引入的文件路径，可以是相对路径也可以是绝对路径，但必须是一个字符串（不能是变量）。include_file 预处理指令在 Kamailio 启动时执行，一旦被引入的文件有修改，必须重启 Kamailio 才能生效。如果文件是一个相对路径，则默认查找当前目录，如果找不到，则查找调用 include_file 指令的那个文件所在的目录。被引入的文件可以包含任何配置，也可以继续使用 include_file 指令引入其他文件，但最大不能超过 10 级。该指令也可以使用 #!include_file 或 !!include_file 代替。

如果被引入的文件不存在，则 Kamailio 会报错并停止启动。

include_file 指令的使用示例如下。

```
request_route {
    ...
    include_file "routes.cfg"
    ...
}
```

其中，routes.cfg 文件内容示例如下。

```
if (!mf_process_maxfwd_header("10")) {
    sl_send_reply("483","Too Many Hops");
    exit;
}
```

2) import_file

import_file 使用方法如下。

```
import_file "path_to_file"
```

import_file 类似于 include_file，但在找不到文件时不会报错。

3) define

define 类似于 C 语言中的宏定义，决定配置文件中哪部分需要执行。宏定义外的配制信息在 Kamailio 启动时会丢弃，以节省系统资源。

系统支持以下关键字定义方式。

❏ #!define NAME：定义一个关键字 NAME。

❏ #!define NAME VALUE：定义关键字并赋值。

- ❏ #!ifdef NAME：检查关键字是否被定义。
- ❏ #!ifndef：检查关键字是否没有被定义。
- ❏ #!else：否则，后接分支语句。
- ❏ #!endif：结束 ifdef/ifndef 的定义。
- ❏ #!trydef：如果对应关键字没有定义则进行定义，否则对应关键字无效。
- ❏ #!redefine：强制重定义，即使已经定义。

系统内置定义的关键字：

- ❏ KAMAILIO_X[_Y[_Z]]：Kamailio 版本号。
- ❏ MOD_X：当模块 X 加载后被赋值。

在 Kamailio 运行时可以在命令行上使用 kamctl core.ppdefines_full 命令获取完整关键字列表。

使用宏指令有以下好处：

- ❏ 快速启用或禁用某些特性，如默认配置中的 NAT 穿越、Presence、鉴权等特性。
- ❏ 执行条件语句无法完成的任务，如在全局参数、模块设置中选择不同的条件。
- ❏ 当切换不同的应用场景时，比条件语句更高效。如在开发环境和生产环境中可以使用不同的参数。

define 使用示例如下。

```
#!define DEV_MODE      # 定义开发模式

#!ifdef DEV_MODE       # 在开发模式下，以下语句生效
  debug = 5
  log_stderror = yes
  listen = 192.168.1.1
#!else                 # 在生产环境下，取消 DEV_MODE 定义，此时以下语句生效
  debug = 2
  log_stderror = no
  listen = 10.0.0.1
#!endif

...

#!ifdef DEV_MODE       # 开发环境和生产环境分别连接不同的数据库
modparam("acc|auth_db|usrloc", "db_url",
    "mysql://kamailio:kamailio@localhost/kamailio")
#!else
modparam("acc|auth_db|usrloc", "db_url",
    "mysql://kamailio:kamailiorw@10.0.0.2/kamailio_production")
#!endif

...

#!ifdef DEV_MODE
route[DEBUG] {
  xlog("SCRIPT: SIP $rm from: $fu to: $ru - srcip: $si"\n);
}
#!endif
```

```
...

route {
#!ifdef DEV_MODE
  route(DEBUG);
#!endif
}
```

可以用 define 定义字符串或整型值的宏。示例如下。

```
#!define MYINT 123
#!define MYSTR "xyz"
```

定义的宏在运行时会被替换，这一点跟 C 语言类似，如以下代码所示。

```
$var(x) = 100 + MYINT;
```

上述代码将被替换为如下形式。

```
$var(x) = 100 + 123;
```

define 支持多行定义。示例如下。

```
#!define MYLOOP $var(i) = 0; \
                while($var(i)<5) { \
                    xlog("++++ $var(i)\n"); \
                    $var(i) = $var(i) + 1; \
                }
```

在路由块中调用示例，方法如下。

```
route {
    ...
    MYLOOP
    ...
}
```

目前系统最大只能定义 256 个值。

> 注意　多行定义最终会在内部变成一行，因此，如果在多行定义中使用注释，可能会出现不可预知的结果，所以，如果要使用注释，那么只能在最后一行使用。

4）defenv

defenv 表示从系统环境变量中获取值，并用 define 定义为 Kamailio 宏。示例如下。

```
#!defenv SHELL
```

假设系统的 SHELL 环境变量值为 /bin/bash，则上述代码等价于以下定义。

```
#!define SHELL /bin/bash
```

也可以使用以下方式。

```
#!defenv MYSHELL=SHELL
```

上述定义等价于如下形式。

```
#!define MYSHELL /bin/bash
```

当然也可以使用后面将要讲到的 #!substdef 与 $env(NAME) 来实现 defenv 的功能，但用 defenv 更简洁。

5）subst

subst 用于在配置文件中进行字符串替换。注意它只替换关键字标志符（没有引号的标志符）。示例如下。

```
#!subst "/regexp/subst/flags"
```

其中，flags 是可选的，值可以是 i（代表忽略大小写）或 g（代表全局替换）。

下面的代码会将 db_url 中的 DBPASSWD 标志符替换为 xyz。

```
#!subst "/DBPASSWD/xyz/"

modparam("acc", "db_url", "mysql://user:DBPASSWD@localhost/db")
```

6）substdef

substdef 的使用方法如下。

```
#!substdef "/ID/subst/"
```

substdef 类似于 subst，但额外增加了一个 #!define ID subst 定义。示例如下。

```
#!substdef "/DBPASSWD/xyz/"

modparam("acc", "db_url", "mysql://user:DBPASSWD@localhost/db")
```

上述代码等价于如下形式。

```
#!subst "/DBPASSWD/xyz/"
#!define DBPASSWD xyz

modparam("acc", "db_url", "mysql://user:DBPASSWD@localhost/db")
```

7）substdefs

substdefs 使用方法如下。

```
#!substdefs "/ID/subst/"
```

substdefs 类似于 substdef，但额外增加的 #!define ID "subst" 定义中，"subst" 值会带有双引号，适用于字符串需要带双引号的场景。

3.1.5　核心关键字

核心关键字仅对 SIP 消息处理有效，主要用于 if 表达式中的判断。

（1）af：即 Address Family，IP 地址的类型，取值有 INET 和 INET6，分别对应 IPv4 和 IPv6。如以下代码会在 SIP 消息来自 IPv6 地址时打印日志。

```
if (af == INET6) {
    log("这条 SIP 消息使用了 IPv6\n");
}
```

（2）**dst_ip**：Dest IP，即目的 IP 地址（收到本 SIP 消息的本地的 IP 地址），在系统中有多个网卡和 IP 地址的情况下，可以通过它判断目的 IP 地址是哪一个。使用示例如下。

```
if (dst_ip    127.0.0.1) {
    log(" 这条 SIP 消息是在回环网络接口（Loopback Interface）上收到的 \n");
};
```

注意，这里的 127.0.0.1 不要加双引号，如果加上系统会认为其是字符串进而会进行 DNS 反向地址解析，消耗系统资源。

（3）**dst_port**：Dest Port，即目的端口（收到消息的 SIP 端口）。如以下代码在目的地端口为 5061 时打印日志。

```
if (dst port == 5061) {
    log(" 这条 SIP 消息是在 5061 端口上收到的 \n");
}
```

（4）**from_uri**：从 From 头域获取到的 URI。如下代码表示收到 INVITE 消息中的 from_uri 与 ".*@xswitch.cn" 正则表达式匹配时打印日志。

```
if (is_method("INVITE") && from_uri =~ ".*@xswitch.cn") {
    log(" 主叫来自 xswitch.cn\n");
}
```

（5）**method**：SIP 消息中的方法名。如下代码表示收到 REGISTER（注册）消息时打印日志（与 is_method("REGISTER") 等价，参见上例）。

```
if (method == "REGISTER") {
    log(" 收到一条注册（REGISTER）消息 \n");
}
```

（6）**msg:len**：SIP 消息长度。如下代码表示收到 SIP 消息的长度超过 2048 时回复"413 消息超长"并退出。

```
if (msg:len>2048) {
    sl_send_reply("413", "message too large");
    exit;
}
```

（7）**proto**：SIP 消息底层承载协议类型。如下代码判断 SIP 消息是否基于 UDP 进行承载，若是则打印日志。

```
if (proto == UDP) {
    log("SIP 消息使用了 UDP 协议承载 \n");
}
```

（8）**status**：状态码，一般用于 onreply_route 路由块中，获取响应消息的状态。如果用于标准的路由块中，则它指最后一次发出的状态码。如下代码表示当收到的回复消息中状态码为 200 时打印日志。

```
if (status == "200") {
    log(" 收到一条 200 OK 回复消息 \n");
}
```

（9）**snd_af**：Send Adress Family，即将要发送的地址类型，在 `onsend_route` 路由块中有效。参见关于 `af` 的介绍。

（10）**snd_ip**：Send IP，即将要使用的发送 IP 地址，在 `onsend_route` 路由块中有效。参见关于 `dst_ip` 的介绍。

（11）**snd_port**：Send Port，即将要使用的发送端口，在 `onsend_route` 路由块中有效。参见关于 `dst_port` 的介绍。

（12）**snd_proto**：Send Protocol，即发送协议，在 `onsend_route` 路由块中有效。参见关于 `proto` 的介绍。

（13）**src_ip**：SIP 消息的来源 IP 地址。如下代码判断来源 IP 地址（注意 IP 地址不要加引号）为 `127.0.0.1` 时打印日志。

```
if (src_ip == 127.0.0.1) {
    log("该 SIP 消息来自 localhost！\n");
}
```

（14）**src_port**：SIP 消息上一跳的来源端口。示例代码如下。

```
if (src_port == 5061) {
    log("该 SIP 消息的源端口是 5061\n");
}
```

（15）**to_ip**：To IP，在 `onsend_route` 路由块中有效，为 SIP 消息 To 头域中的 IP 地址。

（16）**to_port**：To Port，To 头域中的端口，类似 `to_ip`。

（17）**to_uri**：To URI，To 头域中的 URI，类似 `to_ip`。如下代码判断 To URI 是否匹配正则表达式，若是则打印日志。

```
if (to_uri =~ "sip:.+@xswitch.cn") {
    log("该 SIP 消息中的 To 域是 xswitch.cn\n");
}
```

（18）**uri**：Request URI，即请求 URI。如下代码判断 uri 是否与正则表达式相匹配，若是则打印日志。

```
if (uri =~ "sip:.+@xswitch.cn") {
    log("该 SIP 消息的 Request URI 中的域是 xswitch.cn\n");
}
```

3.1.6 核心值

核心提供的一些预定义的宏值（标志符）可以用于 `if` 表达式判断，可以与核心关键字进行比较（如是否相等），简述如下。

1. myself

`myself` 代表"自己"，它是一个集合，包括在配置文件中配置的本地的 IP 地址、主机名（hostname）、别名（alias）等，主要用于检查收到的 SIP 消息是在"自己"的管辖范围

（同一 SIP 集群）内处理，还是要转发到外部其他的 SIP 服务器（别人的 SIP 服务器）进行处理。

可以使用 alias 指令向 myself 列表中添加别名。示例如下。

```
if (uri == myself) { // 判断 Request URI 是否应该自己处理
    log(" 收到一条 SIP 消息，这是我的菜，让我来进行处理 \n");
};
```

> **注意**　这里的"自己"并不表示 Kamailio 不转发该 SIP 消息，事实上，大多数情况下 Kamailio 都需要将 SIP 消息转发到下一跳，只是这个下一跳一般是"自己"内部的 SIP 服务器，而不是"别人"（如别的运营商）的服务器。
>
> 也可以使用 is_myself() 函数实现与 myself 同样的功能。

2. 其他

其他核心标志符有 INET（可用于检查来源是否是 IPv4 地址）、INET6（IPv6）、UDP（UDP 协议，可以与 proto 关键字进行比较）、TCP（TCP 协议，可以与 proto 关键字进行比较）、TLS（TLS 协议，可以与 proto 关键字进行比较）、SCTP（SCTP 协议，可以与 proto 关键字进行比较）、WS（WS 协议，可以与 proto 关键字进行比较）、WSS（WSS 协议，可以与 proto 关键字进行比较）。

下面是一些代码示例，因比较直观，就不多解释了。

```
if (af == INET) {
    log(" 这条 SIP 消息使用了 IPv4\n");
}

if (proto == WSS) {
    log(" 这条 SIP 消息是通过 WSS（安全的 WebSocket）协议承载的 \n");
}
```

3.1.7　核心参数

Kamailio 配置文件中有一些全局参数，这些参数是比较核心的，关乎整个系统的运行。略述如下。

（1）advertised_address：通告地址，用于设置 Via 头域中的 IP 地址，用于内外网 IP 不一致的情况。默认情况下 Via 头域中会使用本地用于发送 SIP 消息的 IP 地址。举例如下。

```
advertised_address = "1.2.3.4"
advertised_address = "kamailio.org"
```

> **注意**　该参数未来可能会取消（因为它是全局的）。推荐使用 listen 指令的 advertise 参数代替它，该参数仅对 listen 指定的网络接口有效，因而不同的网卡，IP 地址或端口可以有不同的通告地址。

（2）advertised_port：设置 Via 头域中的端口，参见 advertised_address。
举例如下。

```
advertised_port = 5080
```

🎯提
示　该参数也可能被取消，原因与 advertised_address 相同。

（3）alias：设置别名，以便 myself 可以检查是否是本地需要处理的主机名或域名。
有必要同时设置端口，否则 loose_route() 将不能按预期工作。举例如下。

```
alias = other.domain.com:5060
alias = another.domain.com:5060
```

🎯提
示　如果域名中有与 Kamailio 冲突的关键字，必须用引号引起来，如 forward、
exit、drop，甚至包括 - 等。

（4）async_workers：指定 default 组中以异步调用方式启动了多少个子进程
（Worker 进程）。这些子进程用于执行异步任务，异步任务可能来自 async、acc、sqlops
等模块。默认为 0，即异步功能不启用。举例如下。

```
async_workers = 4
```

（5）async_nonblock：设置 default 组的异步进程中的内置 Socket 是否为阻塞模
式。默认为 0，即为阻塞模式。举例如下。

```
async_nonblock = 1
```

（6）async_usleep：设置不同任务间需要等待的微秒值，在 async_nonblock=1
时有效，默认值为 0。举例如下。

```
async_usleep = 100
```

（7）async_workers_group：对异步进程进行分组，具体语法如下。

```
async_workers_group = "name=X;workers=N;nonblock=[0|1];usleep=M"
```

对上述设置中的相关属性解释如下。

❏ name：组名，用于需要异步处理的函数，如 sworker_task(name)。

❏ workers：表示分组中需要建立多少个子进程。

❏ nonblock：将内部通信 Socket 设为无阻塞模式。

❏ usleep：设置不同任务间需要等待的微秒值，在 async_nonblock=1 时有效。
async_workers_group 的默认值为空字符串（""），下面是一个示例。

```
async_workers_group="name=reg;workers=4;nonblock=0;usleep=0"
```

如果 name 为 default，它会覆盖掉 async_workers 等相关指令设置的值。

关于异步任务，可以参见 `event_route[core:pre-routing]` 事件以及 `sworker`模块，在本书后面会给出一个用 Lua 实现的示例（参见 6.5.1 节）。

（8）`auto_aliases`：Kamailio 默认会监听所有 IP 地址，并对所有 IP 地址做 DNS 反向解析，将结果加入别名列表，以便可以进行 `myself` 检测。将该参数设为 `no` 可以禁用反向 DNS 解析。举例如下。

```
auto_aliases = no
```

（9）`auto_bind_ipv6`：默认为 0，不启用。如果启用，则会像 IPv4 那样自动绑定所有 IPv6 地址。

```
auto bind ipv6 = 1
```

（10）`bind_ipv6_link_local`：默认为 0，如果设为 1，则将绑定 IPv6 本地回环地址，目前仅支持 UDP。举例如下。

```
bind_ipv6_link_local = 1
```

（11）`check_via`：检查回复消息中最上面的 Via 地址是否为本地地址，默认为 0，不检查。

（12）`children`：表示每个 UDP 监听多少个子进程，默认为 8。如果你有多个（n 个）UDP 监听地址，则将启动 $n \times 8$ 个子进程。举例如下。

```
children = 4
```

对于 TCP/TLS 监听，使用 `tcp_children`。

（13）`chroot`：决定是否支持 chroot，该参数的值必须是一个合法的 chroot 路径。chroot 是一个操作系统特性，其通过将当前进程能访问的文件系统切换到一个独立的"沙箱"环境，以提高系统安全性。举例如下。

```
chroot = /other/fakeroot
```

（14）`corelog`：设置 Kamailio 核心的调试日志级别，默认为 -1（即 `L_ERR`），值越大打印的日志越多。有时出现一些错误日志并不意味着真的出错了，比如在解析 SIP 消息时出错，原因可能是对端发送了不合法的 SIP 消息，这不是 Kamailio 本身的问题。

`corelog` 使用方法如下。

```
corelog = 1
```

具体的日志级别可以参见下面要讲的 `debug` 参数。

（15）`debug`：设置调试级别，值越大消息越多，默认值为 0。建议生产环境中在 -1 到 2 之间取值。下面是取值列表。

```
L_ALERT     -5
L_BUG       -4
L_CRIT2     -3
L_CRIT      -2
```

```
L_ERR        -1
L_WARN        0
L_NOTICE      1
L_INFO        2
L_DBG         3
```

使用建议如下。

❑ debug = 3：打印所有日志，用于调试，不建议用于生产环境，因为这将产生大量日志，不仅会拖慢系统还会塞满硬盘空间。

❑ debug = 0：只打印警告、错误和严重错误信息。

❑ debug = -6：禁用所有日志。

可以使用 RPC 接口在运行时动态控制这些参数。示例如下。

```
kamcmd cfg.get core debug              # 获取核心 debug 参数值
kamcmd cfg.set_now_int core debug 2    # 将核心 debug 参数值设为整数 2
kamcmd cfg.set_now_int core debug -- -1 # 设为 -1，由于 -1 包含一个 - 号，因此前面用 -- 避
免歧义
```

与内存有关的日志参见 memlog 和 memdbg。更多信息参见 https://www.kamailio.org/wiki/tutorials/3.2.x/syslog。

（16）disable_core_dump：禁用 Core Dump（内核转储），取值可为 yes 或 no，默认值为 no。默认情况下 Core Dump 的值为 unlimited 或一个很高的值，Kamailio 在崩溃时会将崩溃瞬间的内存快照写入一个 core 文件，Core Dump 过大将消耗大量的文件系统空间。该参数可以禁用 Core Dump。举例如下。

```
disable_core_dump = yes
```

（17）disable_tls：又称 tls_disable，用于决定是否禁用 TLS。默认为否，但是需要加载 TLS 模块⊖才能用（该模块的使用方法可以参考 10.3 节）。举例如下。

```
disable_tls = yes
```

（18）enable_tls：又称 tls_enable，决定是否启用 TLS，与 disable_tls 相反，默认值为启用。

（19）force_rport：决定是否强制启用 rport 机制，取值为 yes 或 no，类似于 force_rport() 函数，但全局有效。

rport 是一种 NAT 穿越机制，启用后，SIP 消息中将带有 " ;rport" 参数，如果 Kamailio 位于 NAT 后面（NAT 内）并发出 SIP 消息，对方在回复时，可以向从接收到的 SIP 消息中学习到的源地址发送相关信息，而不是根据 SIP 协议发向 Via 或 Contact 地址（这些地址可能都在 NAT 后面）。

（20）fork：如果将该参数设为 yes，则系统会启动到后台，此时会启动很多进程，每个 IP 地址以及每个协议都会启动 children 倍数的进程。

⊖ 关于 TLS 模块可以参考 http://kamailio.org/docs/modules/devel/modules/tls.html。

如果将该参数设为 no，则仅启用它找到的第一个 IP 地址，相当于 Kamailio 使用 -F 选项启动。

（21）fork_delay：在慢启动时，该参数表示在启动每个进程之前暂停多少微秒，默认为 0。举例如下。

```
fork_delay = 5000
```

（22）group：又称 gid，即 Group ID，用于设置 Kamailio 启动后的进程组 ID。举例如下。

```
group = "siprouter"
```

（23）http_rcply_parse：又称 http_reply_hack，当其启用时（值为 yes），Kamailio 可以以 SIP 的方式解析 HTTP 请求的返回结果（但不会当成 SIP 消息被处理）。默认为 no，即无法解析 HTTP 返回结果。

（24）ip_free_bind：又称 ipfreebind 或 ip_nonlocal_bind。设置 Kamailio 是否可以监听本地不存在的 IP 地址。在双机热备（常见形式为 HA，全称为 High Availability，即主备高可用）的情况下，对外服务的 IP 地址称为业务 IP 地址或浮动 IP 地址，该 IP 地址只会绑定到主机上，而在备机上启动 Kamailio 时若尝试监听浮动 IP 地址将出错。通常将该参数设为 1，这样在备机上没有绑定浮动 IP 地址的情况下启动 Kamailio 进行监听也不会出错。举例如下。

```
ip_free_bind = 1
```

（25）listen：设置服务器监听的协议和地址。该指令可以有多行，以便监听多个 IP 地址。举例如下。

```
listen = 10.10.10.10
listen = eth1:5062
listen = udp:10.10.10.10:5064
```

如果没有 listen 指令，则 Kamailio 将监听所有 IP 地址。Kamailio 启动时会打印它监听的所有 IP 地址。如果使用 IPv6 地址。则应该有中括号。举例如下。

```
listen=udp:[2a02:1850:1:1::18]:5060
```

可以使用 advertise 指定一个通告 IP 地址（一般是外网 IP 地址⊖），它将影响 Via 头域以及 Record-Route 消息头中的 IP 地址，举例如下。

```
listen = udp:10.10.10.10:5060 advertise 11.11.11.11:5060
```

通告 IP 地址必须是 ip:port 形式的，协议将从监听的 Socket 上取得。该参数常用的场景是 Kamailio 处于 NAT 环境中，实际监听的 IP 地址（本机内网 IP 地址，如本例中的 10.10.10.10）与外网 IP 地址（如本例中的 11.11.11.11）不一致。

⊖　在 FreeSWITCH 中也有类似的配置，在 Profile 中可以配置 ext-sip-ip。

监听时可以指定一个唯一的名字（name），以简化外发 SIP 消息时选择 Socket 的流程。如 rr 和 path 模块可以使用这个 name 来更快找到外发后续 SIP 消息使用的相应的 Socket。

name 属性值必须是有引号的字符串。举例如下。

```
listen = udp:10.0.0.10:5060 name "s1"
listen = udp:10.10.10.10:5060 advertise 11.11.11.11:5060 name "s2"
listen = udp:10.10.10.20:5060 advertise "mysipdomain.com" name "s3"
listen = udp:10.10.10.30:5060 advertise "mysipdomain.com" name "s4"

route {
    ...
    $fsn = "s4"; // SIP 消息将从这个名称对应的 Socket 上发出
    t_relay();
}
```

> 📷 注意　系统内部并没有针对 name 进行唯一性检查。如果多个 listen 有同一个 name，则使用第一个找到的 name。

（26）loadmodule：加载模块。模块路径在 loadpath 或 mpath 指定的路径中查找。如果模块路径中只有模块名字或"名字 .so"，则 Kamailio 会尝试加载"名字 / 名字 .so"，这在使用源代码编译的环境中非常有用。举例如下。

```
loadpath "/usr/local/lib/kamailio/:usr/local/lib/kamailio/modules/"

loadmodule "/usr/local/lib/kamailio/modules/db_mysql.so"
loadmodule "modules/usrloc.so"
loadmodule "tm"
loadmodule "dialplan.so"
```

（27）loadmodulex：类似于 loadmodule，但其参数中可以有变量，而 loadmodule 的参数只能是字符串。

（28）loadpath：又称 mpath，用于设置模块搜索路径，可以用"："分隔多个路径。Kamailio 在加载时将顺序查找"路径名 / 模块名 .so"或"路径名 / 模块名 / 模块名 .so"。举例如下。

```
loadpath "/usr/local/lib/kamailio/modules:/usr/local/lib/kamailio/mymodules"

loadmodule "uri"
loadmodule "tm"
```

（29）local_rport：类似于 add_local_rport() 函数，但全局有效，默认为 off。举例如下。

```
local_rport = on
```

（30）log_engine_data 与 log_engine_type：设置日志引擎相关的数据。具体的日志引擎在模块中实现，不同模块对数据的支持不同。举例如下。

```
log_engine_type = "udp"
log_engine_data = "127.0.0.1:9"
```

更多信息可参见 `log_custom` 模块[⊖]的相关说明。

（31）`log_facility`：如果 Kamailio 要将日志写入 Syslog[⊜]，则可以通过该参数设置与日志对应的 `Facility`，这在将日志写入独立的日志文件时非常有用。具体的参数含义请参考系统 `syslog(3)` 的相关说明。该参数默认值为 `LOG_DAEMON`，也可以改为其他的值。举例如下。

```
log_facility = LOG_LOCAL0
```

（32）`log_name`：设置 Syslog 的日志前缀，又称 Syslog Tag，默认值为应用程序的名字（`kamailio`）或完整路径。当在同一台服务器上运行多个 Kamailio 实例时可用于区分日志。举例如下。

```
log_name = "kamailio-proxy-1"
```

（33）`log_prefix`：用于在日志行中添加一个前缀。前缀可以引用与在运行时 SIP 消息解析后对应的变量，具体的变量求值方法与 `log_prefix_mode` 有关。

该参数设置仅对处理 SIP 消息的路由块有效，对于没有 SIP 消息的路由块，如在 `timer`、`evapi` 的 Worker 进程中，该参数无效。

看下面的示例，其中日志前缀设为消息类型（1 为请求，2 为响应）+CSeq+Call-ID：

```
log_prefix = "{$mt $hdr(CSeq) $ci} "
```

（34）`log_prefix_mode`：配置 `log_prefix` 的求值方法，默认值为 0，仅在收到 SIP 消息时求值一次，适用于变量不变（后续的配置变量不会改变变量的值）的场景。如果将该参数设置为 1，则变量将在每次配置变更后都重新求值，这适用于可能由于配置变更引起变量变化的情况，如 `$cfg(line)`。举例如下。

```
log_prefix_mode = 1
```

（35）`log_stderror`：控制 Kamailio 是否将日志输出到标准错误[⊜]，取值有 `yes` 和 `no`，默认是后者。举例如下。

```
log_stderror = yes
```

（36）`cfgengine`：设置路由块的解析引擎，默认值为 `"native"`（等价于 `"default"`），其他取值由加载的模块导出的名称决定，如 `"lua"` 由 `app_lua` 模块导出。举例如下。

```
cfgengine = "lua"
```

（37）`maxbuffer`：在自动探测阶段可以使用的最大内存字节数，默认值为 `262144`。

⊖　参见 https://www.kamailio.org/docs/modules/devel/modules/log_custom.html。

⊜　UNIX（Linux）中的日志系统，参见 https://zh.wikipedia.org/wiki/Syslog。

⊜　Standard Error，UNIX 平台的输出设备，缩写为 stderr，通常是当前终端。

举例如下。

```
maxbuffer = 65536
```

（38）max_branches：设置对于一个 **SIP Transaction** 生成的最大分支数量。分支通常由核心的 append_branch() 函数生成，也可由 tm 模块的并行或串行转发功能生成。该参数默认值为 12，取值区间为 1~31。举例如下。

```
max_branches = 16
```

（39）max_recursive_level：最大递归深度，在调用子路由块或 if…else 语句时都会增加递归深度，默认值为 256。举例如下。

```
max_recursive_level = 500
```

（40）max_while_loops：设置最大循环次数，默认值为 100，其作用是防止产生死循环。如果设为 0，则保护将会失效，但在明显的死循环语句出现时（如 while(1) {...}）仍会打印警告日志。举例如下。

```
max_while_loops = 200
```

（41）mcast：该参数用于设置组播的网卡，如果不设置该参数，操作系统会根据内核的路由表对网卡进行选取。该参数会在每一个 listen 参数后重置，所以不会有副作用。举例如下。

```
mcast = "eth1"
listen = udp:1.2.3.4:5060
```

（42）mcast_loopback：设置组播包是否发往 loopback 地址，取值为 yes 或 no，默认为后者。举例如下。

```
mcast_loopback = yes
```

（43）mcast_ttl：设置组播 TTL（Time to Live），默认使用操作系统的默认值（通常为 1）。举例如下。

```
mcast_ttl = 32
```

（44）memdbg：又称 mem_dbg。该参数用于指定内存调试器的日志级别。如果 memdg 生效，则内存管理器范围内的任何与内存相关的请求（alloc、free 等）都会被记录（如果在编译时开启了 NO_DEBUG 宏，则该参数无效）。默认值为 L_DBG，即 memdbg=3。如果设置了 memdbg=2，则只有当 debug 大于或等于 2 时，内存调试日志才会触发。

（45）memlog：又称 mem_log，该参数用于指定内存统计的日志级别。如果开启了 memlog，Kamailio 会记录内存统计信息，该信息会在关闭 Kamailio 或 Kamailio 收到 SIGUSR1 信号时打印，以方便调试内存泄漏相关的问题。默认值为 L_DBG，即 memlog=3。运行机制与 memdbg 相同。

（46）其他内存参数：Kamailio 还有几个其他内存相关的参数，如 mem_join、mem_

safety、mem_summary，这些参数都与开发调试相关，我们就不多介绍了。

（47）mhomed：该参数用于在多网卡⊖环境下设置 Kamailio 外发 SIP 消息的选择策略。默认值为 0，即不开启，因为开启后会比较费资源。在默认情况下，Kamailio 会使用收到消息的那个网卡转发 SIP 消息，如果转发时协议有变化（如 TCP 进 UDP 出），或在 Kamailio 单独外发消息时，会选择它能找到的第一个网卡进行外发，而不管目的地址是什么。事实上，Kamailio 的很多模块都支持手动指定网卡（或网卡 IP 地址）的参数或函数，这些参数或函数可以静态配置或在路由脚本中动态指定。

如果将 mhomed 设为 1，则 Kamailio 会尝试选择一个能到达对方的网卡（网址），基本逻辑是这样的：Kamailio 向目标 IP 地址打开一个 UDP Socket，然后获取与该 Socket 对应的本地 IP 地址（由操作系统根据路由表算出），然后关闭该 Socket，而取到的 IP 地址可用于 Via 或 Record-Route 头域。举例如下。

```
mhomed = 1
```

（48）mlock_pages：锁定内存页以避免被操作系统换到 swap 内存（通常位于更慢的硬盘）上，取值有 yes 或 no，默认为 no。这是个策略问题，如果 Kamailio 跟其他系统共用内存，那么开启该参数 Kamailio 会抢占一些先机。但如果 Kamailio 是专机专用，则在内存实在不够用又不能倒换时，会导致申请内存失败。

（49）modinit_delay：模块初始化后等待的时间间隔，默认值为 0，单位是微秒。主要用于对单位时间内连接频率有限制的系统（如数据库等），其可使这些系统启动慢一些以免连接失败。举例如下。

```
modinit_delay = 100000
```

（50）modparam：该参数类似于一个函数，用于设置模块参数。具体的模块参数和值因模块而异。该参数我们在前面已多次讲过了，不再赘述。举例如下。

```
modparam("usrloc", "db_mode", 2)
modparam("usrloc", "nat_bflag", 6)
```

（51）onsend_route_reply：决定是否执行 onsend_route 路由块，默认为 0，即禁用，可以使用 1、yes、on 等值开启。在 Kamailio 收到一个 SIP 回复消息且该消息即将被转发出去时会调用 onsend_route 路由块。举例如下。

```
onsend_route_reply = yes
```

（52）open_files_limit：操作系统通常对一个进程打开文件的数量有限制（典型的值是 1024，由操作系统 ulimit 设置），如果该数值大于系统限制，则 Kamailio 会尝试将系统限制提升为该参数设置的值（当然 Kamailio 必须以 root 方式启动）。文件、Socket 连接等都会占用文件数，尤其在使用 TCP 连接时，每一个连接都会占用一个连接数。举例

⊖　注意，这里所说的网卡不一定是物理网卡，其对应的英文是 Network Interface，这还可能是一个虚拟网卡或同一个网卡绑定的不同的 IP 地址。后面都是如此。

如下。

```
open_files_limit = 2048
```

（53）phone2tel：该参数启用后，Kamailio 会检查 SIP URI 中是否带有 user=phone 参数，如果带有该参数，则将 SIP URI 转换为 TEL URI⊖。该参数默认值为开启状态（值为 1），可以用以下方法关闭。

```
phone2tel = 0
```

（54）pmtu_discovery：该参数如果启用，则会在发送消息时设置 IP 包的 DF（Don't Fragment，禁止分片）位，默认值为 0。举例如下。

```
pmtu_discovery = 1
```

（55）port：设置 Kamailio 的监听端口，默认为 5060。举例如下。

```
port = 5080
```

（56）sip_warning：默认为 0，如果设为 1，则所有 Kamailio 产生的 SIP 回复消息中都会多一个 Warning 头域。该头域会包含一些内部调试信息，但可能会泄露内部网络架构，故在生产环境中要慎用该参数。举例如下。

```
sip_warning = 0
```

（57）socket_workers：设置每一个监听 Socket 的 Worker 进程数。常用于 listen 之前。当用于 listen 之前时，对于 UDP 或 SCTP Socket，它会覆盖掉 children 或 sctp_children 设置的值。对于 TCP 或 TLS，它会增加额外的 TCP 进程数，这些进程只处理它们监听的 Socket 上的消息（如 UDP 消息不会被分发到这些 Work 中进行处理）。该参数的值会在每个 listen 参数后重置为默认值，所以，如果有多个 listen 并不想使用默认值的话，则每次都要重设。如果不使用该参数，则 children、tcp_children 以及 sctp_children 会起作用。我们来看如下配置。

```
children = 4
socket_workers = 2
listen = udp:127.0.0.1:5080
listen = udp:127.0.0.1:5070
listen = udp:127.0.0.1:5060
```

使用上述配置 Kamailio 将启动两个 Worker 进程用于处理 5080 端口的消息，由于第一个 listen 后 socket_worker 值被重置（失效），因此 5070 和 5060 端口都会根据 children 参数的设置启动 4 个进程，总共有 10 个进程。

再来看如下配置。

```
children = 4
socket_workers = 2
```

⊖ SIP URI 使用"sip:"，TEL URI 使用"tel:"，两者后面都跟一个电话号码，常用于 PSTN。参见 https://tools.ietf.org/html/rfc3966 。

```
listen = tcp:127.0.0.1:5080
listen = tcp:127.0.0.1:5070
listen = tcp:127.0.0.1:5060
```

上述配置一共有 6 个进程：先启动 2 个进程，专门处理 5080 端口的消息；再启动 4 个进程，每个进程都会处理 5070 和 5060 端口的消息。

（58）statistics：Kamailio 有内置的统计功能，统计使用计数器实现。计数器可以被读、写和清除。计数器可以在核心中定义（如 tcp 计数器），也可以在外部模块中定义（如 tmx 模块中的 2xx_transactions）。计数器可以由核心自动更新（如 tcp 计数器），也可以通过 statistics 模块提供的函数在路由脚本或通过 MI 命令更新。$stat() 是一个只读的伪变量，可用于读取计数器的值。举例如下。

```
modparam("statistics", "variable", "NOTIFY")    // 定义一个 NOTIFY 计数器

if (method == "NOTIFY") {
    update_stat("NOTIFY", "+1");  // 更新计数器
}

xlog("Number of received NOTIFYs: $stat(NOTIFY)"); // 打印计数器值
```

命令行示例如下。

```
kamctl fifo get_statistics NOTIFY    # 获取 NOTIFY 计数器的值
kamctl fifo reset_statistics NOTIFY # 将计数器重置为 0
kamctl fifo clear_statistics NOTIFY # 获取计数器值并重置为 0

kamcmd mi get_statistics 1xx_replies # kamcmd 命令也类似
```

（59）tos：该参数用于设置 IP 包的 TOS（Type Of Service）值，对 UDP 和 TCP 都有效。举例如下。

```
tos = IPTOS_LOWDELAY
tos = 0x10
tos = IPTOS_RELIABILITY
```

上述代码中各参数的具体含义需要基于 TCP/IP 协议进行理解，限于篇幅，在此就不多解释了，读者可自行学习。

（60）udp_mtu：RFC 3261 规定，所有 SIP 的实现必须都支持非可靠和可靠的传输层协议，即 UDP 和 TCP（或 TLS、SCTP）。这主要是因为 TCP/IP 层在网络上传输，在消息超过路由器的 MTU 值（通常为 1500 或更小）时会发生分片，而 SIP 常用的 UDP 在发生分片时无法保证完成有效重组，所以，如果 SIP 包比较长，则应该使用可靠的协议发送消息（如 TCP 或 TLS）。RFC 3261 建议使用 1300，如果 UDP 包的大小超过 1300KB 则换用 TCP 发送，该值仅针对 SIP 消息的实际占用字节数，不包含 TCP/IP 层的开销。udp_mtu 的默认值为 0，即不会切换底层协议。举例如下。

```
udp_mtu = 1300
```

（61）udp_mtu_try_proto：与 udp_mtu 配合使用，如果 udp_mtu 大于 0，且

SIP 消息字节数大于 udp_mtu 指定的值，则换成该参数指定的协议发送相关消息。可参考 udp_mtu_try_proto(proto) 函数，该函数可以在路由脚本中使用。该参数的默认值为 UDP，即不生效，如果需要使用，则推荐用 TCP，其他可选值为 TLS、SCTP。

> 📷 **注意** 虽然 RFC 3261 规定所有 SIP 实现必须同时支持 UDP 和 TCP，但并不是所有 SIP 实现都遵守这个规定。另外，对于某些 NAT 或防火墙内部的客户端 TCP 连接也不可达，因此，开启该参数要小心，一般来说开启这类参数的原则是："确保你知道你在做什么。"

（62）user：又称 uid。运行 Kamailio 进程的操作系统为 uid，Kamailio 会通过 suid（Set User ID）切换到该 uid。举例如下。

```
user = "kamailio"
```

（63）user_agent_header：设置 User-Agent 头域，且必须是完整的消息头域（包括 "User-Agent:"，但不包括行结束符 CRLF）。举例如下。

```
user_agent_header = "User-Agent: The Best SIP Server"
```

3.1.8　DNS 相关参数

Kamailio 有内置的 DNS 解析器，该解析器支持 DNS 缓存，默认是启用的。内置的 DNS 解析器启用后操作系统层的解析器将不再起作用，因而写在 "/etc/hosts" 里的域名是不起作用的。如果内置 DNS 缓存被禁用（use_dns_cache=no），则会使用系统的 DNS 解析器。

tm 模块的 DNS 失败转移功能须直接引用内部 DNS 缓存中的数据（为了节省内存），基于 DNS 的失败转移机制仅在内置 DNS 缓存启用时才有效。表 3-1 列出了内置 DNS 与系统 DNS 的对比。

表 3-1　内置 DNS 与系统 DNS 对比

功　　能	内置 DNS	系统 DNS
是否支持缓存解析后的 DNS 记录	是	否
是否支持 NAPTR/SRV 解析和权重	是	是
是否支持基于 DNS 的失败转移机制	是	否

如果启用内置 DNS 缓存，域名记录可以通过 RPC 命令以手动的形式添加或删除。除此之外，DNS 还有很多配置参数可用于配置 DNS 的查询策略，受篇幅所限在此就不一一介绍了，详见源代码目录中的 doc/tutorials/dns.txt 文件。

3.1.9　TCP 相关参数或选项

以下参数会影响 Kamailio 中 TCP 的行为，这些参数可以根据实际应用场景进行调整。

（1）disable_tcp：用于设置是否全局禁用 TCP，默认值为 no，即不禁用。可以使用如下方法禁用。

```
disable_tcp = yes
```

（2）tcp_accept_aliases：当收到一个 TCP 承载的 SIP 消息时，如果 Via 头域中包含 alias 参数，则后续的交互会创建一个新的 TCP 连接，其将连到 Via 指定的端口中。关于 alias 参数的作用可以参见 IETF 关于 SIP 连接重用的标准 draft-ietf-sip-connect-reuse-00.txt⊖。Kamailio 遵循该标准，但仅针对 Via 头域中的端口部分（Kamailio 会忽略主机部分的查询，因为这通常需要进行 DNS 查询，用起来不太安全，而且在真实应用中是否真的有用也不确定）。

> 🎯提示　在 NAT 穿越中，最好不用 tcp_accept_aliases 参数，而是使用 nathelper 模块中的 fix_nated_[contact|register] 函数进行相关处理。

tcp_accept_aliases 参数默认值为 no，可以使用以下方法改为 yes。

```
tcp_accept_aliases = yes
```

（3）tcp_accept_haproxy：启用 HAProxy 协议。开启该选项可以使内部的 TCP 协议栈在连接刚刚建立时接收 PROXY-protocol-formatted 消息头，PROXY-protocol-formatted 消息头由 HAProxy 代理服务定义⊜，Kamailio 支持 HAProxy 协议的 v1（人类可读的文本格式）和 v2（二进制格式）两个版本。当 Kamailio 位于 TCP 负载均衡器（如 HAProxy 或 AWS 的 ELB）后面时通常需要该参数。负载均衡器可以通过 PROXY-protocol-formatted 消息头提供远端客户端的 IP 地址等信息，以便 Kamailio 可以做基于 IP 地址的 ACL 验证。

> 📷注意　开启 tcp_accept_haproxy 选项以后不符合 HAProxy 协议的普通 TCP 连接将会被拒绝。

tcp_accept_haproxy 的默认值为 no，可以改为 yes。举例如下。

```
tcp_accept_haproxy = yes
```

（4）tcp_accept_hep3：该参数使 Kamailio 接收 HEP3 数据包。HEP3 是一种 SIP 封装格式，用于 SIP 监控，其他 SIP 服务器将 SIP 通过 HEP3 发送到 Kamailio 后，Kamailio

---

⊖　参见 https://datatracker.ietf.org/doc/html/draft-ietf-sip-connect-reuse-00。

⊜　参见 https://www.haproxy.org/download/1.8/doc/proxy-protocol.txt 。

可以将消息存入数据库，以便后续查询分析。具体参见 Homer Capture Server⊖。

`tcp_accept_hep3` 默认值为 `no`，即不开启，可以通过以下方式开启。

```
tcp_accept_hep3 = yes
```

（5）`tcp_accept_no_cl`：控制当收到的消息中没有 `Content-Length` 头域时是否报错。在 SIP 中，当使用 TCP 承载时，该头域是必须存在的，但是在基于 HTTP 1.1 的 XCAP 中却不是如此。后者在传输大消息时会分成很多段（Chunk）。开启该参数后最好在路由块中进行完整性检查，如果是 SIP 消息，就检查是否存在 `Content-Length` 头域，以验证消息是否符合 RFC 3261 的规定。

`tcp_accept_no_cl` 默认值为 `no`，即不开启，可以使用以下方法开启。

```
tcp_accept_no_cl = yes
```

（6）`tcp_accept_unique`：默认值为 `0`，如果设置为 `1`，则会检查是否有来自相同 IP 地址和端口的 TCP 连接，如果有则拒绝。举例如下。

```
tcp_accept_unique = 1
```

（7）`tcp_async`：又称 `tcp_buf_write`，用于决定是否启用异步发送。如果启用，则所有阻塞的 TCP 连接和发送都会缓存到发送队列异步发送。默认值为 `yes`。举例如下。

```
tcp_async = yes
```

💿提示　该参数对 TLS 也有效。

（8）`tcp_children`：表示将要创建的 TCP 进程数，如果不设置该参数，则会使用 `children` 参数的值。举例如下。

```
tcp_children = 4
```

（9）`tcp_clone_rcvbuf`：用于决定是否复制一份消息接收缓冲区收到的消息。默认值是 `0`，表示不需要复制，直接从缓冲区解析就行（因为解析并不会破坏缓冲区），但如果需要用到在消息缓冲区中修改内容的函数，如 `msg_apply_changes()`，就需要复制。举例如下。

```
tcp_clone_rcvbuf = 1
```

（10）`tcp_connection_lifetime`：设置 TCP 连接存活时长，超过该时长，设置的非活动 TCP 连接将会被断开。该参数的默认值是 `120`，单位为秒。如果设为 `0`，则将导致 TCP 连接很快断开。

SIP 协议并不需要一直保持 TCP 连接，如有需要，服务端会反向向客户端主动建立连接。但在实际场景中可能会有很多客户端都位于 NAT 或防火墙后面，反向连接无法正常建

⊖ https://sipcapture.org/。

立，这时候服务端就不应该主动断开连接。

一般来说 SIP 注册的最大有效时长是 3600 秒，建议设一个比它稍大的值。举例如下。

```
tcp_connection_lifetime = 3605
```

（11）tcp_connection_match：默认值为 0，如果设置为 1，则会尝试更严格的 Socket 匹配方法，即会将本地端口也考虑在内，否则只考虑本地 IP 以及远端 IP 端口。举例如下。

```
tcp_connection_match = 1
```

（12）tcp_connect_timeout：表示 TCP 客户端向远程发起连接的超时时长。在发起连接时，如果网络不可达，或在对端防火墙丢弃（DROP）所有 IP 包但没有明确拒绝时，就会发生超时。该参数默认值为 10，单位为秒。可以将参数值调小以便更快地检测到网络问题。举例如下。

```
tcp_connect_timeout = 5
```

（13）tcp_conn_wq_max：设置 TCP 异步发送的缓冲区的大小，每个连接一个缓冲区。如果缓冲区满了将会导致发送出错并断开连接。该参数默认值为 32K（32768），若禁用 tcp_buf_write，则该参数无效。举例如下。

```
tcp_conn_wq_max = 65536
```

（14）tcp_crlf_ping：开启 SIP TCP 保活功能，周期性地发送 CRLFCRLF（两个回车换行符，即 \r\n\r\n），对方会回复一个 CRLF，该机制也称为 Ping-Pong（乒乓）。该参数默认值为 yes。举例如下。

```
tcp_crlf_ping = yes
```

（15）tcp_defer_accept：延迟接收当前数据直到收到后续数据，这在一定程度上可以提高性能，尤其是在服务器上有很多 TCP 连接的情况下。该参数仅对 Linux 和 FreeBSD 有效，详细信息参见对应的 tcp(7)　TCP_DEFER_ACCEPT 及 ACCF_DATA(0) 手册。举例如下。

```
tcp_defer_accept = yes   # FreeBSD，默认值为 no，即不启用
tcp_defer_accept = 3     # Linux，超时的秒数，默认值为不启用该功能
```

（16）tcp_delayed_ack：如果开启该参数，第一个 ACK 消息将会延迟到与第一个包含数据的包一起发送。该参数目前仅对 Linux 有效，参见 linux tcp(7)　TCP_QUICKACK。该参数在支持它的系统上（目前只有 Linux）默认值是 yes。举例如下。

```
tcp_delayed_ack = yes
```

（17）tcp_fd_cache：如果启用该参数（值为 yes），则发送的 FD（File Description，与 TCP 连接对应的文件描述符）将会被缓存在调用 tcp_send 函数进行发送的进程中，这会提升一些性能，代价是 TCP 连接释放会慢一些，保持在打开状态的 FD 也会比不启用该

参数时多一些。该参数的默认值为 yes。举例如下。

```
tcp_fd_cache = yes
```

（18）tcp_keepalive：启用 TCP 保活功能，参见 Socket 的 SU_KEEPALIVE 选项。注意，该参数是 TCP 层的，跟 SIP 层的 Ping-Pong 保活不同。该参数的默认值为 yes。举例如下。

```
tcp_keepalive = yes
```

（19）tcp_keepcnt：该参数用于设置有多少 TCP 保活包发出后，如果对方无响应，则断开连接。仅支持 Linux 操作系统。参见 Socket 的 TCP_KEEPCNT 选项。该参数的默认值为不设置。举例如下。

```
tcp_keepcnt = 3
```

（20）tcp_keepidle：用于设置 TCP 空闲（没有任何数据发送）多长时间（秒）后发保活包。仅支持 Linux。参见 Socket 的 TCP_KEEPIDLE 选项。该参数的默认值为不设置。举例如下。

```
tcp_keepidle = 120
```

（21）tcp_keepintvl：表示在上一次检查失败的情况下，保活检查时间间隔（秒）。具体见 Socket 的 TCP_KEEPINTVL 选项。仅支持 Linux 操作系统。该参数的默认值为不设置。举例如下。

```
tcp_keepintvl = 10
```

（22）tcp_linger2：表示处于 FIN_WAIT2 状态的 TCP 连接的存活时间，会覆盖 tcp_fin_timeout 参数。参见 linux tcp(7) TCP_LINGER2。仅支持 Linux。该参数的默认值为不设置。

```
tcp_linger2 = 10
```

（23）tcp_max_connections：表示最大 TCP 连接数，超过该值将不再接受（accept）新连接。默认值在操作系统的 tcp_init.h 文件中定义，如 "#define DEFAULT_TCP_MAX_CONNECTIONS 2048"。举例如下。

```
tcp_max_connections = 4096
```

（24）tcp_no_connect：设为 yes 可禁止 Kamailio 向外发起 TCP 连接（对 TLS 也有效）。该值也可以在运行时通过 "kamcmd cfg.set_now_int tcp no_connect 1" 修改。

（25）tcp_poll_method：设置使用的选举（poll）方法（操作系统针对多个 TCP 连接采用的调度策略），默认情况下会选择最适合的方法。该参数的值可以在操作系统源代码的 io_wait.c 及 poll_types.h 中找到，如 none、poll、epoll_lt、epoll_et、sigio_rt、select、kqueue、/dev/poll 等。举例如下。

```
tcp_poll_method = select
```

（26）tcp_rd_buf_size：用于设置 TCP 读缓冲区的大小，如果连接数比较少，但每个连接上的消息比较多，那么增大该参数值可以提高性能，但需要占用更多内存。在连接数多的系统上最好将该值设得小一点以节省内存。该值也会影响到通过 TCP 接收的 SIP 或 HTTP 消息的最大值。

该参数的值在源代码中有一个固定上限（目前是 16MB），如果需要更大的值，则需要修改源代码并重新编译 Kamailio。在某些情况下，你需要在运行时分配更多的私有内存或共享内存（可以在 Kamailio 启动参数中设置）。

tcp_rd_buf_size 的默认值为 4096，可以在运行时修改。静态配置如下。

```
tcp_rd_buf_size = 65536
```

（27）tcp_send_timeout：当 Kamailio 需要发送数据时，如果超过该参数设置的秒数还无法成功发送，则断开 TCP 连接。默认值为 10 秒。将该参数的值改小一些有助于更快地检测到坏掉的 TCP 连接。举例如下。

```
tcp_send_timeout = 3
```

（28）tcp_source_ipv4、tcp_source_ipv6：设置所有外连 TCP 的源地址（IPv4 及 IPv6），若设置失败则使用默认 IP 地址。举例如下。

```
tcp_source_ipv4 = 127.0.0.1 # IPv4 地址
tcp_source_ipv6 = ::1       # IPv6 地址
```

（29）tcp_syncnt：设置 SYN 包的最大重传次数，超过该值将断开 TCP 连接。可参考 linux tcp(7) TCP_SYNCNT。仅在 Linux 系统下有效。该参数的默认值为不设置。举例如下。

```
tcp_syncnt = 5
```

（30）tcp_wq_max：用于设置全局允许缓存的最大发送字节数。仅当 tcp_buf_write 启用时有效。该参数的默认值为 10MB，举例如下。

```
tcp_wq_max = 字节数
```

（31）tcp_reuse_port：重用 TCP 端口。一般情况下，如果 Kamailio 作为 UAS 监听了 5060 端口，则它作为 UAC 在向外发起连接时本端的端口就不能是 5060 了，而是由操作系统随机选择一个端口。启用该参数后会允许 TCP 通过指定的端口向外发起连接（即使已被占用）。该参数使用 Socket 的 SO_REUSEPORT 选项，Linux（内核版本要高于 3.9.0 版本）、FreeBSD、OpenBSD、NetBSD、MacOSX 对该选项均有支持。该参数当且仅当在编译 Kamailio 以及运行 Kamailio 的操作系统上都支持 SO_REUSEPORT 选项时才生效。该参数的默认值为 no，即不启用 TCP 端口。可以使用如下方法启用该参数。

```
tcp_reuse_port = yes
```

3.1.10 TLS 相关参数

很多 TLS 相关的属性都可以在 `tls` 模块参数中设置，这里仅介绍核心中的 TLS 参数。

（1）`tls_port_no`：用于设置 Kamailio 监听的 TLS 端口。该参数的默认值为 5061。举例如下。

```
tls_port_no = 6061
```

（2）`tls_max_connections`：用于设置 TLS 最大连接数，与 TCP 最大连接数类似。该参数的默认值为 2048。举例如下。

```
tls_max_connections = 4096
```

3.1.11 SCTP 概述

SCTP（Stream Control Transmission Protocol，流控制传输协议⊖）是一个传输层协议，提供的服务有点像 TCP，但又结合了 UDP 一些优点，可以提供可靠、高效、有序的数据传输协议。相比之下，TCP 针对的是字节类的消息，而 SCTP 针对的是帧类的消息。

SCTP 主要的贡献是对多重连外线路（多网卡）提供支持，一个终端可以由一个或多个 IP 地址组成，使得传输可在主机间或网卡间做到网络容错透明。

SCTP 最初被设计用于在 IP 网上传输电话协议（SS7，即七号信令），以求把 SS7 信令网络的一些可靠特性引入 IP 网。IETF 在这方面的工作称为信令传输（SIGTRAN）。

Kamailio 有完善的 SCTP 支持，也有很多可调整的参数。不过支持 SCTP 的其他系统较少，因而业界很少使用。限于篇幅，这部分参数我们就不多介绍了。

3.1.12 UDP 相关参数

UDP 是主要的 SIP 承载协议。在 SIP 包字节数不超过全链路上最小 MTU 的情况下，UDP 一般工作得很好。由于 UDP 是面向无连接的，所以不像 TCP 那样有连接数限制，性能也比较好。当然，UDP 在 NAT 和防火墙穿越方面会比 TCP 差一些。下面是一些 UDP 参数。

（1）`udp4_raw`：`udp4_raw` 用于设置是否启动 Raw Socket。Raw Socket 称为原始套接字，启用 Raw Socket 后应用程序可以自行组织 UDP 包头。在 Kamailio 中开启 Raw Socket 支持后在多 CPU 的环境下有 40% ~ 50% 的性能提升。该参数支持以下值。

❑ 0：禁用。

❑ 1：启用。

❑ -1：自动。

如果设为自动，则在支持 Raw Socket 的操作系统上 Kamailio 将尽量启用 Raw Socket 功能（Kamailio 以 `root` 启动或非 `root` 用户使用 `CAP_NET_RAW` 权限启动）。Linux 和

⊖ 参见 https://zh.wikipedia.org/wiki/ 流控制传输协议。

FreeBSD 都支持 Raw Socket 功能。对于其他 BSD 以及 Darwin（Mac OS）系统，需要在编译时通过 -DUSE_RAW_SOCKS 配置参数启用支持。在 Linux 上，如果网络全链路上有 MTU 小于 1500 的网络设备，则还应该将 udp4_raw_mtu 设置为一个较小的值。

udp4_raw 参数也可以在运行时设置（参数为 core.udp4_raw）。udp4_raw 的启用方法如下。

```
udp4_raw = on
```

（2）udp4_raw_mtu：如果启用 udp4_raw，也应该同时设置该参数值。该参数的值应该小于整个网络上全链路中所有设备中的 MTU 最小值。该参数默认值为 1500。该参数仅在 Linux 上需要设置，在 BSD 系统的 UNIX 上，内核会自动使用合适的值。该参数也可以在运行时设置（通过 core.udp4_raw_mtu 参数进行设置）。

（3）udp4_raw_ttl：设置 Raw UDP Socket 的 TTL（Time to Live，生存时间）。如果启用 udp4_raw，也可以设置该参数值。默认为自动（auto）模式，值为 -1，即 TTL 与普通 UDP Socket 相同。该参数也可以在运行时设置（参数 core.udp4_raw_ttl）。

3.1.13　核心函数

核心函数（Core Variables）主要用于路由块中，下面对核心函数进行简单介绍。

（1）add_local_rport：在 SIP 消息的 Via 头域中增加 rport 参数。rport 采用的是一种 NAT 穿越机制，告诉对方将回复消息发到接收消息来源地址，而不是向 SIP 协议中指定的 IP 地址发送。详情可参阅 RFC 3581。举例如下。

```
add_local_rport();
```

（2）break：类似于 C 语言中的 break 语句，可以从 switch 语句或 while 循环中跳出。

（3）drop：表示丢弃 SIP 消息并停止路由脚本执行（包括后续的隐含动作）。例如，该函数在 branch_route 中被调用，则相应的分支会被丢弃（而不是执行隐含动作转发该消息）。如果该函数在默认的 onreply_route 中执行，则任何响应消息都会被丢弃。但如果在具名的 onreply_route 中执行（有状态事务转发），则只能丢弃临时响应消息（1××），而对最终响应消息（2 以上开头的消息）无效。详见如下代码注释。

```
onreply_route { // 默认响应处理函数
    if(status == "200") {
        drop(); // 有效，丢弃该响应消息
    }
}

onreply_route[FOOBAR] { // 具名响应处理函数
    if(status == "200") {
        drop(); // 无效，该函数会被忽略，因为这不是一个临时响应消息，无法丢弃
    }
}
```

（4）exit：停止路由脚本的执行，等效于 return(0)。它不会响应后续隐含的动作。举例如下。

```
route {
    if (route(2)) { // 调用另一个路由块并检查返回值
        xlog("L_NOTICE", "method $rm is INVITE\n"); // 返回值为 1
    } else {
        xlog("L_NOTICE", "method is $rm\n"); // 返回值为 -1 或 0 都会执行这一句
    };
}

route[2] {
    if (is_method("INVITE")) {
        return(1);
    } else if (is_method("REGISTER")) {
        return(-1);
    } else if (is_method("MESSAGE")) {
        sl_send_reply("403", "IM not allowed");
        exit; // 等效于 return(0)
    };
}
```

（5）force_rport：又称 add_rport。rport 参数在 RFC 3581 中定义，用于帮助 NAT 穿越。该函数会在收到的 SIP 消息中的第一个 Via 头域增加 rport 参数，就如同对方（客户端）发送时带上了该参数。这样，Kamailio 有回复消息时就会发到来源 IP 地址，而不是 Via 头域中的 IP 地址（这两个 IP 地址可能不一样），并在回复消息的第一个 Via 头域上增加 received 参数携带的来源 IP 地址和端口，以便同事务中后续的 SIP 消息交互都能顺利进行。

> 提示 核心参数中也有一个与 force_rport 同名的参数（参见 3.1.7 节），其可作用于全局，而此处的函数仅针对当前 SIP 消息所在的事务有效。

举例如下。

```
force_rport();
```

（6）force_send_socket：强制待发 SIP 消息使用指定的 Socket。该 Socket 必须是配置文件中 listen 指令指定的其中一个。如果协议不匹配（如 UDP 消息被强制发送到一个 TCP Socket 上），那么 Kamailio 将在与被发送消息使用的协议相同的协议（本例中是 UDP）中自动选择一个与指定 Socket 最相近的 Socket 向外发送。该函数不支持伪变量，如果需要使用伪变量，可以使用 corex 模块中的 set_send_socket 函数代替该函数。举例如下。

```
force_send_socket(10.10.10.10:5060);
force_send_socket(udp:10.10.10.10:5060);
```

（7）force_tcp_alias：等同于 add_tcp_alias，其语法如下。

```
force_tcp_alias(port)
```

当 kamailio 收到一个 TCP SIP 消息时，会为当前的 TCP Socket 连接增加一个 TCP 端口别名，后续 SIP 消息可通过该别名指定向这个 Socket 发送，从而帮助实现 NAT 穿越。如果不指定 `port` 参数，则会从第一个 `Via` 头域中提取。当这个 TCP 连接断开时，所有与之相关的 TCP 端口别名均会被删除。

（8）`forward`：无状态转发，将 SIP 消息转发到与 `$du` 伪变量对应的目的地。举例如下。

```
$du = "sip:10.0.0.10:5060;transport=tcp";
forward();
```

（9）`isflagset`：测试当前处理的 SIP 消息是否被设置了某一个 flag[一]。flag 取值范围为 0 ~ 31。举例如下。

```
if(isflagset(3)) {
    log("flag 3 is set\n");
};
```

Kamailio 也支持命名 flag，这种 flag 需要在配置文件的开始处定义。举例如下。

```
flags test, a:1, b:2; // 定义三个 flag
route{
        setflag(test);      // 设置 test 这个 flag
        if (isflagset(a)){ // 等价于 isflagset(1)
            ....
        }
        resetflag(b);       // 等价于 resetflag(2)
}
```

（10）`is_int`：测试伪变量是否为整数值。举例如下。

```
if(is_int("$avp(foobar)")) {
    log("foobar contains an integer\n");
}
```

（11）`log`：打印日志[一]。举例如下。

```
log("just some text message\n");
```

（12）`prefix`：在 SIP 消息的 R-URI 的用户名部分增加前缀字符串。例如，以下代码实现的是在所有被叫号码前增加两个 0。

```
prefix("00");
```

（13）`return`：return 函数用于在子路由块中返回，返回值为整型。在调用子路由块的代码中可以使用 `$retcode` 或 `$?` 测试返回值，`return(0)` 相当于 `exit()`。

在布尔表达式测试中，负数和 0 相当于 `false`，正数相当于 `true`。如果没有返回值，或者子路由块执行到最后没有 `return` 语句，则隐含返回 1。参见以下示例。

```
route {
```

　⊖　详见 https://www.kamailio.org/wiki/tutorials/kamailio-flag-operations。
　⊖　更多用法参见 http://www.kamailio.org/dokuwiki/doku.php/tutorials:debug-syslog-messages。

```
    if (route(2)) { // 调用子路由块并测试返回值
        xlog("L_NOTICE", "method $rm is INVITE\n");
    } else {
        xlog("L_NOTICE", "method $rm is REGISTER\n");
    };
}

route[2] {
    if (is_method("INVITE")) {
        return(1);
    } else if (is_method("REGISTER")) {
        return(-1);
    } else {
        return(0);
    };
}
```

（14）revert_uri：用于重置 R-URI，即将 R-URI 设置为刚刚收到 SIP 消息时的
R-URI 值，即丢弃所有与之相关的修改。举例如下。

```
revert_uri();
```

（15）rewritehostport：等同于 sethostport、sethp，用于重写 R-URI 中的
域部分，而用户部分不动。例如收到一个 SIP 消息，首行为如下形式。

```
INVITE 1234@1.2.3.4:5070 SIP/2.0
```

其中，1234 为用户部分，1.2.3.4:5070 为域部分，而 1234@1.2.3.4 称为 R-URI，
我们可以使用如下代码进行域重写。

```
rewritehostport("5.6.7.8:5080");
```

重写后，对应的 SIP 消息变为如下形式。

```
INVITE 1234@5.6.7.8:5080 SIP/2.0
```

（16）rewritehostporttrans：等同于 sethostporttrans、sethpt，功能与
rewritehostport 类似，但可以在增加 transport 参数的同时修改底层协议。举例如下。

```
rewritehostporttrans("1.2.3.4:5080;transport=tls");
```

（17）rewritehost：rewritehost 的功能类似于 rewritehostport，但仅修改
主机部分，其他不动。举例如下。

```
rewritehost("5.6.7.8");
```

（18）rewriteport：又称 setport、setp。类似于 rewritehostport，但仅修
改端口，其他不动。举例如下。

```
rewriteport("5070");
```

（19）rewriteuri：又称 seturi，将当前 URI 重写为指定值。举例如下。

```
rewriteuri("sip:test@kamailio.org");
```

（20）rewriteuserpass：又称 setuserpass、setup。修改 R-URI 的用户名和密码部分。这是旧的方法，现在 SIP 一般都使用 Digest 实现相同的功能，不再使用此方法。举例如下。

```
rewriteuserpass("alice:password");
rewriteuserpass("password");
```

上述代码将 R-URI 修改为 alice:password@ip:port，其中 ip:port 还保留原来的值。

（21）rewriteuser：又称 setuser、setu，用于重写 R-URI 的用户部分（可用于修改被叫号码）。举例如下。

```
rewriteuser("newuser");
```

（22）route：用于执行次级路由块（类似于编程语言中的函数调用），其参数既可以是次级路由块的名字，也可以是字符串标志符，还可以由变量拼接而成。举例如下。

```
route(REGISTER_REQUEST);
route(@received.proto + "_proto_" + $var(route_set));
```

（23）set_advertised_address：用于设置 SIP 消息的通告地址（通常是公网 IP 地址），与配置文件中的 advertised_address 指令相同但优先级更高，后者是全局的，而该函数仅作用于当前 SIP 消息所在的事务。举例如下。

```
set_advertised_address("xswitch.cn");
```

（24）set_advertised_port：与配置文件中的 advertised_port 语句相同但优先级更高，仅作用于当前 SIP 消息所在的事务。举例如下。

```
set_advertised_port(5080);
```

（25）set_forward_no_connect：在 SIP 协议中，对于 TCP 或 TLS 并不要求一直保持连接，如果没有可用的连接，Kamailio 会自动建立一个。但在对端处于 NAT 或防火墙后的时候连接可能就无法建立。该函数就用于禁止建立新连接，并在转发 SIP 消息时查找一个已存在的连接，如果没有则转发失败。该函数仅用于面向连接的协议，如 TCP、TLS 及 SCTP（功能暂未实现）等，对 UDP 无效。

具体的连接行为因路由块而异。

❏ 在普通路由块中，影响无状态转发和有状态的 tm。对于有状态的 tm，会影响所有的分支以及可能的重传（当然 TCP 或 TLS 没有重传）。

❏ 对于无状态 onreply_route[0]，等效于 set_reply_*()，建议使用 set_reply_*() 相关的函数。

❏ 对于有状态的 onreply_route[非 0 值] 无效。

❏ 对于 branch_route，仅影响当前的分支，包含 Transaction 内所有消息，如 CANCEL 等。

❑ 对于 onsend_route，则与 branch_route 类似。

示例：

```
route {
    if (lookup()) { // 查找注册用户的联系地址
        // 注册用户一般都位于 NAT 设备后面，反向 TCP 可能无法建立连接，禁用无意义的尝试
        set_forward_no_connect();
        t_relay(); // 转发，如果找不到对应的 TCP 连接，就会失败
    }
}
```

（26）set_forward_close：在转发（forward）当前 SIP 消息后即断开连接。可用于设置了 set_forward_no_connect() 的路由块中。断开连接时可能导致无法收到响应消息。

（27）set_reply_no_connect：类似于 set_forward_no_connect()，但是仅针对响应消息（本地产生或转发的响应消息），具体行为因使用场景而不同。

❑ 在普通路由块中，影响本事务中所有的响应消息（包括本地产生的或转发的）以及所有本地通过 sl_reply() 产生的无状态响应。

❑ onreply_route：影响当前的响应消息，即设有 send_flags 的那一条消息（在多分支情况下胜出的那一个，包括最终响应和临时响应）。

❑ branch_route：忽略。

❑ onsend_route：忽略。

（28）set_reply_close：类似于 set_forward_close，只不过其仅作用于响应消息。

（29）setflag：在当前处理的 SIP 消息上设置一个 flag，取值范围为 0 ~ 31。值的具体含义由用户决定，用于记录当前 SIP 消息的处理状态，以便进行一些特殊处理（典型的处理行为有写话单、记录消息是否经过鉴权等）。可以参考 isflagset 以便加深对 setflag 的理解。

（30）strip：去掉 R-URI 中用户部分的前 n 位，俗称"吃位"。比如在企业 PBX 的场景中，打内线可直接拨小号，而打外线要加 0，但是外面的落地线路不认识这个 0，就可以在送出前将 0 "吃"掉，只发送后面的号码。举例如下（其中 $n=1$ 代表吃掉 1 位）。

```
strip(1);
```

（31）strip_tail：类似于 strip，但吃掉号码尾部的 n 位。举例如下。

```
strip_tail(3);
```

（32）udp_mtu_try_proto(proto)：其中 proto 的取值有 TCP、TLS、SCTP 等，类似于全局配置参数 udp_mtu_try_proto。本函数仅作用于当前的 SIP 消息。举例如下。

```
if($rd == "10.10.10.10")
    udp_mtu_try_proto(TLS);
```

（33）userphone：在 R-URI 上添加 user=phone 参数。

3.1.14　自定义全局参数

可以在 Kamailio 配置脚本（如 kamailio.cfg）中自定义全局参数，而自定义的全局参数可以在路由块中使用，且参数值可以在运行时通过 RPC 命令修改，整个过程均无须重启 Kamailio。自定义全局参数的格式如下。

```
group.variable = 值 desc "描述"
```

其中，group 可以是任意字符串，表示一个参数分组，类似于一个命名空间。参数值可以是字符串或整数。举例如下。

```
pstn.gw_ip = "1.2.3.4" desc "PSTN 网关地址"
```

可以使用如下方法在路由块中访问该参数的值。

```
$ru = "sip:" + $rU + "@" + $sel(cfg_get.pstn.gw_ip);
```

> **注意**　有些字符串在 Kamailio 内部用作关键字，因而不能用于变量名（或变量名的一部分，即以 "."分隔的部分，如 true 不能用，但可以用 truely），这些字符串有：yes、true、on、enable、no、false、off、disable、udp、UDP、tcp、TCP、tls、TLS、sctp、SCTP、ws、WS、wss、WSS、inet、INET、inet6、INET6、sslv23、SSLv23、SSLV23、sslv2、SSLv2、SSLV2、sslv3、SSLv3、SSLV3、tlsv1、TLSv1、TLSV1。

3.1.15　脚本语句

脚本语句类似于编程语言（如 C 语言）。在路由代码中可以使用如下脚本语句。

1. if…else

if…else 语句的语法如下：

```
if(expr) {
    actions;
} else {
    actions;
}
```

其中，expr 为逻辑表达式，actions 为执行的动作（函数或其他语句）。在 expr 中可使用以下逻辑运算符。

❏ ==：等于。

❏ !=：不等于。

❏ =~ ：正则表达式匹配，使用 Posix Regular Expressions 语法而不是 PCRE，如使用 "[[:digit:]]{3}" 而不是 "\d\d\d" 匹配三位数字。关于 Prosix 正则表达式

的更多内容可参阅其他相关资料。

❏ !~：正则表达式不匹配。

❏ >：大于。

❏ >=：大于或等于。

❏ <：小于。

❏ <=：小于或等于。

❏ &&：逻辑与。

❏ ||：逻辑或。

❏ !：逻辑非。

❏ [...]：测试表达式，类似于 Shell 中的 test，方括号中可以是任意数学表达式。

示例：

```
if(is_method("INVITE"))
{
    log(" 收到一条 INVITE 消息 \n");
} else {
    log(" 收到一条消息，但不是 INVITE\n");
}
```

2. switch

脚本中的 switch 类似于大多数其他语言中的 switch 语句，测试变量是否匹配某一个
分支。

注意，break 只能在 case 中使用，如果想从路由块中其他地方返回，则需要使用
return。

示例：

```
route {
    route(1); // 执行路由块 1
    switch($retcode) // 测试返回值
    {
        case -1:
            log("process INVITE requests here\n");
            break;
        case 1:
            log("process REGISTER requests here\n");
            break;
        case 2:
        case 3:
            log("process SUBSCRIBE and NOTIFY requests here\n");
        break;
        default:
            log("process other requests here\n");
    }

    switch($rU) // R-URI 的用户部分
    {
        case "101":
            log("destination number is 101\n");
```

```
            break;
        case "102":
            log("destination number is 102\n");
            break;
        case "103":
        case "104":
            log("destination number is 103 or 104\n");
            break;
        default:
            log("unknown destination number\n");
    }
}

route[1]{
    if(is_method("INVITE"))
    {
        return(-1);
    };
    if(is_method("REGISTER"))
        return(1);
    }
    if(is_method("SUBSCRIBE"))
        return(2);
    }
    if(is_method("NOTIFY"))
        return(3);
    }
    return(-2);
}
```

> **注意**　在子路由块中返回 0（如 return(0)）将会导致整个脚本停止执行，慎用。大家应尽量使用非 0 值。

3. while

脚本中的 while 表示循环语句，类似于大部分其他语言中的 while。举例如下。

```
$var(i) = 0; // 初始化变量
while($var(i) < 10) // 如果变量值小于 10 则循环
{
    xlog("counter: $var(i)\n"); // 打印变量值
    $var(i) = $var(i) + 1;      // 将变量加 1
}
```

3.1.16　脚本操作符

可以在路由脚本中执行变量赋值等操作。

1. 赋值

赋值语句类似于 C 或其他语言，通过 = 实现，左边是待赋值的变量，右面是值或值表达式。左侧可以使用以下变量。

❑ 非排序列表的 AVP（见后面示例）。

- ❑ 变量，如 $var(...)。
- ❑ 共享内存变量，如 $shv(...)。
- ❑ $ru：设置 R-URI。
- ❑ $rd：设置 R-URI 的域（Domain）部分。
- ❑ $rU：设置 R-URI 的用户（User）部分。
- ❑ $rp：设置 R-URI 的端口（Port）部分。
- ❑ $du：设置目的地 URI（Dest URI）。
- ❑ $fs：设置发送 Socket。
- ❑ $br：设置分支（branch）。
- ❑ $mf：设置消息 flag。
- ❑ $sf：设置脚本 flag。
- ❑ $bf：设置分支 flag。

示例：

```
$var(a) = 123;
```

对于 AVP，可以直接删除所有已存在的值并设为一个新值。举例如下。

```
$(avp(i:3)[*]) = 123;   // 设为 123
$(avp(i:3)[*]) = $null; // 设为空
```

2. 字符串操作

+ 可用于字符串串联。举例如下。

```
$var(a) = "test";
$var(b) = "sip:" + $var(a) + "@" + $fd; // 结果为 sip:test@from-domain
```

3. 数学运算

Kamailio 支持的数学运算符如表 3-2 所示。

表 3-2 Kamailio 支持的数学运算符

序　号	运　算　符	含　义
1	+	加
2	-	减
3	*	乘
4	/	除以
5	mod	取模（类似其他语言中的 %）
6	|	比特位或
7	&	比特位与
8	^	比特位异或

（续）

序　号	运　算　符	含　义
9	~	比特位取反
10	<<	左移一比特位
11	>>	右移一比特位

示例（为保障运算优先级推荐使用括号）如下。

```
$var(a) = 4 + ( 7 & ( ~2 ) );
```

数学运算可用于条件表达式中。示例如下。

```
if( $var(a) & 4 )
    log("var 变量的右起第 3 位为 1\n"); # 4 = 0B 0000 0100，因而从右数第三位为 1
```

4. 操作符

Kamailio 有以下操作符。

❏ 类型操作符：(int) 将它后面的变量转为整型；(str) 将它后面的变量转为字符串型。

❏ 字符串比较：eq 为等于；ne 为不等于。

❏ 整数比较：ieq 为等于；ine 为不等于。

当整型和字符串型比较时，会有隐含类型转换。

❏ 0 == ""：返回 true，其中 "" 会隐含转换为整数 0，相当于比较 0 == 0。

❏ 0 eq ""：返回 false，比较时整数 0 会隐含转换为 "0"，因而相当于 "0" eq ""。

❏ "a" ieq "b"：返回 true，隐含转换为 (int)"a" = 0 以及 (int)"b" = 0。

❏ "a" == "b"：返回 false。

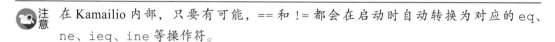
注意　在 Kamailio 内部，只要有可能，== 和 != 都会在启动时自动转换为对应的 eq、ne、ieq、ine 等操作符。

对于比较操作符 +、== 和 !=，Kamailio 会试图猜出用户期望的类型并进行转换，一般是右侧迁就左侧的类型，但如果左侧是未定义的变量（用 undef 表示）则会导致无法适配。下面是一些转换原则。

❏ +：在 undef + expr 中，undef 会被转换为空字符串，即 "" + expr。

❏ == 和 !=：在 undef == expr 中，undef 会转换为跟 expr 同类型的值再进行比较（若 expr 也为 undef，则 undef == undef 返回 true，内部都会转换为字符串再比较）。

❏ 表达式求值转换：自动转换为整型或字符串型，如 int(undef)==0、int("")==0、

```
int("123")==123、int("abc")==0、str(undef)==""、str(123)=="123"。
```

❑ defined expr：如果 expr 已定义则返回 true，否则返回 false。注意，只有独立的 avp 或 pvar 可能是未定义的，其他的表达式都是已定义的。

❑ strlen(expr)：表示将返回表达式的值转换为字符串后的长度。

❑ strempty(expr)：如果表达式能转换为空字符串，则返回 true，否则返回 false。相当于 expr==""。

示例：

```
if (defined $v && !strempty($v)) $len=strlen($v);
```

Kamailio 是一个历史悠久的项目，支持的功能和特性也非常多，很多参数和特性又依赖于更深层次的知识，如 chroot、Syslog 以及 Socket 参数等，这些都跟操作系统甚至 Socket 通信理论相关。不过，不了解这些知识也不影响对本书的阅读，Kamailio 默认的配置文件就提供了比较通用的默认值，我们把相关的参数列在这里是为了给大家一个简单的参考和直观的印象，以便大家更好地理解本书给出的脚本。

除了上述内容之外，Kamailio 核心中还有其他一些参数和函数，但限于篇幅我们并没有一一列举。上述内容足以帮大家阅读和理解本书内容，也足以应对日常使用问题，更多内容请参考 https://www.kamailio.org/wiki/cookbooks/devel/core。

3.2 其他概念和组件

上一节介绍了与 core 相关的概念和组件，这是 Kamailio 中最重要的部分之一。除了上面介绍的内容，还有一些与 Kamailio 相关的概念和组件需要大家了解。

3.2.1 伪变量

伪变量（Pseudo-Variables）是以 $ 开头的一些变量，可以获取路由中的相关数据。有的伪变量是只读的，如 $ci 为 SIP 消息中 Call-ID 头域的值，只读的原因是显而易见的，因为你无法修改收到的 SIP 消息的 Call-ID；有的变量则可以动态改变，如 $du 是下一跳的 URI，通过改变它可以改变 SIP 消息下一跳的地址。举例如下。

```
$du = "127.0.0.1:5060";
t_relay();
```

常用的伪变量简述如下⊖。

❑ $ru：读取或设置 R-URI。

❑ $rd：读取或设置 R-URI 中的 Domain 部分。

❑ $rU：读取或设置 R-URI 中的 User 部分。

⊖ 更多伪变量请参阅 https://www.kamailio.org/wiki/cookbooks/devel/pseudovariables。

- ❏ `$rp`：读取或设置 R-URI 中的 Port 部分。
- ❏ `$du`：读取或设置 Dest URI。
- ❏ `$fs`：读取或设置发送 Socket。
- ❏ `$br`：读取或设置 Branch。
- ❏ `$mf`：读取或设置 Message Flag。
- ❏ `$sf`：读取或设置 Script Flag。
- ❏ `$bf`：读取或设置 Branch Flag。
- ❏ `$ci`：Call-ID，只读。
- ❏ `$si`：来源 IP 地址，只读。
- ❏ `$rm`：SIP Method，只读。
- ❏ `$avp(id)`：获取 AVP 中 id 的值，参见 AVP。
- ❏ `$sht(htable=>key)`：获取 `htable` 中 `key` 的值。

3.2.2　htable

htable（Hash Table）即哈希表⊖，在共享内存中实现，主要用于缓存系统，可以通过 DMQ 在不同的 Kamailio 实例间同步。

哈希表可以使用伪变量存取，如 `$sht(htname=>name)`。哈希表可以在加载时从数据库读取数据，也可以在运行时动态修改数据，非常适用于做缓存。

在第 2 章中我们使用啥希表防止洪水攻击时用到了 ipban。见下面的代码，ipban 是哈希表的名称，`size` 是哈希表的大小（后面详解），而 `autoexpires` 为自动过期的秒数（过期后 IP 地址自动解封）。

```
modparam("htable", "htable", "ipban=>size=8;autoexpire=300;")
```

见下面代码，对于每个请求的 IP 地址（“`$si`”代表来源 IP 地址），我们都检查 ipban 表中是否有值，如果有，则直接丢弃。

```
if($sht(ipban=>$si)!=$null) {
    drop;
}
```

如果我们判断从某个 IP 地址发来的请求过于频繁（通过 `pike` 模块可以做到，略），则将该 IP 地址写入 ipban 表，具体如下。

```
$sht(ipban=>$si) = 1;
```

哈希表可以使用 `dbtable` 参数在启动时从数据库表中加载数据，也可以使用 `dmqreplicate` 参数将数据同步到另一个配对的 Kamailio 实例中。示例如下。

```
modparam("htable", "htable", "a=>size=4;autoexpire=7200;dbtable=htable_a;")
```

⊖　参见 https://kamailio.org/docs/modules/devel/modules/htable.html。

```
modparam("htable", "htable", "b=>size=5;")
modparam("htable", "htable", "c=>size=4;autoexpire=7200;initval=1;dmqreplicate=1;")
```

这里所说的哈希表就是我们在数据结构中学到的哈希表。这里的 size 就是表的大小，而不是表中可以存储多少个元素。实际的槽位会有 2^{size} 个。如图 3-1 所示，当有两个相同的元素算出同一个哈希值时（碰撞），会依次存到一个链表中，而不会发生存不下的情况（只要内存足够大）。也就是说，如果只有一个槽，那么也能存下很多元素，不过，这时哈希表就成了一个链表（当然，Kamailio 的 size 最小取值是 2，也就是说最少会有 2^2=4 个槽位）。

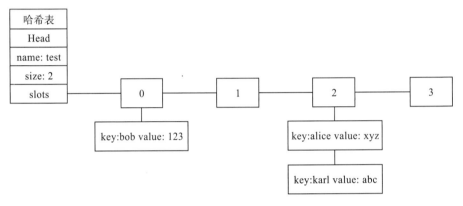

图 3-1　有 4 个槽位的哈希表

详细的使用方法我们在后文还会讲（如 9.2.5 节、10.2 节等）。

3.2.3　AVP

AVP（Attribute-Value Pairs），即属性 – 值对（也就是键值对）。键和值可以是数字或字符串。

AVP 与事务关联，即若在收到 INVITE 消息时设置了一个 AVP，那么在收到 200 OK 时也能使用这个 AVP，但在收到 BYE 消息时不能使用，因为 BYE 属于另一个事务。AVP 可以在 route、branch_route 以及 failure_route 路由块中使用。

AVP 的使用格式如下。

```
$avp(avp_flags:avp_name)
```

AVP 的使用格式还可以如下。

```
$avp(avp_alias)
```

下面对 AVP 使用时涉及的各个参数进行简单解读。

1. avp_flags

avp_flags 的使用格式如下。

```
type_flags [script_flags]
```

在上述代码中，相关参数说明如下。

（1）`type_flags` 是必选项，其可能的取值如下。

`I | i | S | s`

其中：

❑ `I` 或 `i` 表示整数。

❑ `S` 或 `s` 表示字符串。

（2）`script_flags` 的取值为 0~255，它是一个 8 位的无符号整数，即最大可以设置 8 个不同的标志位，如果省略，它会匹配所有标志。

2. avp_name

`avp_name` 表示字符串或整数。如果是字符串，则不能包含空格且仅支持字符 a~z、A~Z、0~9 和 _；如果是整数，则取值范围为 $0 \sim 2^{16}-1$。

3. avp_alias

`avp_alias` 表示标志符字符串，只支持字符 a~z、A~Z、0~9 和 _。下面看几个例子。

❑ `$avp(i:11)`：这个 AVP 的 ID 是一个整数 11。

❑ `$avp(s:foo)`：这个 AVP 的 ID 是一个字符串 "foo"。

❑ `$avp(bar)`：这个 AVP 的 ID 是一个标志符字符串 "bar"。

❑ `$avp(i3:123)`：这个 AVP 的 ID 是一个整数 123，但有两个 `script_flag`，即 00000011 = 3，其中等号前的是二进制数，等号后的是十进制数。

这些 AVP 的值可以是字符串或整数，如 "`$avp(i:1) = 1`"、"`$avp(i:2) = 'blah'`" 等。AVP 可以在路由块代码中动态设置，也可以从数据库中读取。在数据库中读取时，AVP 可以关联到用户上，也可以关联到 Domain 上。详情参见 https://kamailio.org/docs/modules/devel/modules/avpops.html。

3.2.4　模块

Kamailio 的模块可以根据需要有选择地进行加载，这可扩展核心的功能。不同的模块有不同的功能，模块在加载时向核心注册它的能力，并导出一些函数供配置文件及路由脚本调用。模块在初始化时，读取配置文件中通过 `modparam` 设置的参数。有的参数是纯静态的，有的参数可以在运行时通过 RPC 命令修改。

Kamailio 最新的文档列出了近 250 个模块，在后面讲解示例脚本时会对一些常用的一些模块进行简单注释。在此，我们并不准备对所有模块进行一一介绍，而是在后文中用到它们时再讲解。

Kamailio 的文档比较完善⊖，每个模块都有单独的文档，模块的文档一般分为以下几个部分。

　⊖　参见 https://kamailio.org/docs/modules/devel/。

❑ 简介。

❑ 相关依赖（是否依赖其他模块）。

❑ 详细解释。

❑ 参数（在 kamailio.cfg 的模块参数部分可以设置的参数）。

❑ 函数（在路由块中可以执行的函数）。

❑ 对外导出的伪变量。

❑ RPC 命令（在运行时可以改变参数或重载、查看模块内部数据的相关命令）。

❑ 事件路由（当相应事件发生时可以执行的回调路由块或回调函数）。

上面是模块文档的结构，这也在一定程度上反映了模块的结构。单纯列举模块文档未免有些枯燥，而且，即使最简单的路由转发功能也通常是由多个模块配合完成的。因此，本书将在后面的章节中结合实际的例子深入讲解各模块的功能，在此就不多介绍了。

第 4 章 *Chapter 4*

KEMI 详解

　　Kamailio（继承自 SER）默认使用类似于 C 语言的 DSL[⊖]（我们称之为原生脚本语言）进行配置和写路由逻辑，这在 SER 代码的初始版本发布时是最好的选择。

　　虽然 Kamailio 提供了大量的函数和功能，DSL 在大部分时候工作得也很好，但在复杂的场景中，尤其是在跟外部路由逻辑交互的场景中，会受到一些限制。另外，DSL 也很难在运行时重载，这主要是由当时的设计架构决定的，因此每次修改路由逻辑后都不得不重启 Kamailio。所以，需要有一种更好的方法写路由逻辑。随着各种嵌入式语言技术的不断成熟，便出现了 KEMI[⊜]。

　　有了 KEMI，Kamailio 的核心配置文件就可以只负责全局参数、加载模块、配置模块参数这三个部分了。这些都是在 Kamailio 启动时一次性执行并加载到内存的，但是有很多参数也可以在运行时通过相应的 RPC 进行控制。而实际的路由逻辑可以由 KEMI 路由脚本描述。KEMI 现在支持的脚本语言有 Lua、JavaScript、Python 2、Python 3、Ruby 和 Squirrel。

　　Kamailio 以前支持的以内部执行方式（Inline Execution）执行的其他语言现在仍可以被支持，如 .NET（C# 等）、Perl、Java 等，但目前并没有提供 KEMI 接口（未来也许会提供）。

　　相比原生的路由脚本，使用 KEMI 的好处主要有以下几个。

- ❑ 重载路由脚本时无须重启 Kamailio。
- ❑ 学习现成的脚本语言比学习 Kamailio DSL 语言要容易。
- ❑ 现有的脚本语言更完善、更强大、更灵活。
- ❑ 针对各种脚本语言都有很多现成的库，这些库提供各种各样的功能。

　⊖　Domain Specific Language，领域特定语言。

　⊜　全称是 Kamailio Embedded Interpreter Interface，即 Kamailio 嵌入式脚本解释接口，参见 https://kamailio.org/docs/tutorials/devel/kamailio-kemi-framework/。

❑ 提供各种现成的工具，利用这些工具可方便地进行调试、排错及写单元测试等。

在本书中，我们仅以 Lua 语言为例进行讲解。Lua 语言虽非常简洁但功能强大，在 FreeSWITCH 中也可以使用 Lua。如果你熟悉任何一种编程语言，几乎都可以在 30 分钟内学会基本的 Lua 语法。没有学过 Lua 的同学也可以通过附录 C 快速入门 Lua。

4.1 KEMI Lua 入口

Lua 入口在 `app_lua` 模块中实现，Kamailio 支持 Lua 5.1 和 Lua 5.2。可以在 `kamailio.cfg` 中使用如下方法加载 Lua 路由脚本。

```
loadmodule "app_lua.so"
modparam("app_lua", "load", "/path/to/script.lua")
cfgengine "lua"
```

当收到 SIP 请求消息时，Kamailio 将执行 `ksr_request_route()` 函数，它相当于原生脚本中的 `request_route {}` 路由块。如果该函数不存在，Kamailio 在运行时会报错。

当收到 SIP 响应消息时，Kamailio 将尝试执行 `ksr_reply_route()` 函数，即使该函数不存在也不会报错，它相当于原生脚本中的 `reply_route {}` 路由块。

当 Kamailio 每次向外发起一个请求时，将执行 `ksr_onsend_route()` 函数，即使该函数不存在也不报错，它相当于原生脚本中的 `onsend_route {}` 路由块。该函数也可以用于外发响应消息时的回调，但需要专门配置。

可以通过 `KSR.tm.t_on_branch(...)` 函数设置一个分支路由回调函数，具体方法如下。

```
if KSR.tm.t_is_set("branch_route") < 0 then
    KSR.tm.t_on_branch("ksr_branch_manage");
end
```

同样，可以使用 `KSR.tm.t_on_reply(...)`、`KSR.tm.t_on_failure()`、`KSR.tm.t_on_branch_failure(...)` 设置在回复路由、失败路由和分支失败路上进行回调。

与事件回调路由相关的函数由各模块的 `event_callback` 参数指定，如在 sipdump 模块中通过 event_callback 参数设置一个回调函数，在收发 SIP 消息时该函数会被回调，配置代码如下。

```
modparam("sipdump", "event_callback", "ksr_sipdump_event")
```

 提示 旧的 sr Lua 模块仍然可用，但由于是过时的调用方式，在本书中我们就不介绍了。

原生脚本函数与 KEMI 脚本函数的对应关系如表 4-1 所示。

表 4-1　原生脚本函数与 KEMI 脚本函数的对应关系

原生脚本	KEMI 脚本（如 Lua）
`request_route`	`ksr_request_route()`
`reply_route`	`ksr_reply_route()`
`onsend_route`	`ksr_onsend_route()`
`route[NAME]`	任何函数名
`event_route[NAME]`	通过模块中的 `event_callback` 参数指定的函数
`branch_route[NAME]`	通过 `KSR.tm.t_on_branch("f")` 指定的函数
`onreply_route[NAME]`	通过 `KSR.tm.t_on_reply("f")` 指定的函数
`failure_route[NAME]`	通过 `KSR.tm.t_on_failure("f")` 指定的函数
`event_route[tm:branch-failure:NAME]`	通过 `KSR.tm.t_on_branch_failure("f")` 指定的函数

4.2　KEMI 函数

KEMI 提供的函数都在 KSR 对象内。KSR 中的函数通常返回整型或布尔型的值（这是历史原因导致的，Lua 还是调用了核心或模块中在 C 语言中实现的函数），只有极少数例外。每个函数最多有 6 个参数。

4.2.1　函数整型返回值规则

函数的整型返回值通常遵循以下规则。

❑ 大于 0：函数成功执行，对返回值的逻辑判断应该返回 `true`。

❑ 小于 0：函数执行失败，对返回值的逻辑判断应该返回 `false`。

❑ 等于 0：脚本执行应该终止，注意要用 `KSR.x.exit()` 终止而不是 `exit`。

布尔型的返回值是 `true` 或 `false`，可以直接用于逻辑判断。有的函数是 `void` 类型的，不返回任何值。有的函数返回 `xval` 类型的值，如 `KSR.pv` 模块中获取伪变量值的函数。如果函数返回 `xval`，则结果可以是字符串、整数或 `nil`（对应 C 语言中的 `NULL`）。

函数的参数一般只能是整数或字符串，整数不使用引号，而字符串需要使用单引号或双引号。

KEMI 导出的很多函数都与原生脚本有相应的对应关系，通用的规则如下。

❑ 如果函数的参数是整数，则 KEMI 函数以整数方式输入（在原生脚本中所有输入都是字符串形式）。

❑ 如果原生函数有可选的参数，则对应的 KEMI 函数会导出多个类似的函数，每个都有不同个数的参数。这主要是因为并不是所有语言都支持可变参数。如原生脚本中的 forward(...) 函数就对应 KSR.forward() 和 KSR.forward_uri() 两个函数。

在运行时，可以使用 kamcmd app_lua.api_list 命令打印可用的 KEMI 函数。

4.2.2 函数返回 0 的情况

在原生脚本中，如果函数返回 0，则 Kamailio 会自动中断脚本的执行，但在 KEMI 中不是这样的。所以，如果 KEMI 中的函数返回 0，要想中断脚本执行，后面还应该调用 KSR.x.exit() 或 KSR.x.drop()

KEMI 中只有少数函数会返回 0，为方便使用，列举如下。

❑ tm 模块中，主要包括 t_check_trans() 和 t_newtran()。

❑ websocket 模块中，主要包括 ws_handshake()。

代码示例如下。

```
function ksr_request_route()
    if KSR.tm.t_check_trans() == 0 then
        KSR.x.exit();
    end
end
```

上面这些函数也会返回大于或小于 0 的值，上面的示例仅处理了返回值为 0 的情况，在实际应用中应该检查所有情况并做相应处理。对于类似的情况本书后面不再赘述。

4.2.3 模块函数

不同模块中的函数都会映射到"KSR.模块名"包中，如 acc 模块中的函数对应 KSR.acc，dispatcher 模块中的函数对应 KSR.dispatcher 等。实际的函数名和参数可以通过对应指令进行查询，比如对于 Lua 语言可通过 kamcmd app_lua.api_list 命令查询。KEMI 函数通常与原生脚本语言中的同名函数有一定的对应关系，在 4.6.1 节我们还会对此进行介绍。

在各模块相关的文档中⊖，也有对导出函数的说明和详细解释。具体的函数和参数比较多，就不在这里展开了，在后文中，我们都会以 Lua 语言为例来讲述各种路由场景和用到的模块示例。

4.3 在 C 函数中导出 KEMI 函数

对于 KEMI 函数，由于大部分是在模块中实现的，而且需要加载后才能导出，为了避免所有模块都依赖于语言相关的模块，因此使用了函数映射方式实现。也就是说，在核心

⊖ 参见 http://kamailio.org/docs/tutorials/devel/kamailio-kemi-framework/modules/。

实现一些函数，并使用一个映射表将这些函数映射到模块中。映射关系是在 Kamailio 启动时实现的，因为是一对一的数组映射，所以查找起来非常快。目前使用的映射表大小是 1024。这个值以后可以改变，但目前所有模块导出的函数加起来也不到 1000 个，而且在实际使用时也不可能同时加载所有模块，因此目前这个值足够了。导出函数比较少的另一个原因是，有一些函数或功能在相关的语言（如 Lua）中有原生的实现，Kamailio 中的函数根本没必要再导出。

可以使用如下方法将模块中的函数导出到 KEMI 中。

❑ 声明一个 `sr_kemi_t` 数组。

❑ 使用 `mod_register()` 函数将模块中的函数注册到 KEMI，或者在核心启动时使用 `sr_kemi_modules_add()` 将模块中的函数注册到 KEMI。

`sr_kemi_t` 在核心的 `kemi.h` 中定义。

```c
#define SR_KEMI_PARAMS_MAX  6

typedef struct sr_kemi {
    str mname; /* sub-module name */
    str fname; /* function name */
    int rtype; /* return type (supported SR_KEMIP_INT, SR_KEMIP_BOOL, SR_KEMIP_XVAL) */
    void *func; /* pointer to the C function to be executed */
    int ptypes[SR_KEMI_PARAMS_MAX]; /* array with the type of parameters */
} sr_kemi_t;
```

下面是 `sl` 模块导出两个函数的例子（C 语言）。

```c
C function sl_send_reply_str(...) is exported as sl.sreply(...)
C function send_reply(...) is exported as sl.freply(...)
static sr_kemi_t sl_kemi_exports[] = {
    { str_init("sl"), str_init("sreply"),
        SR_KEMIP_INT, sl_send_reply_str,
        { SR_KEMIP_INT, SR_KEMIP_STR, SR_KEMIP_NONE,
            SR_KEMIP_NONE, SR_KEMIP_NONE, SR_KEMIP_NONE }
    },
    { str_init("sl"), str_init("freply"),
        SR_KEMIP_INT, send_reply,
        { SR_KEMIP_INT, SR_KEMIP_STR, SR_KEMIP_NONE,
            SR_KEMIP_NONE, SR_KEMIP_NONE, SR_KEMIP_NONE }
    },

    { {0, 0}, {0, 0}, 0, NULL, { 0, 0, 0, 0, 0, 0 } }
};

int mod_register(char *path, int *dlflags, void *p1, void *p2)
{
    sr_kemi_modules_add(sl_kemi_exports);
    return 0;
}
```

注意，值为全 0 或 NULL 的元素（如上述代码中 sl_kemi_exports 的第三个元素）将结束这个导出数组。Lua 中导出函数与 Kamailio 内部结构对应关系如表 4-2 所示。

表 4-2 Lua 中的导出函数与 Kamailio 内部结构的对应关系

导出到 KEMI 的函数	Kamailio 内部结构
sr_kemi_lua_exec_func_0	sr_kemi_lua_export_t(t_relay)
…	…
sr_kemi_lua_exec_func_100	sr_kemi_lua_export_t(sl_send_reply)
…	…
NULL	NULL
…	…

导出函数的第一个参数为 sip_msg_t* 类型（它表示当前处理的 SIP 消息），后面跟 6 个整数或 str* 类型（注意不是 char*，Kamailio 有自己的字符串类型）的参数。当遇到 SR_KEMIP_NONE 参数时会提前终止，但有的编译器会报错，因此推荐提供所有参数。

导出的函数将存放在 _sr_kemi_core 数组中，并在 kemi.c 中可以找到。

sip_msg_t* 后的 6 个参数并不能在所有情况下都自由组合，相关限制如下。

❑ 1 个参数，可以是 int 或 str*。

❑ 2 ~ 5 个参数，可以是 int 或 str* 的任意组合。

❑ 6 个参数，必须全是 str*。如需要其他组合也可以添加，但目前尚无此需求。

返回值有以下几种。

❑ SR_KEMIP_INT：返回值是整数且必须符合如下规则。

  ○ 小于 0：错误，在逻辑比较中按 false 处理。

  ○ 大于 0：成功，在逻辑比较中按 true 处理。

  ○ 等于 0：脚本逻辑应立即终止执行。

  ○ 例外：有一些 Getter 类的取值函数不在此列，如 KSR.kx.get_status()、KSR.kx.get_timestamp() 等。

❑ SR_KEMIP_BOOL：返回值在原生脚本语言中可以是 true 或 false，但在 C 语言中必须为 1 或 0。

❑ SR_KEMIP_XVAL：返回值视当前情况而异，可以是整数或字符串。如 KSR.pv.get(...) 这样的函数会返回伪变量类型的值，返回这种值的函数应该最多只有两个输入参数。

导出函数的 C 语言示例代码如下（在此主要给大家一个直观的印象，不多解释，即使写 Lua 路由脚本也不需要了解 C 语言）。

```
static int sr_kemi_lua_exec_func_1023(lua_State *L) {
    return sr_kemi_lua_exec_func(L, 1023);
}
typedef struct sr_kemi_lua_export {
    lua_CFunction pfunc;
```

```
    sr_kemi_t *ket;
} sr_kemi_lua_export_t;

static sr_kemi_lua_export_t _sr_kemi_lua_export_list[] = {
    { sr_kemi_lua_exec_func_0, NULL },
    ...
    { sr_kemi_lua_exec_func_1023, NULL},
    {NULL, NULL}
};
sr_kemi_t *sr_kemi_lua_export_get(int idx) {
    if(idx<0 || idx>=SR_KEMI_LUA_EXPORT_SIZE) return NULL;
    return _sr_kemi_lua_export_list[idx].ket;
}

int sr_kemi_lua_exec_func(lua_State* L, int oidx)
{
    sr_kemi_t *ket;
    ket = sr_kemi_lua_export_get(eidx);
    return sr_kemi_lua_exec_func_ex(L, ket, 0);
}
```

4.4　KEMI 和伪变量

KSR.pv 模块导出的函数可以处理 Kamailio 相关的伪变量。这些函数应该由 Kamailio 核心或相关的语言模块导出，而不需要依赖其他模块。当然，具体有多少变量还跟加载了哪些模块有关，如 $T(..)$ 依赖于 tmx 模块。

伪变量是针对 Kamailio 原生的脚本语言设计的，因此在 KEMI 脚本中使用起来有些限制，下面就对此进行介绍。

4.4.1　伪变量静态名称限制

注意，这部分内容非常重要。

在很多场景下，伪变量的名字需要是一个静态字符串，这在解析 kamailio.cfg 时会进行验证。然而，在引入 KEMI 以后，Kamailio 无法控制脚本语言（如 Lua）中的解析，导致可能产生很多（或无限多个）伪变量，进而会塞满 Kamailio 的私有内存空间。

如在使用 htable 的场景中，如果使用了原生的 kamailio.cfg，且使用了 $sht(test=>x)（一个静态的 ID）以及 $sht(test=>$rU)（根据 RURI 自动生成的 ID）这样的伪变量，则伪变量只会在 Kamailio 启动时生成，且只会有两个。

在使用 KEMI 时，使用 KSR.pv.get("$sht(test=>x)") 和 KSR.pv.get("$sht(test=>$rU)") 取值仍然是可以的，因为系统会生成两个伪变量标志符。但是，如果使用 KSR.pv.get("$sht(test=>" .. KSR.kx.get_ruser() .. ")") 获取 $sht(test=>$rU) 的值，则不同的 R-URI 会生成不同的字符串，如 $sht(test=>alice)、$sht(test=>bob)、$sht(test=>carol) 等，随着请求越来越多将可能生成无限多个这种字符串，

直至耗尽内存。

Kamailio 提供了一些机制用于处理上述问题，特别是在 htable 中，会使用专门的函数访问 htable 的项目，或清除某些伪变量。但这些处理机制并不是所有模块中都有，如 sqlops、ndb_redis、ndb_mongodb 中就没有。所以，应尽量避免使用动态字符串作为伪变量的名字。

下面的代码通过 $var(x) 提供了一种避免使用动态字符串作为伪变量名的方法。

```
KSR.pvx.var_sets("x", "alice");
shtx = KSR.pv_get("$sht(test=>$var(x))");
KSR.pvx.var_sets("x", "bob");
shtx = KSR.pv_get("$sht(test=>$var(x))");
KSR.pvx.var_sets("x", "carol");
shtx = KSR.pv_get("$sht(test=>$var(x))");
```

 提示 有些模块返回 SQL 或 NoSQL 结果集，结果集的 ID 是可以被重复使用的，这些结果集返回的内容存放于 Kamailio 的私有内存中，可以被不同的 Kamailio 工作进程安全地访问。

4.4.2 针对特定伪变量的函数

KSR.kx 包针对一些特定的伪变量导出了一些 get 或 set 函数（分别用于获取或设置变量的值），特别是用于那些存取 SIP 消息头域（Request-URI、From-URI、From-URI-username）的函数。如果有可能，应该优先使用这些函数，如 KSR.kx.get_ruri()、KSR.kx.get_furi()。

有些函数有相应的 gete 和 getw 变体，这些变体与 pv 模块里的函数的含义相同，其中返回值的区别如下。

❏ KSR.kx.get_ua()：不存在则返回 nil。

❏ KSR.kx.gete_ua()：不存在则返回空字符串。

❏ KSR.kx.getw_ua()：如果结果为 nil 则返回字符串"<null>"，以方便打印日志。

KSR.pvx 导出了一些用于存取私有内存值（如 $var(...)）或共享内存值（如 $shv(...)）的函数以及 XAVP 的变体。例如，下面两种方法是等效的，推荐使用后者。因为前者相当于调用原生脚本中的 $var() 函数，而后者直接使用 KEMI 导出的函数。

```
KSR.pv.sets("$var(x)", "alice");
KSR.pvx.var_sets("x", "alice");
```

KSR.sqlops 包提供了一些函数以替代 $dbr(...)，如下面这两种方法是等效的，推荐使用后者。

```
KSR.sqlops.sql_query("ca", "select username from subscriber limit 1", "ra");
if KSR.pv.get("$dbr(ra=>rows)") > 0 then
    local username = KSR.pv.get("$dbr(ra=>[0,0])");
end
```

```
KSR.sqlops.sql_query("ca", "select username from subscriber limit 1", "ra");
if KSR.sqlops.sql_num_rows("ra") > 0 then
    local username = KSR.sqlops.sql_result_get("ra", 0, 0);
end
```

在实际使用时，推荐查看脚本中用到的每个模块是否有相关的 KEMI 函数，如果有，则使用它们提供的方法应该比使用伪变量更方便。

4.5　核心和 pv 模块中的函数

Kamailio 的核心直接提供了一些函数，主要用于实现核心功能以及写日志（有的由 xlog 模块提供），如 KSR.function(params) 这样的函数。

KSR.pv 子模块提供了通用的伪变量存取函数，而 KSR.hdr 子模块则提供了存取 SIP 头域的函数，相关的模块有 htable、kemix、textops、textopsx 等。举例如下。

```
KSR.dbg("a debug message from Lua script\n");
KSR.hdr.remove("Route");
```

4.5.1　核心中的常用函数

常用函数列表及简介如下⊖。

❑ KSR.add_local_rport()：在 Via 头域中增加 rport 参数，参见第 3 章同名函数。

❑ KSR.log(str level, str msg)：其中 level 的取值有 dbg、info、notice、warn、crit、err。

❑ KSR.dbg(...)：打印 debug 级别的日志，相当于 KSR.log("dbg", ...)，下同。

❑ KSR.info(...)：打印 info 级别的日志。

❑ KSR.notice(...)：打印 notice 级别的日志。

❑ KSR.warn(...)：打印 warn 级别的日志。

❑ KSR.crit(...)：打印 crit（critical）级别的日志。

❑ KSR.err(...)：打印 err（error）级别的日志。

❑ KSR.force_rport()：强制使用 rport，参见 3.1.7 节。

❑ KSR.is_method(...)：测试请求方法，返回布尔值，如 KSR.is_method("INVITE") 用于测试是否为 INVITE 请求。

❑ KSR.is_method_in(...)：测试请求方法是否在一个字符串描述的集合内，如

⊖ 这份列表并不完整，它们的含义也都很直观，跟第 3 章中介绍的对应的核心函数大致相同，所以这里不做太多解释，详细的列表参见 http://kamailio.org/docs/tutorials/devel/kamailio-kemi-framework/core/。

KSR.is_method_in("IABC") 的参数列表是一个字符串，该字符串可以是下列字符的自由组合。

- ⭕ A：ACK。
- ⭕ B：BYE。
- ⭕ C：CANCEL。
- ⭕ I：INVITE。
- ⭕ K：KDMQ。
- ⭕ M：MESSAGE。
- ⭕ N：NOTIFY。
- ⭕ O：OPTIONS。
- ⭕ E：PRACK。
- ⭕ P：PUBLISH。
- ⭕ F：REFER。
- ⭕ R：REGISTER。
- ⭕ S：SUBSCRIBE。
- ⭕ U：UPDATE。
- ⭕ G：GET。
- ⭕ T：POST。
- ⭕ V：PUT。
- ⭕ D：DELETE。

- ❑ KSR.is_INVITE()：测试请求方法是否为 INVITE。此外，KSR.is_ACK()、KSR.is_BYE()、KSR.is_CANCEL()、KSR.is_REGISTER()、KSR.is_MESSAGE()、KSR.is_SUBSCRIBE()、KSR.is_PUBLISH()、KSR.is_NOTIFY()、KSR.is_OPTIONS()、KSR.is_REFER()、KSR.is_INFO()、KSR.is_UPDATE()、KSR.is_PRACK() 这几个函数与之都类似，不再赘述。
- ❑ KSR.is_KDMQ()：用于设置 Kamailio 在不同实例间同步数据的方法。
- ❑ KSR.is_GET()：HTTP GET 方法。
- ❑ KSR.is_POST()：HTTP POST 方法。
- ❑ KSR.is_PUT()：HTTP PUT 方法。
- ❑ KSR.is_DELETE()：HTTP DELETE 方法。
- ❑ KSR.is_myself(...)：用于设置 myself 的规则，见前面的章节。
- ❑ KSR.is_myself_ruri()：测试 R-URI 是否在 myself 范围内。
- ❑ KSR.is_myself_srcip()：测试来源 IP 地址是否在 myself 范围内。
- ❑ KSR.is_TCP()：测试是否是 TCP。
- ❑ KSR.is_UDP()：测试是否是 UDP。

- KSR.is_SCTP()：测试是否是 SCTP。
- KSR.is_WSX()：测试是否是 WS 或 WSS 协议。
- KSR.is_proto(...)：用于判断当前消息使用的是什么协议，只要配置了参数字符串中的一种即返回 true。如 KSR.is_proto("EW") 返回 true 则表示是 TLS 或 WSS 协议，参数字符串是以下字符的组合。
  - e 或 E：代表是 TLS 协议。
  - s 或 S：代表是 SCTP。
  - t 或 T：代表是 TCP。
  - u 或 U：代表是 UDP。
  - v 或 V：代表是 WS 协议。
  - w 或 W：代表是 WSS 协议。
- KSR.is_IPv4()：测试是否是 IPv4。
- KSR.is_IPv6()：测试是否是 IPv6。
- KSR.to_IPv4()：测试目标地址是否是 IPv4。
- KSR.to_IPv6()：测试目标地址是否是 IPv6。
- KSR.to_TCP()：测试是否使用 TCP 外发。
- KSR.to_TLS()：测试是否使用 TLS 协议外发。
- KSR.to_SCTP()：测试是否使用 SCTP 外发。
- KSR.to_UDP()：测试是否使用 UDP 外发。
- KSR.to_WSS()：测试是否使用 WSS 外发。
- KSR.to_WSX()：测试是否使用 WS 或 WSS 协议外发。
- KSR.setflag(...)：设置 flag。
- KSR.resetflag(...)：重置 flag。
- KSR.isflagset(...)：测试 flag 是否已设置。
- KSR.setbflag(...)：设置 branch flag。
- KSR.resetbflag(...)：重置 branch flag。
- KSR.isbflagset(...)：测试 branch flag 是否已设置。
- KSR.seturi(...)：设置 R-URI。
- KSR.setuser(...)：设置 R-URI 中的用户部分。
- KSR.force_rport(...)：强制 rport 参数。
- KSR.set_advertised_address()：设置通告地址。
- KSR.set_advertised_port()：设置通告端口。
- KSR.forward()：无状态转发到 $du，如果 $du 不存在，则转发到 $ru。
- KSR.forward_uri(str uri)：无状态转发到 URI。
- KSR.route(...)：执行路由块。

4.5.2 pv 模块相关函数

pv 模块提供了与伪变量存取相关的函数。伪变量的名称必须是合法的名称。关于伪变量，参见 3.2.1 节。

有些全局的变量类型存放在系统共享内存中，这些必须在 kamailio.cfg 中用 modparam() 定义。如与 $shv(...) 相关的变量类型必须进行以下定义。

```
modparam("pv", "shvset", "name=value")
```

pv 模块提供的函数都在 KSR.pvx 包中。下面就来介绍这些函数，其中第一行均为函数原型描述，如 xval KSR.pv.get(str "pvname") 表示：返回值为 xval 类型（即可以是字符串、整数、或 null 值）；输入参数是 str（字符串）类型的；pvname 是参数名占位符，在这个特定的函数中它表示伪变量的名字。

1. KSR.pv.get(...)

函数原型（包含参数类型和返回值类型，下同）：

```
xval KSR.pv.get(str "pvname")
```

返回伪变量的值，返回值可能是字符串、整数或 null，如果伪变量不存在则返回值为 null，如：

```
KSR.dbg("ruri is: " + KSR.pv.get("$ru") + "\n");
```

2. KSR.pv.gete(...)

函数原型：

```
xval KSR.pv.gete(str "pvname")
```

其他介绍同 KSR.pv.get(...)，但在返回值为 null 的情况下将返回空字符串（""），如：

```
KSR.dbg("avp is: " + KSR.pv.gete("$avp(x)") + "\n");
```

3. KSR.pv.getvn(...)

函数原型：

```
xval KSR.pv.getvn(str "pvname", int vn)
```

返回整数，但在返回值为 null 的情况下将返回默认值 vn，如：

```
KSR.dbg("avp is: " + KSR.pv.getvn("$avp(x)", 0) + "\n");
```

4. KSR.pv.getvs(...)

函数原型：

```
xval KSR.pv.getvs(str "pvname", str "vs")
```

返回字符串，在返回值为 null 的情况下返回默认值 vs，如：

```
KSR.dbg("avp is: " + KSR.pv.getvs("$avp(x)", "foo") + "\n");
```

5. KSR.pv.getw(...)

函数原型：

```
xval KSR.pv.getw(str "pvname")
```

在返回值为 null 的场景下返回字符串 "<null>"，以方便打印它的值，如：

```
KSR.dbg("avp is: " + KSR.pv.getw("$avp(x)") + "\n");
```

6. KSR.pv.seti(...)

函数原型：

```
void KSR.pv.seti(str "pvname", int val)
```

将伪变量赋值为整数，如：

```
KSR.pv.seti("$var(x)", 10);
```

7. KSR.pv.sets(...)

函数原型：

```
void KSR.pv.sets(str "pvname", str "val")
```

将伪变量赋值为字符串，如：

```
KSR.pv.sets("$var(x)", "kamailio");
```

8. KSR.pv.unset(...)

函数原型：

```
void KSR.pv.unset(str "pvname")
```

将伪变量设为 null，如：

```
KSR.pv.unset("$avp(x)");
```

9. KSR.pv.is_null(...)

函数原型：

```
bool KSR.pv.is_null(str "pvname")
```

如果伪变量为 null，则返回 true，如：

```
if(KSR.pv.is_null("$avp(x)")) {
    ...
}
```

4.5.3 KSR.hdr 子模块

`KSR.hdr` 子模块提供了 SIP 消息头域处理的相关函数。

1. KSR.hdr.append(...)

函数原型：

```
int KSR.hdr.append(str "hdrval")
```

若追加一个头域，则将会追加到最后一个头域后面，注意后面应该有"\r\n"，如：

```
KSR.hdr.append("X-My-Hdr: " + KSR.pv.getw("$si") + "\r\n");
```

2. KSR.hdr.append_after(...)

函数原型：

```
int KSR.hdr.append_after(str "hdrval", str "hdrname")
```

在某个头域（第一个匹配的头域）后面增加一个头域，如：

```
KSR.hdr.append_after("X-My-Hdr: " + KSR.pv.getw("$si") + "\r\n", "Call-ID");
```

3. KSR.hdr.insert(...)

函数原型：

```
int KSR.hdr.insert(str "hdrval")
```

在第一个头域前面插入一个头域，如：

```
KSR.hdr.insert("X-My-Hdr: " + KSR.pv.getw("$si") + "\r\n");
```

4. KSR.hdr.insert_before(...)

函数原型：

```
int KSR.hdr.insert_before(str "hdrval", str "hdrname")
```

在某个头域（第一个匹配的头域）后面增加一个头域，如：

```
KSR.hdr.insert_before("X-My-Hdr: " + KSR.pv.getw("$si") + "\r\n", "Call-Id");
```

5. KSR.hdr.remove(...)

函数原型：

```
int KSR.hdr.remove(str "hdrval")
```

删除所有匹配函数中参数指定名字的头域，如：

```
KSR.hdr.remove("X-My-Hdr");
```

6. KSR.hdr.rmappend(...)

函数原型：

```
int KSR.hdr.rmappend(str "hrm", str "hadd")
```

删除所有匹配的头域并增加一个头域，结尾必须有 "\r\n"，如：

```
KSR.hdr.rmappend("X-My-Hdr", "X-My-Hdr: abc\r\n");
```

其实它相当于：

```
KSR.hdr.remove("hrm")
KSR.hdr.append("hadd")
```

7. KSR.hdr.is_present(...)

函数原型：

```
int KSR.hdr.is_present(str "hdrval")
```

如果头域存在则返回大于 0 的值，如：

```
if(KSR.hdr.is_present("X-My-Hdr") > 0) {
    ...
}
```

8. KSR.hdr.append_to_reply(...)

函数原型：

```
int KSR.hdr.append_to_reply(str "hdrval")
```

在与该请求消息对应的回复消息上增加一个头域，如：

```
KSR.hdr.append_to_reply("X-My-Hdr: " + KSR.pv.getw("$si") + "\r\n");
```

9. KSR.hdr.get(...)

函数原型：

```
xval KSR.hdr.get(str "hname")
```

返回头域的值，如果不存在则返回 null，如：

```
v = KSR.hdr.get("X-My-Hdr");
```

10. KSR.hdr.get_idx(...)

函数原型：

```
xval KSR.hdr.get(str "hname", int idx)
```

如果头域有多个，则返回第 idx 个。idx 从 0 开始计数。如果不存在，则返回 null；如果 idx 为负数，则返回倒数第 idx 个，如：

```
v = KSR.hdr.get_idx("X-My-Hdr", 1);
```

11. KSR.hdr.gete(...)

函数原型：

```
xval KSR.hdr.gete(str "hname")
```

同 KSR.hdr.get()，但如果头域不存在则返回空字符串而不是 null。适用于字符串拼接的场景（null 值通常会拼接出错），如：

```
v = KSR.hdr.gete("X-My-Hdr");
```

12. KSR.hdr.gete_idx(...)

同 KSR.hdr.get_idx()，但如果头域不存在则返回空字符串而不是 null，如：

```
v = KSR.hdr.gete_idx("X-My-Hdr", -1);
```

13. KSR.hdr.getw(...)

函数原型：

```
xval KSR.hdr.getw(str "hname")
```

同 KSR.hdr.get()，但如果头域不存在则返回字符串"<null>"而不是 null，如：

```
v = KSR.hdr.getw("X-My-Hdr");
```

14. KSR.hdr.getw_idx(...)

函数原型：

```
xval KSR.hdr.getw_idx(str "hname", int idx)
```

同 KSR.hdr.get_idx()，但如果头域不存在则返回字符串"<null>"而不是 null，如：

```
v = KSR.hdr.getw_idx("X-My-Hdr", 2);
```

15. KSR.hdr.match_content(...)

函数原型：

```
bool KSR.hdr.match_content(str "hname", str "op", str "mval", str "eidx")
```

如果头域的值与表达式匹配，则返回 true，否则返回 false。相关参数如下。

❏ hname：头域名称。

❏ op：运算符，有以下选项。

  ○ eq：Equal，等于。

  ○ ne：Not Equal，不等于。

  ○ sw：Starts With，以字符串开头。

  ○ in：Include，包含。

❏ mval：匹配的值。

❏ eidx：作用同名头域的第几条，可能的取值如下。

  ○ f：First，第一个。

- ○ l：Last，最后一个。
- ○ a：All，所有头域。
- ○ o：至少有一个匹配。

示例：

```
if(KSR.hdr.match_content("X-My-Hdr", "in", "test", "o")) {
    ...
}
```

4.5.4　特殊的 KEMI 函数

KSR.x 子模块针对不同语言提供了　些特殊的函数。

1. KSR.x.modf

函数原型：

```
int KSR.x.modf(str "fname", params...)
```

执行 Kamailio 模块导出函数 fname，后面的参数必须是字符串，它们将作为函数的参数传入，如：

```
KSR.x.modf("sl_send_reply", "200", "OK");
```

 注意　尽量使用专门的 KSR 函数，而不是这个函数。如果你必须使用该函数，则应检查一下 C 语言的源代码中是否有 fixup 和 fixup-free 函数。如果你不知道如何检查，可以到 sr-users 邮件列表发邮件询问。

2. KSR.x.exit(...)

函数原型：

```
void KSR.x.exit()
```

KSR.x.exit(...) 相当于原生脚本中的 exit()，用于停止当前 SIP 消息路由脚本的执行，可参见 4.6.3 节。

 注意　对于 Lua 语言而言，直接调用 exit() 会停止整个 Kamailio，所以建议在任何时候都不要用。

3. KSR.x.drop(...)

函数原型：

```
void KSR.x.drop()
```

KSR.x.drop(...) 用于停止当前脚本的执行并将 SIP 消息丢弃。有的语言中没有这个函数，在停止脚本继续执行前可以使用 KSR.set_drop()，如在 Python 中：

```
KSR.set_drop()
exit()
```

4.6 原生脚本与 KEMI 对比

本书主要以 KEMI 为例进行讲解，但网上大部分的资料和例子还都是基于原生脚本的，理解两者的异同会有助于学习，尤其是那些已经熟悉旧版本 Kamailio 的读者。

4.6.1 函数名

原生语言相关的函数命名规则如下。

❑ 类似于 C 语言的语法和命名规范。

❑ 只有函数名，命名空间靠函数名前缀实现，如 `my_function(params)`、`t_relay()`。

❑ 很多模块都使用相同的前缀，如对于 tm 模块有 t_relay、t_reply、t_replicate。

❑ 函数名通过脚本解释器导出到核心。

❑ 很多的函数都是在模块中导出的。

KEMI 脚本语言相关的函数命名规则如下。

❑ 面向对象的命名规则。

❑ 模块变成一个对象，即"KSR. 模块名 . 函数名 (参数名)"，如：

`KSR.tm.t_relay()`

❑ 很多函数名与原生语言的函数名相同，即使看起来有些冗余，如：

`KSR.acc.acc_request(...)`

❑ 有些函数是从核心导出的，但大部分是从模块导出的。

❑ 特殊的 KSR 子模块有 `KSR.hdr`、`KSR.pv`、`KSR.x` 等。

4.6.2 函数的参数

原生语言的函数参数说明如下。

❑ 函数返回整型值。

❑ 对于路由块中的返回值，解释器也会处理。

  ○ 返回值小于 0，对应 `false` 逻辑。

  ○ 返回值大于 0，对应 `true` 逻辑。

  ○ 返回值等于 0，中止当前消息的脚本执行。

脚本示例：

```
# handle retransmissions
if (!is_method("ACK")) {
```

```
        if(t_precheck_trans()) {
            t_check_trans();
            exit;
        }
        t_check_trans();
}
```

对 KEMI 脚本语言中相关函数所涉参数说明如下。

❑ 返回值可以是布尔型、整型或字符串型的值。

❑ 从 pv 模块中取值，可以返回字符串。

❑ 大部分函数返回整型值。

❑ 部分函数返回布尔型的值，绝大部分核心函数返回布尔型的值。

❑ KSR.tm.t_check_trans()、KSR.tm.t_newtran()、KSR.websocket.handle_handshake() 这几个函数返回 0，需要特殊处理。

脚本示例：

```
-- 处理消息重传
if not KSR.is_ACK() then
    if KSR.tmx.t_precheck_trans()>0 then
        KSR.tm.t_check_trans();
        return 1;
    end

    if KSR.tm.t_check_trans()==0 then
        return 1;
    end
end
```

4.6.3　停止当前脚本执行

在原生语言中要停止当前脚本执行可以使用 exit()、drop()、return(0) 等方法实现。

对于 KEMI 脚本的停止操作，说明如下。

❑ 注意：在某些语言（如 Lua）中可直接调用 exit() 停止整个 Kamailio。

❑ 在 Python 中可以使用 exit() 或 os.exit()。原生的 drop() 对应 KSR.set_drop() + os.exit()。

❑ 在其他 KEMI 脚本（Lua、JavaScript、Squirrel）中，可用 KSR.x.exit()、KSR.x.drop()、return 等方法停止。

❑ 不要忘记返回值为 0 的函数，需要特殊处理。

4.7　其他

上面我们提到了 KEMI 的诸多好处，但在实际应用中，性能也是一个重要指标。那么，

KEMI 脚本与原生脚本在性能方面有什么区别呢？实际测试显示，原生脚本跟 KEMI 中支持的其他语言运行效率差不多，甚至与用 Lua 和 Python 写的脚本没有本质的区别（在通用环境中，Python 脚本性能会弱一些，这主要是因为 Python 比 Lua 更复杂），详见 9.1.2 节。

通过对本章的学习，我们了解了 KEMI 的使用方法以及核心中的大部分功能函数，并与原生脚本中的用法做了对比。除此之外，还有一些值得注意的地方，简单总结如下。

与原生脚本比起来，使用 KEMI 有很多优势，主要表现在如下方面。

❏ KEMI 支持的语言都是真正的脚本语言，所以其拥有更多的语句、表达式、函数、库等。

❏ 更少的维护量（对于 Kamailio 开发者来讲），因为语言解释器是由别人（专人）维护的。

❏ 语言本身有更多的文档、更多的学习资源，甚至很多人都已经熟悉这些语言了。

❏ 支持运行时重载。

　　○ 修改路由逻辑无须重启 Kamailio。

　　○ 重载后将在路由到下一次请求时生效。

❏ 性能与原生脚本没有明显区别。

　　○ Lua、JavaScript、Squirrel 都直接使用静态函数映射（导出）。

　　○ 由于 Python 使用动态对象，所以其运行会略慢一些。

当然，使用 KEMI 也不是只有好处没有坏处。受 KEMI 的历史及架构所限，对 KEMI 脚本中函数的使用也受到一些限制，这会导致有时候在 KEMI 脚本中所写的代码反而比在原生脚本中所写的代码更长。

下面介绍 KEMI 脚本的一些弱点，以及一些使用建议（以 Lua 为例）。

在 KEMI 中必须通过函数访问伪变量而不能直接引用，也不能将伪变量直接用在字符串中，示例如下。

```
KSR.pv.get("$rU")
KSR.pv.sets("$rU", "test")
KSR.pv.seti("$var(x)", 10)
KSR.pv_is_null("$rU")
```

> 🎯 **提示** 可以将结果存到 Lua 语言的局部变量中，如 src_ip = KSR.pv.get("$si")，但这样的代码会显得有些啰嗦。

在 KEMI 中函数静态参数需要预编译⊖，但是大多数情况下预编译是没必要的，因为含变量的参数在运行时每次都会求值（值会变），而预编译会带来一些开销。

综上，有些正则表达式替换类的操作以及其他与字符串、整数运算等相关的操作可以直接使用 KEMI 脚本语言提供的功能，而不需要调用 Kamailio 本身提供的函数。

⊖ 预编译主要与正则表达式替换有关，如 subst("/alice/bob/g") 与 subst("/alice/$var(user)/g")。

最后说一点，目前并不是所有模块都支持 KEMI，比如 IMS 相关的模块中就有很多不支持。因此对于 Kamailio 项目，希望大家到 GitHub 上提交 Pull Request[⊖]，共同把这个开源项目做得更好。

好了，有了上述这些基本知识，从下一章开始，我们就可以实际运行 Kamailio，跑一些真正的路由脚本了。

Kamailio 运行环境与实例

有了前面几章的基础知识，下面就可以实际运行 Kamailio 并研究一些实际案例了。

5.1 运行 Kamailio

典型的 Kamailio 仅支持 Linux 操作系统，并且可直接在 Linux 操作系统上安装。在 Linux 上安装 Kamailio 的方法请参考附录 A。我们在此仅讨论如何在 Docker 环境中运行 Kamailio。Docker 可以在 Windows、MacOS 和 Linux 等宿主机操作系统上运行，所以不管你使用何种操作系统，都可以很方便地运行 Kamailio 和本书的示例。

5.1.1 环境准备

使用 Docker 运行 Kamailio 以及本书相关的示例前，我们需要先准备一下环境。下面是对环境依赖的简要说明，对于这些工具不熟悉的读者，也可以在本书后面的附录中找到更多的解释和学习资源。

1. Docker

Docker⊖是一种容器技术，现在，它已经成了进行 Linux 相关的软件开发和部署的事实上的标准。Docker 是一个开源项目，它彻底释放了计算虚拟化的威力，极大地提高了应用的维护效率，降低了云计算应用开发的成本。通过使用 Docker，不仅可以让应用的部署、测试和分发都变得前所未有地高效和轻松，而且在工作结束后，可以一键删除所有镜像和临时文件，而不会在操作系统上的各种目录中留下垃圾（Docker 本身需要占用一些存储空

⊖ 参见 https://www.docker.com/。

间，如果你的硬盘空间足够大，那么就不用过多关心是否占用存储空间的问题了）。更重要的是，通过 Docker 可以把各种环境隔离开来，避免不同环境之间产生冲突。比如笔者在开发过程中，经常用到 Kamailio 以及 FreeSWITCH 的不同版本，它们又分别依赖于很多个相同的第三方软件库，不同的库又有很多不同的版本，使用 Docker 容器就可以很好地避免产生冲突。

如果你还不熟悉 Docker，那至少应该听说过虚拟机。虚拟机是在真正的物理机上虚拟出来的"电脑"，有虚拟的 CPU、内存、硬盘、网卡等。而 Docker 技术在虚拟机的基础上更进一步，通过 Linux 内核和内核功能（例如 Cgroup 和 Namespace）来分隔进程，以便各进程可以相对独立地运行，而且能共享宿主机的内核和网络资源等。附录 D 提供了一些面向 Docker 初学者的入门指导，有需要的读者可以参考。下面假定读者已经在自己的电脑上安装了 Docker。

2. xswitch-free

在实际使用时，Kamailio 通常不会单独使用，而是与 FreeSWITCH 或 Asterisk 等搭配使用，因此在讲解实际案例时也不免会用到它们。在本书中，我们以使用 FreeSWITCH 为例来讲解。

xswitch-free 是一个 FreeSWITCH Docker 镜像，它是 XSwitch 云平台⊖使用的 Docker 镜像，只是删除了一些私有模块，会一直保持更新。xswitch-free 主要是为了帮助大家快速学习和使用 FreeSWITCH，这样初学者就可以专注于学习 FreeSWITCH 本身，而不需要从头研究如何搞定一大堆依赖，并从源代码开始编译 FreeSWITCH。

关于 xswitch-free 和 FreeSWITCH 本身，如果你想进一步了解，可以参考附录 B。

5.1.2 在命令行上运行 Kamailio

在本书中，我们使用 kamailio/kamailio-ci:5.5.2-alpine 这个 Docker 镜像。当你读到本书时，可能有更新的版本，大家可以查阅 https://hub.docker.com/r/kamailio/kamailio-ci 了解。

注意 我们这里没有使用 latest 版本，主要原因是 latest 在 Docker 标签中的含义永远是指最新版本，但它不是一个特定版本。建议大家在使用时选择更明确的版本。

以下命令可以启动 Docker 容器。

```
docker run --name kamailio --rm kamailio/kamailio-ci:5.5.2-alpine -m 64 -M 8
```

启动后，可以看到类似如下的输出：

```
Listening on
        udp: 127.0.0.1:5060
```

⊖ 参见 https://xswitch.cn。

```
              udp: 172.17.0.4:5060
              tcp: 127.0.0.1:5060
              tcp: 172.17.0.4:5060
Aliases:
              tcp: 3ea18bb32dc7:5060
              tcp: localhost:5060
              udp: 3ea18bb32dc7:5060
              udp: localhost:5060
```

上述输出表示 Kamailio 已经运行并监听了上面的 IP 地址和端口，它的默认配置文件类似于第 2 章中介绍的配置文件。注意，这时 Kamailio 是无法使用的，因为 Docker 容器本身运行在 NAT 网络环境中。我们此时可以进入容器内部查看相关的配置文件，示例如下。

```
docker exec -it kamailio sh            # 进入容器内部 Shell
cat /etc/kamailio/kamailio.cfg         # 查看配置文件内容
```

如果你的宿主机是 Linux，可以以 host 模式启动。

```
docker run --net=host --name kamailio --rm kamailio/kamailio-ci:5.5.2-alpine
```

这时候，就可以尝试用 SIP 客户端⊖注册了。随便注册两个不同的账号（Kamailio 默认脚本没有鉴权）就可以互打电话了。

在 macOS 和 Windows 上 host 模式可能不适用，可以继续以 NAT 模式启动，并将端口映射出来，示例如下。

```
docker run --name kamailio --rm \
-p 5060:5060/udp -p 5060:5060 \
kamailio/kamailio-ci:5.5.2-alpine -m64 -M8
```

使用 NAT 模式时，需要修改 Kamailio 的配置文件，这时候可以先进入 Shell 进行修改。修改完配置文件后再启动 Kamailio。以下命令可启动容器并进入 Shell。（由于使用 --entrypoint 参数覆盖了自启动入口，所以这里不会启动 Kamailio。）

```
docker run --name kamailio --rm \
-p 5060:5060/udp -p 5060:5060 \
--entrypoint=/bin/sh -it \
kamailio/kamailio-ci:5.5.2-alpine -m64 -M8
```

在容器 Shell 内执行 ip ad 命令可以看到网卡 eth0 的 IP 地址，记下来（如笔者的是 172.17.0.4，后面会用到），然后执行如下命令来启动 Kamailio。

```
kamailio
```

默认 Kamailio 将会启动到后台。可以安装一个 ngrep⊜来抓包并查看 SIP 消息。

```
apk add ngrep
ngrep -p -q -Wbyline port 5060
```

⊖ 可以参考笔者的微信公众号文章《我用过的那些 SIP 客户端》网址为 https://mp.weixin.qq.com/s/9fCf8xf_A4K6UNwZRKmhjw。

⊜ 目前，该 Kamailio 镜像仅有 X86_64 版的，在 M1 芯片（ARM 芯片）的 macOS 上可以正常运行，但是 ngrep 之类的抓包工具不好用。

apk 是 Alpine Linux 上的软件包管理工具。在国内直接安装 apk 可能比较慢，可以尝试使用国内镜像，这里我们使用阿里云的镜像站。

```
echo "http://mirrors.aliyun.com/alpine/v3.13/main/" > /etc/apk/repositories
echo "http://mirrors.aliyun.com/alpine/v3.13/community/" >> /etc/apk/repositories
apk add ngrep  # 这样安装就会快很多
```

下面可以尝试注册了。注意，由于是在 NAT 网络环境下，实际注册的地址是宿主机的地址，而不是容器内的地址。如笔者的宿主机 IP 地址是 192.168.7.7，但注册时仍然要使用容器内的 IP 地址作为 Domain（否则 Kamailio 不能通过 myself 检测）。用户名和密码可以任意，如图 5-1 所示。

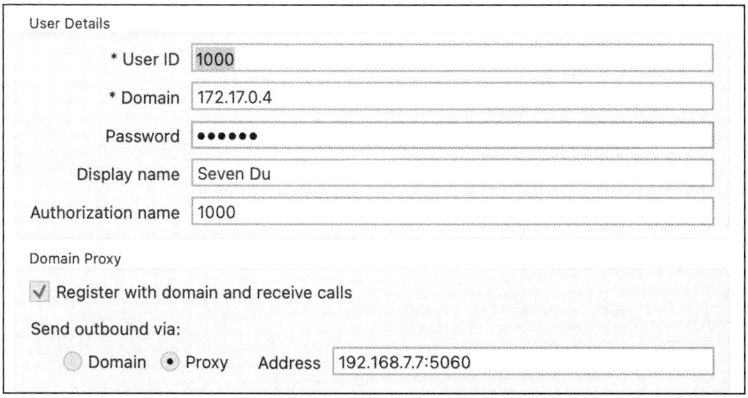

图 5-1　使用 Bria SIP 客户端注册到 Kamailio

注册两个账号互打（1000 呼叫 1001），发现不能成功应答。在 ngrep 中可以看到信令流程（后面详细介绍了大部分信令流程）。注意，消息中的第一行 U ip:port -> ip:port ... 是 ngrep 加上去的，表示消息的协议（U 即 UDP 协议）和收发 IP 地址。每一行后的"."也是 ngrep 加上的，实际是 \r\n。

Kamailio 收到客户端 1000 发来的 INVITE 消息。客户端位于宿主机上，但由于 NAT 的缘故（笔者用的是 macOS 上的 Docker），Kamailio（172.17.0.4）看到的来源 IP 地址是 NAT 网关的地址（172.17.0.1），而不是实际的来源 IP 地址。注意这个消息里的 To 是没有 tag 的。另外，为了方便读者阅读与对照学习，下面列出了大部分完整的 SIP 消息。大家在初次阅读的时候可以先浏览一下消息流程，再回过头来仔细研究各 SIP 头域在不同阶段的变化，在读到后面的例子时，也可以回过来查看本章的 SIP 消息。（当然如果自己动手实验会更直观，如果再能与本书介绍的 SIP 消息对比学习，会有更多收获。）

```
U 172.17.0.1:63184 -> 172.17.0.4:5060 #300
INVITE sip:1001@172.17.0.4 SIP/2.0.
Via: SIP/2.0/UDP 192.168.7.7:56507;branch=z9hG4bK-524287-1---a9172c1036a2975f;rport.
Max-Forwards: 70.
Contact: <sip:1000@172.17.0.1:61036;rinstance=6a14537ceb5c0433>.
To: <sip:1001@172.17.0.4>.
```

```
From: "Seven Du"<sip:1000@172.17.0.4>;tag=935eab27.
Call-ID: 88307ODUxMDUzN2QxZjQxYzcyMDVlNTNmN2MzMDExNDgzMGM.
CSeq: 1 INVITE.
Allow: SUBSCRIBE, NOTIFY, INVITE, ACK, CANCEL, BYE, REFER, INFO, OPTIONS, MESSAGE.
Content-Type: application/sdp.
Supported: replaces.
User-Agent: Bria 5 release 5.0.3 stamp 88307.
Content-Length: 154.
.
v=0.
o=- 1633434566283077 1 IN IP4 192.168.7.7.
s=Bria 5 release 5.0.3 stamp 88307.
c=IN IP4 192.168.7.7.
t=0 0.
m=audio 54880 RTP/AVP 9 8 0.
a=sendrecv.
```

Kamailio 回复 100 Trying：

```
U 172.17.0.4:5060 -> 172.17.0.1:63184 #301
SIP/2.0 100 trying -- your call is important to us.
Via: SIP/2.0/UDP 192.168.7.7:56507;branch=z9hG4bK-524287-1---a9172c1036a2975f;rpo
rt=63184;received=172.17.0.1.
To: <sip:1001@172.17.0.4>.
From: "Seven Du"<sip:1000@172.17.0.4>;tag=935eab27.
Call-ID: 88307ODUxMDUzN2QxZjQxYzcyMDVlNTNmN2MzMDExNDgzMGM.
CSeq: 1 INVITE.
Server: kamailio (5.5.2 (x86_64/linux)).
Content-Length: 0.
```

Kamailio 查找本地的 location 表，找到 1001 的注册地址，并发送 INVITE。可以看到，Kamailio 根据自己的 IP 地址增加了一个 Via 头域，由于 IP 消息经过一次 Kamailio 转发，因此 Max-Forwards 字段值比收到时减了 1，由 70 变成了 69。

```
U 172.17.0.4:5060 -> 172.17.0.1:61170 #302
INVITE sip:1001@172.17.0.1:61170;ob SIP/2.0.
Record-Route: <sip:172.17.0.4;lr>.
Via: SIP/2.0/UDP 172.17.0.4;branch=z9hG4bK5e32.b38ef4b0ac75f1ae986114cf130ba0d2.0.
Via: SIP/2.0/UDP 192.168.7.7:56507;received=172.17.0.1;branch=z9hG4bK-524287-1---
a9172c1036a2975f;rport=63184.
Max-Forwards: 69.
Contact: <sip:1000@172.17.0.1:61036;rinstance=6a14537ceb5c0433>.
To: <sip:1001@172.17.0.4>.
From: "Seven Du"<sip:1000@172.17.0.4>;tag=935eab27.
Call-ID: 88307ODUxMDUzN2QxZjQxYzcyMDVlNTNmN2MzMDExNDgzMGM.
CSeq: 1 INVITE.
Allow: SUBSCRIBE, NOTIFY, INVITE, ACK, CANCEL, BYE, REFER, INFO, OPTIONS, MESSAGE.
Content-Type: application/sdp.
Supported: replaces.
User-Agent: Bria 5 release 5.0.3 stamp 88307.
Content-Length: 154.
.
v=0.
o=- 1633434566283077 1 IN IP4 192.168.7.7.
s=Bria 5 release 5.0.3 stamp 88307.
c=IN IP4 192.168.7.7.
t=0 0.
```

```
m=audio 54880 RTP/AVP 9 8 0.
a=sendrecv.
```

Kamailio 收到 1001 客户端发来的 100 Trying：

```
U 172.17.0.1:61170 -> 172.17.0.4:5060 #303
SIP/2.0 100 Trying.
Via: SIP/2.0/UDP
172.17.0.4;received=192.168.7.7;branch=z9hG4bK5e32.b38ef4b0ac75f1ae986114cf130ba0d2.0.
Via: SIP/2.0/UDP 192.168.7.7:56507;rport=63184;received=172.17.0.1;branch=z9hG4
bK-524287-1---a9172c1036a2975f.
Record-Route: <sip:172.17.0.4;lr>.
Call-ID: 88307ODUxMDUzN2QxZjQxYzcyMDVlNTNmN2MzMDExNDgzMGM.
From: "Seven Du" <sip:1000@172.17.0.4>;tag=935eab27.
To: <sip:1001@172.17.0.4>.
CSeq: 1 INVITE.
Content-Length:  0.
```

Kamailio 收到客户端 1001 发来的 180 Ringing，我们看到，这里的 To 头域有一个 tag 参数：

```
U 172.17.0.1:61170 -> 172.17.0.4:5060 #304
SIP/2.0 180 Ringing.
Via: SIP/2.0/UDP
172.17.0.4;received=192.168.7.7;branch=z9hG4bK5e32.b38ef4b0ac75f1ae986114cf130ba0d2.0.
Via: SIP/2.0/UDP 192.168.7.7:56507;rport=63184;received=172.17.0.1;branch=z9hG4
bK-524287-1---a9172c1036a2975f.
Record-Route: <sip:172.17.0.4;lr>.
Call-ID: 88307ODUxMDUzN2QxZjQxYzcyMDVlNTNmN2MzMDExNDgzMGM.
From: "Seven Du" <sip:1000@172.17.0.4>;tag=935eab27.
To: <sip:1001@172.17.0.4>;tag=pJIxuOubvp6fOHMRyd2PkxQOJhFD1Qjd.
CSeq: 1 INVITE.
Contact: <sip:1001@172.17.0.1:61170;ob>.
Allow: PRACK, INVITE, ACK, BYE, CANCEL, UPDATE, INFO, SUBSCRIBE, NOTIFY, REFER,
MESSAGE, OPTIONS.
Content-Length:  0.
```

将 180 Ringing 转发给主叫客户端 1000：

```
U 172.17.0.4:5060 -> 172.17.0.1:63184 #305
SIP/2.0 180 Ringing.
Via: SIP/2.0/UDP 192.168.7.7:56507;rport=63184;received=172.17.0.1;branch=z9hG4
bK-524287-1---a9172c1036a2975f.
Record-Route: <sip:172.17.0.4;lr>.
Call-ID: 88307ODUxMDUzN2QxZjQxYzcyMDVlNTNmN2MzMDExNDgzMGM.
From: "Seven Du" <sip:1000@172.17.0.4>;tag=935eab27.
To: <sip:1001@172.17.0.4>;tag=pJIxuOubvp6fOHMRyd2PkxQOJhFD1Qjd.
CSeq: 1 INVITE.
Contact: <sip:1001@172.17.0.1:61170;ob>.
Allow: PRACK, INVITE, ACK, BYE, CANCEL, UPDATE, INFO, SUBSCRIBE, NOTIFY, REFER,
MESSAGE, OPTIONS.
Content-Length:  0.
```

收到被叫 1001 的应答消息：

```
U 172.17.0.1:61170 -> 172.17.0.4:5060 #306
SIP/2.0 200 OK.
Via: SIP/2.0/UDP
172.17.0.4;received=192.168.7.7;branch=z9hG4bK5e32.b38ef4b0ac75f1ae986114cf130ba0d2.0.
```

```
Via: SIP/2.0/UDP 192.168.7.7:56507;rport=63184;received=172.17.0.1;branch=z9hG4
bK-524287-1---a9172c1036a2975f.
Record-Route: <sip:172.17.0.4;lr>.
Call ID: 88307ODUxMDUzN2QxZjQxYzcyMDVlNTNmN2MzMDExNDgzMGM.
From: "Seven Du" <sip:1000@172.17.0.4>;tag=935eab27.
To: <sip:1001@172.17.0.4>;tag=pJIxuOubvp6fOHMRyd2PkxQOJhFD1Qjd.
CSeq: 1 INVITE.
Allow: PRACK, INVITE, ACK, BYE, CANCEL, UPDATE, INFO, SUBSCRIBE, NOTIFY, REFER,
MESSAGE, OPTIONS.
Contact: <sip:1001@172.17.0.1:61170;ob>.
Supported: replaces, 100rel, norefersub.
Content-Type: application/sdp.
Content-Length:   253.
.
v=0.
o=- 3842423366 3842423367 IN IP4 172.17.0.1.
s=pjmedia.
b=AS:84.
t=0 0.
a=X-nat:0.
m=audio 4000 RTP/AVP 8.
c=IN IP4 172.17.0.1.
b=TIAS:64000.
a=rtcp:4001 IN IP4 172.17.0.1.
a=sendrecv.
a=rtpmap:8 PCMA/8000.
a=ssrc:761892578 cname:6f013e233a96a4c4.
```

将应答消息转发给主叫 1000：

```
U 172.17.0.4:5060 -> 172.17.0.1:63184 #307
SIP/2.0 200 OK.
Via: SIP/2.0/UDP 192.168.7.7:56507;rport=63184;received=172.17.0.1;branch=z9hG4
bK-524287-1---a9172c1036a2975f.
Record-Route: <sip:172.17.0.4;lr>.
Call-ID: 88307ODUxMDUzN2QxZjQxYzcyMDVlNTNmN2MzMDExNDgzMGM.
From: "Seven Du" <sip:1000@172.17.0.4>;tag=935eab27.
To: <sip:1001@172.17.0.4>;tag=pJIxuOubvp6fOHMRyd2PkxQOJhFD1Qjd.
CSeq: 1 INVITE.
Allow: PRACK, INVITE, ACK, BYE, CANCEL, UPDATE, INFO, SUBSCRIBE, NOTIFY, REFER,
MESSAGE, OPTIONS.
Contact: <sip:1001@172.17.0.1:61170;ob>.
Supported: replaces, 100rel, norefersub.
Content-Type: application/sdp.
Content-Length:   253.
.
v=0.
o=- 3842423366 3842423367 IN IP4 172.17.0.1.
s=pjmedia.
b=AS:84.
t=0 0.
a=X-nat:0.
m=audio 4000 RTP/AVP 8.
c=IN IP4 172.17.0.1.
b=TIAS:64000.
a=rtcp:4001 IN IP4 172.17.0.1.
a=sendrecv.
a=rtpmap:8 PCMA/8000.
a=ssrc:761892578 cname:6f013e233a96a4c4.
```

收到被叫 1001 的应答消息：

```
U 172.17.0.1:61170 -> 172.17.0.4:5060 #308
SIP/2.0 200 OK.
```

将应答消息转发给主叫 1000：

```
U 172.17.0.4:5060 -> 172.17.0.1:63184 #309
SIP/2.0 200 OK.
```

收到被叫 1001 的应答消息：

```
U 172.17.0.1:61170 -> 172.17.0.4:5060 #311
SIP/2.0 200 OK.
```

将应答消息转发给主叫 1000：

```
U 172.17.0.4:5060 -> 172.17.0.1:63184 #312
SIP/2.0 200 OK.
```

至此，呼叫接通了，但由于 Kamailio 没有收到主叫的 ACK 证实消息，因而也没有给被叫发 ACK，导致被叫在接听后持续发 200 OK。以上转发呼叫的流程如图 5-2 所示。

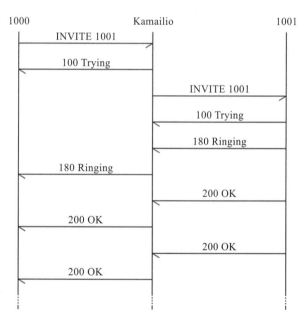

图 5-2　通过 Kamailio 转发呼叫的流程图

之所以会出现上述情况，是因为主叫 1000 收到 200 OK 消息后要给 Record-Route: <sip:172.17.0.4;lr> 这个地址回复 SIP 消息，但 1000 在宿主机上，无法回复容器内部的这个 IP 地址，因而造成 ACK 消息无法送达。该问题在实际场景中也很常见。

下面我们来解决这个问题。

（1）停掉 Kamailio，具体命令如下。

```
killall kamailio
```

（2）修改配置文件 vi/etc/kamailio/kamailio.cfg，找到 # listen=udp:10.0.
0.10:5060，然后在其后面增加如下两行代码[⊖]。

```
listen=udp:172.17.0.4:5060 advertise 192.168.7.7:5060
listen=tcp:172.17.0.4:5060 advertise 192.168.7.7:5060
```

重新启动 Kamailio，可以看到监听地址变了，具体如下。

```
# kamailio

Listening on
            udp: 172.17.0.4:5060 advertise 192.168.7.7:5060
            tcp: 172.17.0.4:5060 advertise 192.168.7.7:5060
Aliases:
            tcp: 4e2e9ac37dcf:5060
            udp: 4e2e9ac37dcf:5060
```

（3）重新注册所有客户端并呼叫，然后挂机，一切正常。我们可以看到 Kamailio 发送给主机的 200 OK 消息变为如下形式（Record-Route 头域变成了 NAT 的外网地址，即宿主机的 IP 地址。为节省篇幅，这里给出的消息内容进行了一些精减）：

```
U 172.17.0.4:5060 -> 172.17.0.1:62943 #16
SIP/2.0 200 OK.
Via: SIP/2.0/UDP
192.168.7.7:56507;rport=62943;received=172.17.0.1;branch=z9hG4bK-524287-1---
084a851047dbfa5f.
Record-Route: <sip:192.168.7.7;lr>.
Call-ID: 88307MWZkZDk5MTNiNWViYjBjMmNlMjVkYzljNWY0MWMzZjI.
```

当然，上面仅是 SIP 层面的 NAT 处理。有关 RTP 层的消息（SDP 相关）可以参见 8.14 节的示例。

下面分享几个小技巧。

❑ Kamailio 默认会启动到后台，如果在配置文件中增加 fork=false，则会启动到前台，可以直接用 Ctrl + C 退出，而无须通过 killall 命令关停 Kamailio。这在学习时比较方便。

❑ 在 Docker 的 NAT 模式下，UDP 通道映射有时保持不好，经常需要重新注册才能打通电话，这时可以换 TCP 注册。

❑ Kamailio 启动到前台时，建议修改配置文件，即增加 Kamailio 的日志级别（如 debug=3）以便查看更多日志。

❑ 如果启动容器时有同名的容器存在，或存在映射端口冲突，则启动会失败。在这种情况下可以换一个名字或端口启动。也可以用 docker ps 命令查看所有正在运行的容器，用 docker stop 停止并用 docker rm 删掉这些导致冲突的容器（删除

⊖ advertise 为宣告 IP 地址，类似于 FreeSWITCH SIP Profile 中的 ext-sip-ip 参数，一般就是自己的 "外网" IP 地址。Kamailio 虽然监听在一个内网 IP 地址上，但是外部的 SIP 终端需要通过那个 "外网" IP 地址才能找到它。

之前要确保不再需要了），再启动新的容器。

5.1.3　将配置文件保存到宿主机

在上面的例子中，我们直接在容器内修改 Kamailio 的配置文件，在容器重建时会丢失修改。为了能长期保存劳动成果，可以将宿主机上的文件或文件夹映射到容器里面。不过，前提是得先有这个文件夹。下面先启动一个临时容器，从里面复制一个 etc 文件夹出来。

```
docker create --name kamailio kamailio/kamailio-ci:5.5.2-alpine
docker cp kamailio:/etc/kamailio /tmp/
docker rm kamailio
ls -l /tmp/kamailio
```

重新启动容器，并通过 -v 参数将宿主机的目录映射到容器里面。如果想让 Kamailio 自动启动，可以去掉 --entrypoint 参数这一行，否则需要手动启动。具体的代码如下。

```
docker run --name kamailio --rm \
-p 5060:6060/udp -p 5060:6060 \
-v /tmp/kamailio:/etc/kamailio \
--entrypoint=/bin/sh -it \
kamailio/kamailio-ci:5.5.2-alpine -m64 -M8
```

这样就可以随时在宿主机上用你喜欢的编辑器编辑配置文件并在容器内部重启 Kamailio 了。

5.1.4　使用 Docker Compose 管理容器

在命令行上输入比较长的命令会比较麻烦，而且有时候容器中的应用还需要连接数据库等，这时就需要启动多个容器，会更复杂。Docker Compose 使用可编排的 YAML 配置文件，可以同时管理很多容器的启停，非常方便。

使用如下命令克隆本书代码示例仓库⊖。

```
git clone https://git.xswitch.cn/book/kamailio-book-examples.git
cd kamailio-book-examples
```

上述仓库中的例子使用 Makefile 维护。Makefile 是 make 工具中使用的工程配置文件，一般来说，它里面有很多目标（Target），可以作为命令行 make 的参数，如 make network 就会执行 network: 后面的命令。如果你的系统上没有 make，也可以直接查看 Makefile 文件的内容，找到相应的目标后面的命令并执行，如 make network 实际上是执行 docker network create kamailio-example 命令，下同。

初始化环境，仅需执行一次，它会产生 .env 文件⊜。

```
make setup
```

修改 docker/.env 文件里的端口号、IP 地址等，使其成为适合你自己环境的地址。

⊖　如果本地没有 git，也可以直接到 https://git.xswitch.cn/book/kamailio-book-examples 下载。
⊜　注意，Linux 上以 "."开头的文件都是隐藏文件，一般需要使用 ls -a 命令才能看到。

初始化网络。仅在每次宿主机启动后第一次使用网络时需要进行初始化操作，具体命令如下。

```
make network
```

启动容器：

```
make up
```

进入容器：

```
make sh
```

启动 Kamailio：

```
/start-kam.sh
```

为了方便学习与调试，我们没有让 Kamailio 自动启动，而是手动执行上述启动命令，这样可以随时通过 Ctrl+C 组合键退出 Kamailio。可以在宿主机上并行开启其他终端并使用 make sh 命令进入同一个容器。如果在生产系统上需要自动启动 Kamailio，可以修改 kam.yml 中的 entrypoint 参数。

所有容器名都以 kb-（Kamailio-Book 的缩写）开头，这样可以避免与宿主机上其他系统冲突。

默认的配置文件是从源代码目录下复制过来的，为了简化，这里我们修改了文件名，对应关系如下：

❑ kamailio-basic-kemi.cfg 与 /etc/kamailio/kamailio.cfg 对应。

❑ kamailio-basic-kemi-lua.lua 与 /etc/kamailio/kamailio.lua 对应。

为了能跑通本书的示例脚本，我们做了一些修改（下面内容仅供参考，以随书附赠的代码中的实际文件为准），下面逐一介绍。

注释掉 kamailio.cfg 中以下选项（两个 # 开头代表注释掉），因为我们没有 MySQL。

```
##!define WITH_MYSQL
##!define WITH_AUTH
##!define WITH_USRLOCDB
##!define WITH_NAT
##!define WITH_ACCDB
```

增加如下模块：

```
loadmodule "cfgutils.so"
```

增加如下选项：

```
#!define WITH_CFGLUA
```

Lua 脚本路径调整为：

```
modparam("app_lua", "load", "/etc/kamailio/kamailio.lua")
```

增加以下监听项：

```
listen=udp:KAM_IP_LOCAL:KAM_SIP_PORT advertise KAM_IP_PUBLIC:KAM_SIP_PORT
listen=tcp:KAM_IP_LOCAL:KAM_SIP_PORT advertise KAM_IP_PUBLIC:KAM_SIP_PORT
```

其中，大写的变量是从 /start-kam.sh 中来的，本地 IP 地址是自动计算的（因为不同的人用的 IP 是不同的），外部 IP 地址和端口是从环境变量（来自 .env 文件）中获取的。

启动完毕后，就可以像上一节一样进行注册和分机互打了。后面的例子都是在这两个配置文件的基础上进行的。

5.2　将 SIP 呼叫转发到 FreeSWITCH

首先，启动 FreeSWITCH 容器并进入控制台，具体命令如下。

```
make up-fs1          # 启动 FreeSWITCH 容器
make bash-fs1        # 进入 FreeSWITCH 容器中的 Shell
fs_cli               # 进入 FreeSWITCH 控制台
```

进入控制台后可以看到 SIP 消息等。默认的 FreeSWITCH 容器提供了以下号码，这些号码可以用于测试[⊖]：

- ❏ 10000200：返回 200 OK 后挂机。
- ❏ 10000404：返回 404，空号。
- ❏ 10000486：返回 486，用户忙。
- ❏ 10009196：回声，不会主动挂机。
- ❏ 9196：同 10009196。

修改 kamailio.cfg，让它使用我们的 Lua 示例脚本（examples.lua），后文中大部分使用该脚本。

```
modparam("app_lua", "load", "/etc/kamailio/examples.lua")
```

示例脚本定义了 FS1_URI 和 FS1_UDP 两个字符串常量——代表 FreeSWITCH 的 URI 和 UDP 地址。在笔者的环境中，FreeSWITCH 的地址是 172.18.0.3:5080，但在不同的环境中 IP 地址可能不同，所以这里的地址可能要换成你自己的 FreeSWITCH 地址。如果你使用了随书附赠的示例代码实现的 Docker 环境，那么其中的 kb-fs1 就是 FreeSWITCH 的域名。该域名是由 Docker 自动维护的，它跟容器服务的名字相关。使用域名访问比使用 IP 地址要方便些。本书后面的例子尽量使用域名而非实际的 IP 地址。

脚本中实现了一个 k_dofile() 函数，其用于读入其他示例文件，这样就可以很简单地测试不同的例子了。另外，我们会使用 SIP 客户端测试发送 SIP 消息，但是这里要注意，并不是所有的客户端都支持不注册就发 SIP 消息，所以，我们写了一个 ksr_register_always_ok() 函数（见代码清单 5-1），该函数对所有的注册消息都返回 "200 OK"。如

⊖　sip:rts.xswitch.cn:20003 上也提供了类似功能的一组号码，后面也会用到，但不能保证总是可用的。注意，这些号码仅用于测试，且不能进行压力测试。

果需要测试对注册消息的处理或转发，可以将该函数注释掉。

代码清单　5-1

```
FS1_URI = 'sip:kb-fs1:5080'
FS1_UDP = 'udp:kb-fs1:5080'

function k_dofile(file)
    local BASE="/etc/kamailio/examples/"
    dofile(BASE .. file)
end

function ksr_register_always_ok()
    if KSR.is_method_in("R") then
        KSR.sl.sl_send_reply(200, "OK");
        KSR.x.exit()
    end
end

-- 读入其他文件
k_dofile("stateless_forward.lua")
```

重启 Kamailio 使上述设置生效。之后，修改 Lua 脚本，如果只是修改了 Lua 脚本而没有修改 kamailio.cfg，则可以直接在命令行重载 Lua 脚本，且无须重启 Kamailio，具体命令如下：

```
kamcmd app_lua.reload
```

上述命令没有任何输出，这表示成功了。一般来说，只要没有错误输出，都表示成功了。具体的转发脚本（stateless_forward.lua）将在 6.2.2 节讲解。

5.3　从简单的路由脚本开始

本节从一个最简单的路由脚本开始，逐渐扩展到更多功能。下面是一个简单的路由脚本 simple-log.lua，其作用是收到任何 SIP 消息后，打印一条日志，然后回复"200 OK"。

simple-log.lua 的内容如下：

```
function ksr_request_route()
    KSR.info("Got a SIP Message, method=" .. KSR.pv.gete('$rm') ..
        " from IP: " .. KSR.pv.gete("$si") .. "\n")
    KSR.sl.send_reply("200", "OK")
end
```

把代码清单 5-1 中的 k_dofile 行（最后一行）换成如下内容即可以使用上述路由脚本：

```
k_dofile("simple-log.lua")
```

启动 Kamailio 后，使用任何 SIP 客户端给上述路由脚本发任何消息，都会收到"200

OK"。如我们可以使用 `sipexer` 发送 SIP OPTIONS 消息：

```
sipexer 192.168.7.7:5060
```

在 Kamailio 中可以看到如下日志：

```
sr_kemi_core_info(): Got a SIP Message, method=OPTIONS from IP: 172.22.0.1
```

关于 `sipexer` 我们将在 5.4.5 节讲述。

5.4　Kamailio 命令行工具

在使用和开发 Kamailio 的过程中，经常需要对运行中的 Kamailio 进行控制、状态查询等操作。Kamailio 本质上是一种客户端 – 服务器（Client-Server）的结构，客户端软件可以通过 RPC（远程过程调用）对 Kamailio 进行控制、状态查询。由于历史原因，Kamailio 提供了多种命令行工具，下面就分别介绍它们的特点和使用方法。

- ❑ kamctl：Shell 脚本，名字是 Kamailio Control Tool 的缩写，用于通过 JSON-RPC 控制 Kamailio。
- ❑ kamdbctl：Shell 脚本，名字是 Kamailio Database Control Tool 的缩写，用于操作 Kamailio 的数据库。
- ❑ kamcmd：C 语言写的程序，名字是 Kamailio Command Line BinRPC Tool 的缩写，使用 BinRPC 控制 Kamailio。
- ❑ kamcli：Python 3 脚本，名字是 Kamailio Command Line Tool 的缩写，用于控制 Kamailio。
- ❑ sipexer：一个 SIP 命令行工具，用于给 Kamailio 发送 SIP 消息。

5.4.1　kamctl

kamctl 是一个 Shell 命令行工具，可调用操作系统自带的命令，如 `echo`、`cat`、`grep`、`awk` 等。kamctl 通过 JSON-RPC 与 Kamailio 进行交互，比如直接在 Shell 命令行上执行 `kamctl uptime` 命令（获取 Kamailio 启动了多长时间），在本书写作时，会输出如下结果。

```
{
  "jsonrpc": "2.0",
  "result": {
    "now": "Sun Mar  6 02:02:06 2022",
    "up_since": "Sun Mar  6 02:01:38 2022",
    "uptime": 28
  },
  "id": 655
}
```

Linux 上有一个 jq⊖命令可以用于解析 JSON 字符串。以下命令可获取 result 部分。

```
# kamctl uptime | jq .result

{
  "now": "Sun Mar  6 02:10:04 2022",
  "up_since": "Sun Mar  6 02:01:38 2022",
  "uptime": 506
}
```

以下命令可获取 result.uptime 部分。

```
# kamctl uptime | jq .result.uptime
513
```

细心的读者可能已注意到了，上面两次的 uptime 值是不同的，这是因为在实际的场景下，这个时间是一直在变化的。

此外，也可以使用如下命令查看 Kamailio 启动的进程数，这在研究 Kamailio 进程模型时非常有用，如在笔者的环境中输出如下代码。

```
# kamctl ps

{
  "jsonrpc": "2.0",
  "result": [
    {
      "IDX":  0,
      "PID":  617,
      "DSC":  "main process - attendant"
    }, {
      "IDX":  1,
      "PID":  620,
      "DSC":  "udp receiver child=0 sock=172.22.0.2:35060 (192.168.7.7:35060)"
    }, {
      "IDX":  2,
      "PID":  622,
      "DSC":  "udp receiver child=1 sock=172.22.0.2:35060 (192.168.7.7:35060)"
    }, {
      "IDX":  3,
      "PID":  624,
      "DSC":  "slow timer"
    }, {
      "IDX":  4,
      "PID":  626,
      "DSC":  "timer"
    }, {
      "IDX":  5,
      "PID":  628,
      "DSC":  "secondary timer"
    }, {
      "IDX":  6,
      "PID":  630,
      "DSC":  "JSONRPCS FIFO"
```

⊖　参见 https://stedolan.github.io/jq/ 。在本书推荐的 Docker 环境下（Alpine Linux）可以使用 apk add jq 命令进行安装。

```
    }, {
      "IDX":   7,
      "PID":   631,
      "DSC":   "JSONRPCS DATAGRAM"
    }, {
      "IDX":   8,
      "PID":   633,
      "DSC":   "ctl handler"
    }, {
      "IDX":   9,
      "PID":   635,
      "DSC":   "Http Async Worker"
    }, {
      "IDX":   10,
      "PID":   637,
      "DSC":   "WEBSOCKET KEEPALIVE"
    }, {
      "IDX":   11,
      "PID":   638,
      "DSC":   "WEBSOCKET TIMER"
    }, {
      "IDX":   12,
      "PID":   641,
      "DSC":   "tcp receiver (generic) child=0"
    }, {
      "IDX":   13,
      "PID":   644,
      "DSC":   "tcp receiver (generic) child=1"
    }, {
      "IDX":   14,
      "PID":   646,
      "DSC":   "tcp main process"
    }
  ],
  "id": 1198
}
```

使用不加参数的 kamctl 命令会列出简明的使用帮助。其中，rpc 子命令用于进行 RPC 调用，如在修改了 dispatcher 模块的配置文件或数据库后，可以使用如下命令重载和查询分发策略。

```
kamctl rpc dispatcher.reload
kamctl rpc dispatcher.list
```

关于 dispatcher 模块提供的 RPC 方法，可以参见 6.3 节以及模块相关说明文档。不同的模块都会导出不同的方法，具体的介绍可以从模块相关的参考文档中获取。

为了让 kamctl 能连接到 Kamailio，需要在 Kamailio 中加载 jsonrpcs 模块，并开启 FIFO（或 UNIXSocket）连接支持（默认都开启，详见随书附赠代码中的 kamailio.cfg 中的示例）。在 Kamailio 启动后可以通过如下命令检查连接情况。

```
# ls -l /run/kamailio/       # 执行该命令会列出目录下的所有文件
total 0                       # 0 个普通文件，但有 3 个特殊文件（在 UNIX 中一切皆是文件）
srw-------   1 root     root           0 Mar  6 02:01 kamailio_ctl
prw-rw----   1 root     root           0 Mar  6 02:01 kamailio_rpc.fifo
srw-rw----   1 root     root           0 Mar  6 02:01 kamailio_rpc.sock
```

> 🎯 提示　熟悉 Linux 的读者都应该知道，`ls -l` 命令用于列目录，每一行都代表一个文件，其中第一个字符 - 代表普通文件、d 代表目录。在上述示例中，s 代表 Socket 文件，p 代表 Pipe，即先入先出（FIFO）管道文件。

---

kamctl 执行时会检查一个配置文件（`/etc/kamailio/kamctlrc`），该文件是一个典型的 Linux 配置文件，里面的配置项都是"参数 = 值"的形式，其中 # 代表注释，例如下面的代码。

```
CTLENGINE="RPCFIFO"  # 设置通过 FIFO 连接 Kamailio 服务器
RPCFIFOPATH="/var/run/kamailio/kamailio_rpc.fifo" # 设置 FIFO 管道文件
```

kamctl 也可以操作数据库，如通过 `kamctl add username@domain password` 添加一个用户等。操作数据库之前需要在配置文件中配置数据库的连接参数，关于数据库和连接参数，我们将在第 7 章讲解。

值得注意的是，上面的配置文件其实就是配置环境变量，也可以在命令行上直接使用环境变量，这在同一台服务器上需要连接多个 Kamailio 时比较有用，示例如下。

```
RPCFIFOPATH="/var/run/kamailio/kamailio_rpc_server1.fifo" kamctl ps
RPCFIFOPATH="/var/run/kamailio/kamailio_rpc_server2.fifo" kamctl ps
```

当然，kamctl 本身就是一个 Shell 脚本，在高级定制化的应用中你可以找到它，根据你的需要也可以自行修改。

5.4.2　kamdbctl

与 kamctl 类似，kamdbctl 也是一个 Shell 脚本，它们甚至都使用同一个 kamctlrc 配置文件。

kamdbctl 的主要作用是创建和初始化数据库，向数据库中添加数据等，不带参数的命令会输出一个帮助，下面的代码中仅用文替换掉必要的英文说明。

```
# kamdbctl

/usr/sbin/kamdbctl 5.4.0

usage: kamdbctl create <db name or db_path, optional> .( 创建数据库 )
       kamdbctl drop <db name or db_path, optional> ..( 删除整个数据库和表 )
       kamdbctl reinit <db name or db_path, optional>.( 删掉整个数据库并重新实始化 )
       kamdbctl backup <file> .........................( 将数据库备份成文件 )
       kamdbctl restore <file> ........................( 从备份文件中恢复数据库 )
       kamdbctl copy <new_db> .........................( 从现有数据库中复制一个新数据库 )
       kamdbctl presence ..............................( 增加 presence 相关的表 )
       kamdbctl extra .................................( 增加有 extra 标记的不太常用的表 )
       kamdbctl dbuid .................................( 增加 uid 相关的表 )
       kamdbctl dbonly ................................( 仅创建空数据库，不创建表 )
       kamdbctl grant .................................( 设置数据库用户权限 )
       kamdbctl revoke ................................( 收回数据库用户权限 )
       kamdbctl add-tables <gid> ......................( 仅创建 gid 标志的组中的表 )
       kamdbctl pframework create .....................( 创建一个 provisioning framework
                                                         示例文件 )
```

　　`kamdbctl` 只是一个简单的脚本程序，如果某些参数不符合你的要求（如你不是用 `root` 用户或 `kamailio` 用户连接数据库），可以直接修改该脚本。

　　该脚本功能有限，因此这里就不多介绍了。如果脚本达不到你的要求，你除了可以直接修改脚本外，还可以直接手工使用 SQL 操作数据库。更多数据库相关的操作我们将在第 7 章中讲到。

5.4.3　kamcmd

　　kamcmd 是使用 C 语言写的一个命令行工具⊖，它可以像 `kamctl` 那样一次性执行命令，也可以批量执行。此外，它还有一个交互式的命令行环境，在该环境下可以很方便地翻阅和再执行历史命令。举例如下（其中 `kamcmd>` 为提示符）。

```
# kamcmd          # 进入交互多命令行

kamcmd 1.5
Copyright 2006 iptelorg GmbH
This is free software with ABSOLUTELY NO WARRANTY.
For details type `warranty'.

kamcmd> ps        # 执行ps命令，类似于kamctl ps
617 main process - attendant
620 udp receiver child=0 sock=172.22.0.2:35060 (192.168.7.7:35060)
622 udp receiver child=1 sock=172.22.0.2:35060 (192.168.7.7:35060)
624 slow timer
626 timer
628 secondary timer
630 JSONRPCS FIFO
631 JSONRPCS DATAGRAM
633 ctl handler
635 Http Async Worker
637 WEBSOCKET KEEPALIVE
638 WEBSOCKET TIMER
641 tcp receiver (generic) child=0
644 tcp receiver (generic) child=1
646 tcp main process
```

使用 `kamcmd -h` 命令会输出如下帮助信息。

```
# kamcmd -h

version: kamcmd 1.5
Usage: kamcmd [options][-s address] [ cmd ]
Options:
    -s address  Kamailio 服务的 UNIX Socket 地址或主机名
    -R name     强制回复 Socket 名称，针对 UNIX Datagram Socket 模式
    -D dir      如果使用 UNIX Datagram Socket 模式但又没有 (通过 -R) 强制指定回复 Socket 名称时
                自动在该目录下创建一个
    -f format   结果打印的格式，format 是一个包含 %v 的字符串，它的值从回复消息中读取，
                如果要在结果中打印 %v 字符串，则可以使用 %%v 这种方法
    -v          详细模式
    -V          t 版本号
```

⊖　如果你熟悉 FreeSWITCH，你很容易想到它类似于 `fs_cli`。

```
    -h              本帮助信息
address:
    [proto:]name[:port]    proto 的取值有 tcp、udp、unixs 或 unixd, 如
                            tcp.localhost:2049、unixs:/tmp/kamailio_ctl
cmd:
    method  [arg1 [arg2...]]
arg:
    字符串或数字。如果要将数字强制解析成字符串,可以在前面加"s:",如 s:1
```

一些 kamcmd 命令示例如下。

```
kamcmd -s unixs:/tmp/kamcmd_ctl system.listMethods
kamcmd -f "pid: %v  desc: %v\n" -s udp:localhost:2047 core.ps
kamcmd ps    # 使用默认的控制 Socket 连接
kamcmd       # 使用默认的 Socket 连接并进入交互模式
kamcmd -s tcp:localhost # 连接该 tcp 主机的默认转口并进入交互模式
```

kamcmd 交互模式默认直接使用 RPC 通信,因而可以直接执行 RPC 方法,示例如下。

```
kamcmd> dispatcher.reload
kamcmd> dispatcher.list
```

可以使用 help 列出当前系统支持的 RPC 方法,示例如下。

```
kamcmd> help
app_lua.api_list         # 核心和模块中导出的 Lua API 列表
app_lua.list             # Lua 脚本列表
app_lua.reload           # 重载 Lua 脚本
dispatcher.add           # 增加分发策略项
dispatcher.list          # 分发策略列表
dispatcher.reload        # 重载分发策略
dispatcher.remove        # 删除一个分发策略项
builtin: ?               # 内置命令,相当于 help
builtin: help            # 本帮助信息
builtin: version         # Kamailio 版本
builtin: quit            # 退出交互式环境
builtin: exit            # 退出,同 quit
builtin: warranty        # 支持
builtin: license         # 许可证
```

限于篇幅,其他方法在此就不多列举了,后面我们讲到对应的模块时,还会进行讲解。

5.4.4 kamcli

kamcli○是一个"新轮子"○,使用 Python 3 编写,旨在代替 kamctl。因为后者是使用 Shell 脚本编写的,所以能力有限。Python 是真正的编程语言,功能丰富,处理 RPC 请求以及数据库连接等操作都有现成的库,而且在大多数 Linux 系统上都有安装。

kamcli 依赖于一些 Python 3 环境,在常见的 Linux 系统上可以使用如下方式安装。

Debian/Ubuntu: apt-get install python3 python3-pip python3-setuptools python3-dev
CentOS: yum install python3 python3-devel python3-pip python3-setuptools

---

○ 参见 https://github.com/kamailio/kamcli。
○ 重复发明轮子本意有点贬义,但在实际生活中,进行一些重新实现(使用新的工具、现代化的实现方法)是必要的。

在本书使用的 Kamailio Docker 环境中（使用 Alpine Linux），可以使用如下方式安装 kamcli。首先，安装编译所需的依赖库，具体命令如下。

```
apk add git py3-pip python3-dev gcc g++ musl-dev mysql-client mariadb-dev
```

然后就可以使用如下方式下载源代码并安装了。

```
$ git clone https://github.com/kamailio/kamcli.git    # 克隆源代码
$ cd kamcli                                           # 进入源代码目录
$ pip3 install -r requirements/requirements.txt       # 安装相应的 Python 依赖库
$ pip3 install mysqlclient                            # 安装 MySQL Python 客户端库
$ pip3 install --editable .                           # 安装 kamcli
```

安装完毕后可以执行如下命令查看帮助信息。

```
kamcli --help
```

kamcli 使用 .ini 格式的配置文件，路径查找顺序如下：

（1）./kamcli/kamcli.ini。

（2）./kamcli.ini。

（3）/etc/kamcli/kamcli.ini。

（4）~/.kamcli/kamcli.ini。

（5）在命令行上使用 -c 或 --config 指定的路径。

可以使用如下方法安装配置文件。

```
cd kamcli # 源代码主目录
kamcli config install            # 安装到全局系统目录，如 /etc/kamcli/kamcli.ini
sudo kamcli config install -u    # 安装到用户目录，如 $HOME/.kamcli/kamcli.ini
```

kamcli 默认使用 YAML 格式进行输出，如执行 uptime 和 ps 的命令，其输出格式如下。

```
# kamcli uptime

id: 5841
jsonrpc: '2.0'
result:
  now: Sun Mar  6 08:31:57 2022
  up_since: Sun Mar  6 07:47:52 2022
  uptime: 2645

# kamcli ps

  0  2898 main process - attendant
  1  2901 udp receiver child=0 sock=172.22.0.2:35060 (192.168.7.7:35060)
  2  2903 udp receiver child=1 sock=172.22.0.2:35060 (192.168.7.7:35060)
  3  2905 slow timer
  4  2907 timer
  ... (略)
```

可以通过如下方式执行 JSON-RPC 命令。

```
kamcli -d jsonrpc dispatcher.list
```

或进入一个交互式 Shell 环境（使用 `Ctrl + D` 或 `:q` 可退出），示例如下。

```
kamcli shell
```

然后输入命令（如 `dispatcher list`）并按回车键就可以了。在输入命令的过程中，还会弹出相关提示，可以通过按 Tab 键做命令补全，如图 5-3 所示。

图 5-3　kamcli 命令提示和 Tab 补全

> 💡 **提示**　kamcli 使用 Python 3 的 `SQLAlchemy` 库连接数据库，其虽然可以支持多种数据库，但到本书完稿时，其作者仅在 MySQL 上做过测试。

更多的使用方法和配置文件参数可以参见源代码中的 README 说明，在此就不赘述了。

5.4.5　sipexer

上面的命令行工具都是通过 JSON-RPC 控制 Kamailio 服务器本身的，而 sipexer⊖是一个 SIP 客户端工具。由于在运行 Kamailio 的时候经常需要测试各种不同的 SIP 消息，但是标准的 SIP 客户端软件都不方便随意改动 SIP 消息中的各种头域（何况在进行 SIP 测试时除了正常消息外有时候还要故意测试收发错误的消息）。因此，Kamailio 的作者 Daniel Constantin Mierla 自己写了这个工具。

sipexer 这个名字是随便选的，只是为了容易读写。如果想给它一个实际意义，那么可以把它当作 `SIP EXEcutoR` 的缩写。

sipexer 使用 Go 语言编写，因而它直接使用了 Go 语言的模板系统做 SIP 消息模板，在命令行上填充不同的值，这些值就可以转换成真正的 SIP 消息。sipexer 支持 UDP、TCP、TLS 以及 WebSocket（WS 和 WSS）传输协议。

sipexer 的安装和使用都非常简单，读者可以直接克隆其 GitHub 镜像并按 README 里的方法编译安装（需要 Go 语言开发环境）：

```
git clone https://github.com/miconda/sipexer
```

如果没有 Go 语言环境，也可以直接从如下地址下载适用于你的操作系统的版本，然后

⊖　严格来说它不属于 Kamailio，但是它也是 Kamailio 的作者写的，而且对后面的测试和使用非常有用，因此把它也列在这里了。详见 https://github.com/miconda/sipexer。

直接运行二进制客户端进行安装：

```
https://github.com/miconda/sipexer/releases
```

下面看一下 sipexer 的使用方法。比如，可以通过如下几种方法发送 SIP OPTIONS 消息：

```
sipexer
sipexer 127.0.0.1
sipexer 127.0.0.1 5060
sipexer udp 127.0.0.1 5060
sipexer udp:127.0.0.1:5060
sipexer sip:127.0.0.1:5060
sipexer "sip:127.0.0.1:5060;transport=udp"
```

下面是一个简明的 sipexer 特性列表：

发送 OPTIONS 请求，可以快速检查 SIP 服务器是否还活着。（另一个类似的工具是 sipsak。）

❑ 支持注册、注销操作，可以设置自定义的 Expires 以及 Contact 头域，支持明文或 HA1 加密的密码。

❑ 自定义 SIP 头域。

❑ 使用模板系统自定义 SIP 消息。

❑ SIP 消息中的各个部分可以通过命令行参数传入，也可以通过 JSON 文件传入。

❑ 模拟 SIP 通话（仅 SIP 信令，不含媒体），如从 INVITE 到 BYE 的场景。

❑ 在 SIP 通话中响应其他 SIP 请求，如通过 OPTIONS 做通话保活的请求。

❑ 使用 SIP MESSAGE 发送 IM（Instant Message，即时）消息。

❑ 支持彩色显示，可以更容易找到想要看的值，方便调试。

❑ 支持很多传输协议，如 IPv4、IPv6、UDP、TCP、TLS 及 WebSocket（WebRTC）。

❑ 可发送任何类似的 SIP 消息，如 INFO、SUBSCRIBE、NOTIFY 等。

下面是一些示例仅供参考。

```
# 指定一个新的 R-URI:
sipexer -ruri sip:alice@server.com udp:127.0.0.1:5060

# 指定源端口 55060
sipexer -laddr 127.0.0.1:55060 udp:127.0.0.1:5060

# 发送注册请求，自动产生 Contact 头域，指定 Expires 为 600 秒，用户名为 alice，密码为 test123
sipexer -register -cb -ex 600 -au alice -ap test123 udp:127.0.0.1:5060

# 注册请求，Expires 为 60 秒，等待 20000 毫秒，选择注销
sipexer -register -vl 3 -co -com -ex 60 -fuser alice -cb -ap "abab..." -ha1 -sd
-sw 20000 udp:127.0.0.1:5060

# 设置 From-User 头域为 carol
sipexer -sd -fu "carol" udp:127.0.0.1:5060

# 同上
```

```
sipexer -sd -fv "fuser:carol" udp:127.0.0.1:5060

# From User 为 carol，To User 为 david，R-URI 中的用户名部分与 To 中的相同
sipexer -sd -fu "carol" -tu "david" -su udp:127.0.0.1:5060

# 同上
sipexer -sd -fv "fuser:carol" -fv "tuser:david" -su udp:127.0.0.1:5060

# 增加新头域
sipexer -sd -xh "X-My-Key:abcdefgh" -xh "P-Info:xyzw" udp:127.0.0.1:5060

# 发送 MESSAGE 消息及 Body，分别使用 UDP、TCP、TLS 以及 WSS
sipexer -message -mb 'Hello!' -sd -su udp:127.0.0.1:5060
sipexer -message -mb 'Hello!' -sd -su tcp:127.0.0.1:5060
sipexer -message -mb 'Hello!' -sd -su tls:127.0.0.1:5061
sipexer -message -mb 'Hello!' -sd -su wss://server.com:8443/sip

# 发送 INVITE 消息，使用默认的 From 用户 alice 和 To 用户 bob
sipexer -invite -vl 3 -co -com -sd -su udp:server.com:5060

#  alice 呼叫 bob，使用 HA1 格式的密码验证（具体加密字符串略），10000 毫秒后发送 BYE，日志级别为 3
且支持彩色
sipexer -invite -vl 3 -co -com -fuser alice -tuser bob -cb -ap "4a4a4a4a4a..."
-ha1 -sw 10000 -sd -su udp:server.com:5060
```

命令行中的最后一个参数一般都是目标地址，可以省略。如果省略，则等效于
127.0.0.1:5060。目标地址支持以下格式。

（1）SIP URI 格式，举例如下。

```
sip:user@server.com:5080;transport=tls
```

（2）SIP Proxy Socket 地址（proto:host:port）格式，举例如下。

```
tls:server.com:5061
```

（3）WSS URL 格式，举例如下。

```
wss://server.com:8442/webrtc
```

❏ 仅有主机名或 IP 地址部分，则默认端口为 5060，如 example.com。

❏ host:port 格式，默认传输协议为 UDP，如 127.0.0.1:5060。

❏ proto:host 格式，默认端口为 5060，如 udp:127.0.0.1。

❏ host port 格式，默认传输协议为 UDP，如 127.0.0.1 5060。

❏ proto host 格式，默认端口为 5060，如 udp 127.0.0.1。

❏ proto host port 格式，同 proto:host:port，如：udp 127.0.0.1 5060。

除此之外，更多的参数格式以及模板定义可以参阅项目 README 中的相关说明。我们
也会在后面的例子中看到对 sipexer 工具的实际应用。值得一提的是，该工具比较新，在本
书快要完成的时候才发布，因此，本书中只有少数例子使用了该工具。

5.5　Web 管理界面

Siremis[○]是 Kamailio 的一个图形用户界面，主要由 Asipto 公司开发。Siremis 使用 PHP 开发，可以管理 Kamailio 数据库、调用 Kamailio RPC 请求等。Siremis 主要是一个管理员工具，一直在更新，功能还是挺全的，不过，整体界面风格还是很早以前的，不怎么好看。但对于初学者而言，有一个图形界面对学习有很大帮助，至少学起来不那么枯燥，所以，下面我们也简要介绍一下它的安装和使用。

> **注意**　Siremis 要用到数据库，我们会在第 7 章介绍数据库相关知识，所以，如果需要实验，可以先翻过去看看。其实不理解 Kamailio 的数据库关系也不大，比如创建一个假的 Kamailio 数据库也能 "骗过"Siremis。但无论如何，一些基本的数据库知识（如怎么连接 MySQL）还是要有的。

Siremis 会连接两个数据库：一个是 Siremis 自己的，存储它的用户、组、权限、菜单设置等；另一个是 Kamailio 的数据库，里面有 SIP 用户数据（subscriber 表）、注册数据（location 表）、分发策略数据（dispatcher 表）等。

为了简单，我们还是用 Docker 的方式安装 Siremis。首先下载源代码：

```
git clone https://github.com/asipto/siremis.git
```

编译 Docker 镜像：

```
cd siremis/misc/docker
docker build -t siremisdev-debian10 -f Dockerfile.debian10-gitdev .
```

编译完成后，可以直接使用如下命令启动镜像：

```
docker run --rm --name siremisdev-debian10 -p 8080:80 --network kamailio-example
siremisdev-debian10
```

其中，我们使用了 --network kamailio-example 指定这个网络。如果你使用了本书附赠的代码中的示例，则这个网络可以连接 Kamailio 容器以及 MySQL 数据库容器（通过主机名 kb-mysql）。

启动 Siremis 后，可以使用如下命令进入容器并查询其 IP 地址（后面也许有用)，举例如下。

```
docker exec -it siremisdev-debian10 bash

ip ad        # 这条命令在容器内执行
```

Siremis 支持 MySQL 和 PostgreSQL 两种数据库，但对后者的支持不大完善，因此，在这里我们以 MySQL 为例。

Siremis 可以自动创建数据库并导入数据，但需要使用数据库超级用户 root 和密码

○　参见 http://siremis.asipto.com/。

（不能没有密码，否则后面会导致奇怪的错误）连接数据库，因为普通用户没有创建数据库的权限。如何设置 MySQL 数据库的连接权限超出了本书的范围，不了解的读者可自行学习。如果 Siremis 没有创建权限，也可以手动创建数据库。例如，用 root 连接 MySQL 可执行如下命令。

```
CREATE database siremis;
CREATE user `siremis`@'%';
GRANT ALL PRIVILEGES ON siremis.* to 'siremis'@'%' identified by 'siremis';
CREATE user `kamailio`@'%';
GRANT ALL PRIVILEGES ON siremis.* to 'kamailio'@'%' identified by 'kamailio';
FLUSH PRIVILEGES;
```

为了安全，可以针对特定 IP 地址授权，举例如下。

```
CREATE user `siremis`@'172.22.0.4';
GRANT ALL PRIVILEGES ON siremis.* to 'siremis'@'172.22.0.4' identified by 'siremis';
```

用浏览器打开 http://localhost:8080/siremis，首次进入会开启设置向导，在设置向导中会提示选择数据库类型和数据库连接参数，如图 5-4 所示。

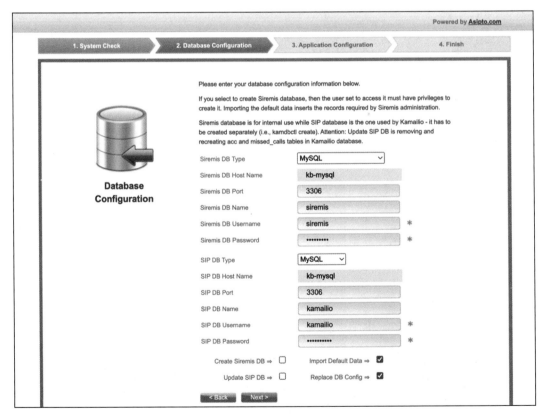

图 5-4 安装 Siremis 时选择数据库连接参数

在图 5-4 中，我们使用了 kb-mysql 这个主机名连接 MySQL，这是我们随书附赠代码的 Docker 环境中设置的名称，当然也可以改成 IP 地址，尤其是在连接非 Docker 中 MySQL 数据库的情况下。

另外，图 5-4 所示界面中有 4 个选项，分别如下。

❑ Create Siremis DB：决定是否让 Siremis 自动创建数据库。如果你所选的数据库用户 具有创建数据库的权限（如 root），就选择这个，否则就不选。

❑ Import Default Data：创建 Siremis 所需要的表和默认数据，这个选项一般都需要选，否则不知道如何创建所需的表和数据。

❑ Update SIP DB：用于更新 Kamailio 数据库中的 acc 表和与数据统计相关的表，以便符合 Siremis 的要求。如果你不确定是否需要更新相关内容，那么可以先不选该选项，等熟悉了再进行重装并选择。

❑ Replace DB Config：这个选项默认是开启的，它会根据你填的参数更新 /var/ www/siremis/siremi/Config.xml。后期如果你发现这个文件有错，也可以手动修改该文件。

如果一切顺利，就可以按向导进入下一步了，默认的登录用户名和密码都是 admin，这两项可以在登录后修改。如果有任何错误，停掉 Docker 镜像，删掉数据库，然后重来即可。

登录后可以点击 SIP Admin Menu 选项卡进入 Kamailio 相关的配置，你会看到熟悉的 Subscriber List、Location List、Dispatcher List 等链接（见图 5-5），其实它们就是对应 Kamailio 中相应的模块和表的管理入口。你可以尝试修改一些内容，对照数据库看看它改了哪些表里面的数据。

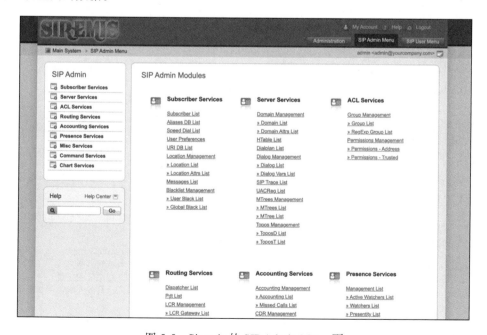

图 5-5　Siremis 的 SIP Admin Menu 页

如果在界面上通过 RPC 方式控制 Kamailio 执行一些 RPC 命令（比如一般修改 Dispatcher List 后要执行 `dispatcher.reload` 重载数据），则需要在 Kamailio 中做对应的配置。上面我们讲过 `kamctl` 等控制软件，这些软件都是通过本地 FIFO 连接的方式进行 RPC 控制的，但我们现在要使 Siremis 运行在独立的 Docker 容器中，这一般需要通过 Socket 方式连接 Kamailio，而 Socket 方式需要考虑安全问题（你肯定不想整个互联网上的用户都能在你的 Kamailio 上执行 RPC）。在 Kamailio 中启用基于 HTTP 的 RPC 服务也很简单，可参见 6.5.1 节相关内容。

5.6 调试与排错

在实际使用时，我们常常需要跟踪 SIP 消息。除了上面讲过的 `ngrep` 外，还有一些其他的实用工具。Kamailio 本身也提供了一些模块。为了便于读者在学习后文的过程中跟踪调试，我们先来学习一下这些工具。

5.6.1 使用 sipdump 模块跟踪 SIP 消息

`sipdump` 模块可以将收发的 SIP 消息写入本地文件或转入指定路由。写入的文件支持纯文本形式、标准的 `pcap`© 包以及带有 P-KSR-SIPDump 头的 `pcap` 包等。

如果想将收发的 SIP 消息直接写入文本文件，只需启用 `sipdump` 模块，然后将 `mode` 的值设置为 1 即可。配置如下。

```
loadmodule "sipdump.so"
modparam("sipdump", "enable", 1)
modparam("sipdump", "mode", 1)
```

其中，`mode` 参数有以下可能的取值。

❑ 1：将 SIP 消息写入纯文本文件，默认会写入 /tmp/ 目录。

❑ 2：将 SIP 消息发送到事件路由，由事件路由决定如何处理。

❑ 4：将 SIP 消息写入 `pcap` 包文件。

❑ 8：将 SIP 消息插入 P-KSR-SIPDump 头域，并写入 `pcap` 包文件。

`mode` 参数是一个比特位整数，也就是上述取值可以相加，如 3 相当于 1+2，可以同时既写入本地文件又触发事件路由。

上述模式中除了事件路由形式外，其他都是将 SIP 消息写入文件，这些模式可以设置写入文件的路径、文件前缀以及文件分割间隔，举例如下。

```
modparam("sipdump", "folder", "/var/log/kamailio") # 设置写入路径
modparam("sipdump", "fprefix", "ksipdump-")        # 设置生成的文件名前缀
modparam("sipdump", "rotate", 3600)                # 设置文件分割的间隔，单位是秒
```

○ 一种 IP 数据包存储格式，tcpdump、WireShark 等都使用该格式存储抓到的 IP 包。参见 https://www. tcpdump.org/。

```
# 设置清理过期文件，单位是秒，这里需要注意，此参数暂时只在 master 的分支上支持，5.5.2 版本及以前
版本不支持
modparam("sipdump", "fage", 172800)
```

如果使用纯文本文件，则可以在打一通电话以后查看生成的文件，也可以在打电话的过程中使用 tail -f /tmp/ 文件进行实时跟踪。

如果使用事件路由模式，需要配置对应的事件路由，如增加以下参数配置：

```
modparam("sipdump", "event_callback", "ksr_sipdump_event") # 定义回调事件路由
```

然后在 KEMI 模式的 Lua 脚本内设置回调的事件路由，具体如下。

```
function ksr_sipdump_event(evname)
    KSR.info("from: " .. KSR.sipdump.get_src_ip() .. " to: " ..
KSR.sipdump.get_dst_ip() ..
        " tag: " .. KSR.sipdump.get_tag() .. "\n" .. KSR.sipdump.get_buf());
end
```

上述的示例是在事件路由中收到 SIP 消息后便直接以日志形式输出，当然也可以写入数据库、消息队列并通过 HTTP、EVAPI 或其他任何协议发送到其他地方。与其他系统交互的方式我们在后文中还会讲到，初学者直接看日志就好了。

5.6.2　其他 SIP 相关工具简介

除了前面介绍的工具外，还有其他一些实用工具。这些工具也各有所长，安装和使用也都比较简单，也有相关的入门使用文档。下面仅对相关工具进行罗列和简单介绍，感兴趣的读者可以自行深入了解。

❏ sipgrep：sipgrep 可以类比前面介绍的 ngrep，其可以对抓到的 pcap 包进行回放，参见 https://github.com/sipcapture/sipgrep。

❏ Wireshark：老牌的抓包工具，有图形化的界面和文本抓包程序 tshark。对 VoIP 友好，它甚至有一个专门的 Telephony（电话）菜单。参见 https://www.wireshark.org/。

❏ sngrep：另一个文本界面的抓包分析工具，可以在文本界面上展示 SIP 流程。参见 https://github.com/irontec/sngrep。

❏ sipsak：被誉为 SIP 的瑞士军刀，可以很方便地发送 SIP 消息，非常适合用于轻量级的 SIP OPTIONS 检测。参见 https://github.com/nils-ohlmeier/sipsak。

❏ sipp：SIP 消息构建和压力测试工具，可以使用 XML 描述 SIP 消息模板。参见 http://sipp.sourceforge.net/。

除此之外，还有很多 SIP 工具，这里就不一一列举了。Kamailio 的作者 miconda 也在 GitHub 上维护了一些 SIP 资源列表，大家可以自行感受一下 Kamailio 作者都在用什么、关心什么，相信对学习 Kamailio 大有帮助，具体参见 https://github.com/miconda/sip-resources。

Chapter 6 第6章

使用 Kamailio 做 SIP 路由转发

Kamailio 最主要的作用就是转发 SIP 消息。根据需要，Kamailio 可以做无状态和有状态的路由转发，并且可以进行并行或串行的多目的地转发，而且在转发过程中可以修改 SIP 消息头、SDP，以及对主、被叫号码进行号码变换等。下面先来看看什么是路由，以及一些实际路由脚本的例子。

6.1 什么是路由

对于"路由"这个词，一般人可能既熟悉又陌生。熟悉的是，基本上家家都有路由器；陌生的是，这个路由器跟我们这里说的"路由"是一个东西吗？

路由，对应的英文是 Route，作为动词，即选路的意思；作为名词，对应一条选路规则，或一条路径。家用的路由器（英文称为 Router）作用和我们所说的路由差不多，只不过其为上网收发 IP 包进行选路。本书讨论的 Kamailio，可以认为是一个 SIP 路由器。

简单来说，Kamailio 的路由就是控制 SIP 包从哪里来、到哪里去。下面抛开技术细节，通过一个日常中的例子，来了解路由相关的名词术语。

如图 6-1 所示，假设有 A、B、C、D 四座城市，C（英文正好为 Center）位于中心，A、B、D 间互访都需要经过 C。C 就对应我们这里所说的 Kamailio 服务器。

各城市之间的传输路径就称为中继。中继是有方向的。在本例中，中继是"双向"的，即 A 能到 C，C 也能到 A，其他亦然。但假设某天 A 发生了疫情，C 规定，所有从 A 来的人都不准进入 C，但 C 的人仍可去往 A，这相当于路径 CA 是通的，但 AC 不通，中继就变成了单向的。中继的方

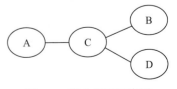

图 6-1　路由组网示意图

向是相对的，CA 相对 A 来说，就是"单入"中继，相对 C 来说，就是"单出"中继。

假设有人从 A 出发经 C 去往 B，但从 C 出发有两条路（CB 和 CD），不知道怎么走，就要找人"问路"，这个"问路"和"回答"的过程就称为"查找路由"，即"选路"。一旦选择了正确的路线，就可以继续前往"目的地"（Destination，简称 Dest），当然，在 Kamailio 中，"去往目的地"对应的是 CB 这条中继，B 也称为 C 的"下一跳"（Next Hop）。

从 C 到 B 可能有多种交通方式，如高铁、驾车、飞机等，可以认为是多条中继，多条中继组成一个中继组。假设有 100 个人同时从 C 到 B，可能有 20 个人选择乘飞机，70 个人选择坐高铁，10 个人选择自驾，这些不同的选择合在一起称为中继组的分配策略，分配策略的前提是不同的中继有不同的容量和费用。如果 A 发生地震，所有人都经 C 到其他城市避难，这时候可能因为 AC 间的路不够宽（或高铁、飞机的班次不够多，对应到 Kamailio 就是中继资源不够用）而发生"拥塞"。

如果有人从 A 出发经 C 到 B，本想乘飞机，但由于天气原因航班取消（中继故障），不得以改乘高铁，这就称为重选路由，这种重选是"串行"（Serial）的。

假设 A 急需一种药品，B 或 D 都有可能提供这种药品，派出一人到达 C 市后，通信中断，经多方打听仍不确认在 B 还是 D 能找到该药品，只能人到了才知道。为了增加成功率，C 也派出一人帮忙，A 的人去 B，C 的人去 D，这样不管 B 还是 D 有药品都能成功被找到，这称为"并行"（Parallel）转发。

政策发生变化，C 要在每条路的出入两个方向上都设置检查站并收费。如果对进入 C 的人收费，称为"入中继计费"，反之，称为"出中继计费"。

当然在上面提到 A 发生疫情的情况，A 的人无法经过 C 到 B，但 D 的人可以经 C 到 B。所以，在 C 上，对于到同一个目的地（这里是 B）的问路请求，还要检查这个人是从哪个城市来的，以确定是否准许通过，这个"来源"的城市就称为"呼叫源"（Source）。所以，呼叫源也是路由的一部分。

假设甲乙两个人都来自 A，且要经 C 去往 B，而从 C 到 B 有多种交通方式。两人到达 C 后，仅根据"呼叫源"和"目的地"无法区分甲乙两人后续行程，但甲买了飞机票，乙买了高铁票，到 C 后就可以通过不同的中继路由到 B。所以说甲乙预先买的票决定了后续行程，甲乙购买的票就称为"路由码"。在 Kamailio 中，路由码可以在 SIP 头域中传送，也可以在主、被叫号码中传送，相当于 C 把路由选择的部分权利开放给了 A。

如果很不幸，C 发生了疫情，则 A、B、D 之间的交通就中断了。所以，在此，C 属于一个"单点故障"点，这时要有备用的方案。一般采用两个中心城市的设计，如图 6-2 所示的 C1 和 C2。这在 Kamailio 网关上称为"双平面"。这种架构下，C1 或 C2 其中一个城市发生疫情不影响 A 与 B、D 之间的交通（通信）。

再回到图 6-1 所示情形，如果把 C 换成 Kamailio

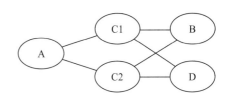

图 6-2　双平面架构示意图

网关，A、B、D换成电话交换机，把城市里的"人"换成"电话"，那么，在 Kamailio（C）的中继 AC 上来了一通电话，这通电话是 A（呼叫源）打来的，主叫号码是 A，被叫号码是 B，C 查找本地的路由表，发现一条路由 AB，目的地是 CB 这条中继，然后将通话发到 CB 中继上，电话到达 B 端的交换机，这便是 Kamailio 进行路由查找和转发的过程。

6.2 基本路由转发

"千里之行，始于足下"，本节先从最简单的基本路由转发脚本开始，一步一步地带大家领略 Kamailio 的强大魅力。

6.2.1 最简单、最安全的路由转发

最简单的转发就是不转发。越简单，越安全，使用如下的 Lua 脚本，可以解决一切安全问题。

```
examples/simple-secure.lua:
function ksr_request_route()
    KSR.x.drop();
end

function ksr_reply_route()
    KSR.x.drop();
end
```

重启 Kamailio，如果你打开 ngrep，可以看到，不管客户端怎么疯狂注册或呼叫 Kamailio，它都没有任何响应。"大音希声"，沉默就是最有力的反抗。drop 函数的作用是丢弃收到的 SIP 消息且不做任何响应。代码胜过千言万语，经过前面的学习，这块代码已经不需要解释了。

6.2.2 无状态转发

可以直接使用如下函数将 SIP 呼叫请求转发到 FreeSWITCH。

```
stateless_forward.lua:
function ksr_request_route()
    ksr_register_always_ok()
    -- KSR.forward_uri("sip:172.18.0.3:5080")
    KSR.forward_uri("sip:kb-fs1:5080")
end
```

也可以使用如下方式（examples/stateless_forward2.lua）将 SIP 呼叫请求转发到 FreeSWITCH。

```
function ksr_request_route()
    ksr_register_always_ok()
    KSR.pv.sets("$du", "sip:kb-fs1:5080")
    KSR.forward()
end
```

KSR.forward() 函数没有参数，会查找 $du 这个伪变量进行路由，如果 $du 不存在，则会转发到 $ru。

这里，KSR.forward() 和 KSR.forward_uri() 两个函数都对应原生脚本中的 forward(...) 函数（参见 4.2 节）。

6.2.3　有状态转发

使用如下脚本做有状态转发。

```
stateful-relay.lua:
function ksr_request_route()
    ksr_register_always_ok()

    KSR.rr.record_route();
    KSR.pv.sets("$du", FS1_URI)
    KSR.tm.t_relay()
end
```

t_relay() 函数也有以下两种变体。

```
function ksr_request_route()
    ksr_register_always_ok()
    KSR.tm.t_relay_to_proxy(FS1_UDP)
    -- KSR.tm.t_relay_to_proxy_flags(FS1_UDP, 0)
end
```

注意，t_relay_to_proxy(str proxy) 的参数是一个 Socket 地址字符串而不是 URI，格式是 protocol:ip:port；而 t_relay_to_proxy_flags(str proxy, int flags) 多了一个 flags 参数，它是一个二进制位标志的整数，取值有如下几个。

❑ 0x1：不发送 100 Trying 回复消息。

❑ 0x2：在内部错误时不发送回复消息。

❑ 0x4：禁用 DNS Failover。

当然，取值可以是上述值的任意组合，如 0x3 ＝ 0x1 ｜ 0x2（对十六进制数进行二进制"或"操作，也可以认为是相加），结果即二进制 0B00000011。

从上面可以看出，消息转发的本质是设置 $du 并通过 forward 及 relay 相关的函数把 SIP 消息以无状态或有状态的方式转发出去。读者可以自行执行上述脚本并对比两者产生的 SIP 消息的异同。

另外，从上面的语法中也可以看出，这种转发可以进行协议转换。比如进来的消息是 UDP，可以转换成 TCP，此时只需要将那个 protocol 参数设成 TCP 即可。如果设置 $du，则可以在后面加上"；transport=tcp"参数以将传输协议设为 TCP。

6.2.4　并行转发

并行转发即 Parallel Forking，指将 SIP 消息裂变成两个或多个（称为多个分支），分别转发到不同的目的地，首先响应的目的地将获胜，并继续进行 SIP 交互，而响应慢的或根本不响应的目的地将被放弃。我们看下面的示例代码。

```
forking-parallel.lua:
function ksr_request_route()
    ksr_register_always_ok()
    KSR.corex.append_branch_uri('sip:10000486@' .. FS1_IP_PORT)
    KSR.corex.append_branch_uri('sip:10000200@' .. FS1_IP_PORT)
    KSR.pv.sets("$du", FS1_URI)
    KSR.tm.t_relay()
end
```

在上述代码中，我们增加了两个并行的分支（branch）呼叫 9196，用 ngrep 观察 SIP 消息。我们可以看到，SIP 客户端（来自 172.18.0.1）发来的消息（见包 #1）被 Kamailio（172.18.0.2）转发后变成 3 个 INVITE（3 个不同的分支，见包 #3、#4、#5 中 Via 头域中的 "branch=" 参数），其中两个被 FreeSWITCH（172.18.0.3）回复了 482 Merged（见包 #6、#8），一个被正常应答（见包 #11），具体如下。

```
U 172.18.0.1:59926 -> 172.18.0.2:5060 #1
INVITE sip:9196@172.18.0.2 SIP/2.0.
Via: SIP/2.0/UDP 172.18.0.1:59458;rport;branch=z9hG4bKPj1D9dfFjR2VoKI4E5bggGLiF93
CG8Jzpo.


U 172.18.0.2:5060 -> 172.18.0.1:59926 #2
SIP/2.0 100 trying -- your call is important to us.
Via: SIP/2.0/UDP 172.18.0.1:59458;rport=59926;branch=z9hG4bKPj1D9dfFjR2VoKI4E5bgg
GLiF93CG8Jzpo;received=172.18.0.1.


U 172.18.0.2:5060 -> 172.18.0.3:5080 #3
INVITE sip:9196@172.18.0.2 SIP/2.0.
Via: SIP/2.0/UDP 192.168.7.7:5060;branch=z9hG4bK499b.adb337a77624a1d5653d993d534e
b3db.0.
Via: SIP/2.0/UDP 172.18.0.1:59458;received=172.18.0.1;rport=59926;branch=z9hG4bKP
j1D9dfFjR2VoKI4E5bggGLiF93CG8Jzpo.


U 172.18.0.2:5060 -> 172.18.0.3:5080 #4
INVITE sip:10000486@kb-fs1:5080 SIP/2.0.
Via: SIP/2.0/UDP 192.168.7.7:5060;branch=z9hG4bK499b.adb337a77624a1d5653d993d534e
b3db.1.
Via: SIP/2.0/UDP 172.18.0.1:59458;received=172.18.0.1;rport=59926;branch=z9hG4bKP
j1D9dfFjR2VoKI4E5bggGLiF93CG8Jzpo.


U 172.18.0.2:5060 -> 172.18.0.3:5080 #5
INVITE sip:10000200@kb-fs1:5080 SIP/2.0.
Via: SIP/2.0/UDP 192.168.7.7:5060;branch=z9hG4bK499b.adb337a77624a1d5653d993d534e
b3db.2.
Via: SIP/2.0/UDP 172.18.0.1:59458;received=172.18.0.1;rport=59926;branch=z9hG4bKP
j1D9dfFjR2VoKI4E5bggGLiF93CG8Jzpo.


U 172.18.0.3:5080 -> 172.18.0.2:5060 #6
SIP/2.0 482 Request merged.
Via: SIP/2.0/UDP 192.168.7.7:5060;branch=z9hG4bK499b.adb337a77624a1d5653d993d534e
```

```
b3db.1;received=172.18.0.2.
Via: SIP/2.0/UDP 172.18.0.1:59458;received=172.18.0.1;rport=59926;branch=z9hG4bKP
j1D9dfFjR2VoKI4E5bggGLiF93CG8Jzpo.


U 172.18.0.2:5060 -> 172.18.0.3:5080 #7
ACK sip:10000486@kb-fs1:5080 SIP/2.0.
Via: SIP/2.0/UDP 192.168.7.7:5060;branch=z9hG4bK499b.adb337a77624a1d5653d993d534e
b3db.1.


U 172.18.0.3:5080 -> 172.18.0.2:5060 #8
SIP/2.0 482 Request merged.
Via: SIP/2.0/UDP 192.168.7.7:5060;branch=z9hG4bK499b.adb337a77624a1d5653d993d534e
b3db.2;received=172.18.0.2.
Via: SIP/2.0/UDP 172.18.0.1:59458;received=172.18.0.1;rport=59926;branch=z9hG4bKP
j1D9dfFjR2VoKI4E5bggGLiF93CG8Jzpo.


U 172.18.0.2:5060 -> 172.18.0.3:5080 #9
ACK sip:10000200@kb-fs1:5080 SIP/2.0.
Via: SIP/2.0/UDP 192.168.7.7:5060;branch=z9hG4bK499b.adb337a77624a1d5653d993d534e
b3db.2.
Max-Forwards: 70.


U 172.18.0.3:5080 -> 172.18.0.2:5060 #10
SIP/2.0 100 Trying.
Via: SIP/2.0/UDP 192.168.7.7:5060;branch=z9hG4bK499b.adb337a77624a1d5653d993d534e
b3db.0;received=172.18.0.2.


U 172.18.0.3:5080 -> 172.18.0.2:5060 #11
SIP/2.0 200 OK.
Via: SIP/2.0/UDP 192.168.7.7:5060;branch=z9hG4bK499b.adb337a77624a1d5653d993d534e
b3db.0;received=172.18.0.2.
Via: SIP/2.0/UDP 172.18.0.1:59458;received=172.18.0.1;rport=59926;branch=z9hG4bKP
j1D9dfFjR2VoKI4E5bggGLiF93CG8Jzpo.
```

FreeSWITCH 回复 482 的原因是它不能处理同一个 Call-ID 有多个并行分支的情况。你可以试着将呼叫并行发到多个不同的 FreeSWITCH，在实际使用时一般也会发到多个不同的 IP 地址。

值得一提的是，FreeSWITCH 也支持类似的并行呼叫，但不是有多个分支，而是有多个独立的呼叫。在 FreeSWITCH 中的用法如下。

```
<action application="bridge" data="user/1000,user/1001,user/1002"/>
```

在上面的情况下，FreeSWITCH 会向 3 个分机同时发送 INVITE 消息，其中一个接听，另外两个会自动挂断（FreeSWITCH 发 CANCEL 消息）。

当然，FreeSWITCH 也支持串行呼叫，如果第一个不接则呼叫第二个，如果第二个也不接则呼叫第三个，举例如下。

```
<action application="bridge" data="user/1000|user/1001|user/1002"/>
```

> 🎯 提示　Kamailio 是一个 Proxy，而 FreeSWITCH 是一个 B2BUA，这两者都可以称为 Fork⊖。通过对比 FreeSWITCH 消息就可以看出，在前者产生的 SIP 消息中，Call-ID 都是一样的，只是分支不同；而后者产生的 SIP 消息中，Call-ID 是不同的。这便是 Kamailio 与 FreeSWITCH 对 Fork 处理的最大不同之处。

6.2.5　串行转发

串行转发即 Serial Forking，也叫 Fallback（转移到备用方案）或 Failover（故障转移），也就是在第一个呼不通的情况下呼叫下一个。看下面的代码，我们通过 t_on_failure() 设置一个回调函数 ksr_failure_manage，当呼叫失败时，它将执行该函数。这里我们重新修改目的地（改变被叫号码或 IP 地址，或两者都改）。

```
forking-serial.lua:
function ksr_request_route()
    ksr_register_always_ok()

    if KSR.is_INVITE() then
        if KSR.tm.t_is_set("failure_route")<0 then
            KSR.tm.t_on_failure("ksr_failure_manage");
        end
    end

    KSR.pv.sets("$du", FS1_URI)
    KSR.tm.t_relay()
end

function ksr_failure_manage()
    if KSR.tm.t_is_canceled()>0 then
        return 1
    end

    local status_code = KSR.tm.t_get_status_code()
    KSR.warn("call failed with status=" .. status_code .. " retrying ...\n")

    -- KSR.cfgutils.sleep(8)
    KSR.pv.sets("$tU", '9196')
    KSR.pv.sets("$rU", '9196')
    KSR.pv.sets("$du", FS1_URI)
    KSR.tm.t_relay()
end
```

注意，由于目的地是 FreeSWITCH，而 FreeSWITCH 对 Fork 的呼叫支持不好⊜，因此，FreeSWITCH 会返回 482 Merged 消息。不过，不管 FreeSWITCH 返回什么，从 SIP 消息角度看，我们的 Fork 都是成功了。如果要测试功能的 Fork，可以取消 KSR.cfgutils.

⊖ Fork 的字面意思是"分叉"。在 Linux 操作系统中有进程 Fork，Git 仓库中也支持 Fork，它们的含义类似。在业界因习惯直接使用 Fork 英文原文，就像 IP 通常不会被翻译为"因特网协议"一样，因此本书统一使用英文表示。

⊜ 参见 https://lists.freeswitch.org/pipermail/freeswitch-users/2009-September/047059.html。

sleep(8) 这一行的注释。KSR.cfgutils.sleep(8) 表示等 8 秒⊖以后再重试。在生产环境中不要这么用，因为它将阻塞 Lua 脚本，这里我们仅为演示 Fork 功能，所以才会这样用。实际使用时一般会 Fork 到不同的 IP 地址，也就不会有这样的问题了。

串行的 Fork 也是使用不同的分支。呼叫 10000404 将返回 404 Not Found（见包 #6），然后使用新的分支重发 INVITE（见包 #8），信令流程如下，读者可以仔细阅读对比它与并行 Fork 的异同。

```
U 172.18.0.1:59634 -> 172.18.0.2:5060 #2
INVITE sip:10000404@172.18.0.2 SIP/2.0.
Via: SIP/2.0/UDP 172.18.0.1:59458;rport;branch=z9hG4bKPjpyL0JX4dV7FosiO.
X3DtQbpThepCnm6J.
Max-Forwards: 70.


U 172.18.0.2:5060 -> 172.18.0.1:59634 #3
SIP/2.0 100 trying -- your call is important to us.
Via: SIP/2.0/UDP 172.18.0.1:59458;rport=59634;branch=z9hG4bKPjpyL0JX4dV7FosiO.X3D
tQbpThepCnm6J;received=172.18.0.1.


U 172.18.0.2:5060 -> 172.18.0.3:5080 #4
INVITE sip:10000404@172.18.0.2 SIP/2.0.
Via: SIP/2.0/UDP 192.168.7.7:5060;branch=z9hG4bK01d2.94945a65c65187e9c9f16f79f6d2
eb11.0.
Via: SIP/2.0/UDP 172.18.0.1:59458;received=172.18.0.1;rport=59634;branch=z9hG4bKP
jpyL0JX4dV7FosiO.X3DtQbpThepCnm6J.


U 172.18.0.3:5080 -> 172.18.0.2:5060 #5
SIP/2.0 100 Trying.
Via: SIP/2.0/UDP 192.168.7.7:5060;branch=z9hG4bK01d2.94945a65c65187e9c9f16f79f6d2
eb11.0;received=172.18.0.2.


U 172.18.0.3:5080 -> 172.18.0.2:5060 #6
SIP/2.0 404 Not Found.
Via: SIP/2.0/UDP 192.168.7.7:5060;branch=z9hG4bK01d2.94945a65c65187e9c9f16f79f6d2
eb11.0;received=172.18.0.2.
Via: SIP/2.0/UDP 172.18.0.1:59458;received=172.18.0.1;rport=59634;branch=z9hG4bKP
jpyL0JX4dV7FosiO.X3DtQbpThepCnm6J.


U 172.18.0.2:5060 -> 172.18.0.3:5080 #7
ACK sip:10000404@172.18.0.2 SIP/2.0.
Via: SIP/2.0/UDP 192.168.7.7:5060;branch=z9hG4bK01d2.94945a65c65187e9c9f16f79f6d2
eb11.0.


U 172.18.0.2:5060 -> 172.18.0.3:5080 #8
INVITE sip:9196@172.18.0.2 SIP/2.0.
Via: SIP/2.0/UDP 192.168.7.7:5060;branch=z9hG4bK01d2.94945a65c65187e9c9f16f79f6d2
```

⊖ 这个值可以根据你的实际情况调整。根据 RFC 3261 中的描述，在这种场景下这个 Call-ID 将会继续保持一段时间（T4 定时器，默认是 5 秒）。

```
eb11.1.
Via: SIP/2.0/UDP 172.18.0.1:59458;received=172.18.0.1;rport=59634;branch=z9hG4bKP
jpyL0JX4dV7FosiO.X3DtQbpThepCnm6J.
Man Forwards: 70.


U 172.18.0.3:5080 -> 172.18.0.2:5060 #9
SIP/2.0 100 Trying.
Via: SIP/2.0/UDP 192.168.7.7:5060;branch=z9hG4bK01d2.94945a65c65187e9c9f16f79f6d2
eb11.1;received=172.18.0.2.
From: "Seven Du" <sip:1001@172.18.0.2>;tag=dgChP-wnoEYxwLXmJoDH8t1PlSPwJs9p.
To: sip:9196@172.18.0.2.
Call-ID: 55CUfNzHZntbKTpJdBCpjqmJQ4cbCURz.
CSeq: 20743 INVITE.
User-Agent: FreeSWITCH-mod_sofia/1.10.7-dev+git~20210727T022117Z~f03d765022~64bit.
Content-Length: 0.


U 172.18.0.3:5080 -> 172.18.0.2:5060 #10
SIP/2.0 200 OK.
Via: SIP/2.0/UDP 192.168.7.7:5060;branch=z9hG4bK01d2.94945a65c65187e9c9f16f79f6d2
eb11.1;received=172.18.0.2.
Via: SIP/2.0/UDP 172.18.0.1:59458;received=172.18.0.1;rport=59634;branch=z9hG4bKP
jpyL0JX4dV7FosiO.X3DtQbpThepCnm6J.


U 172.18.0.2:5060 -> 172.18.0.1:59634 #11
SIP/2.0 200 OK.
Via: SIP/2.0/UDP 172.18.0.1:59458;received=172.18.0.1;rport=59634;branch=z9hG4bKP
jpyL0JX4dV7FosiO.X3DtQbpThepCnm6J.
```

6.3 使用 dispatcher 模块做路由转发和负载均衡

dispatcher 应该是 Kamailio 中最常用的模块，它有很多负载均衡算法，也支持并行和串行的 Fork。

6.3.1 基本用法

使用前，我们在 book.cfg 中加入以下配置。

```
loadmodule "dispatcher.so"

modparam("dispatcher", "list_file", "/etc/kamailio/dispatcher.list")
modparam("dispatcher", "ds_probing_mode", 3)
modparam("dispatcher", "flags", 2)
modparam("dispatcher", "ds_probing_threshold", 3)
modparam("dispatcher", "ds_ping_interval", 5)
modparam("dispatcher", "ds_ping_reply_codes",
"class=2;code=403;code=488;class=3")
modparam("dispatcher", "xavp_dst", "_dsdst_")
modparam("dispatcher", "xavp_ctx", "_dsctx_")
```

首先，我们需要一个 list_file（列表文档）参数，其他参数都是可选的。对于其他参数，我们留到后面再讲。dispatcher.list 的内容如下。

```
100 sip:kb-fs1:5080

200 sip:rts.xswitch.cn:20003;transport=tcp

300 sip:kb-fs1:5080
300 sip:rts.xswitch.cn:20003;transport=tcp
```

list_file 的第一列是组号，后面跟的是一个 URI，表示转发的地址。在此，我们设置了 3 个组，其中第 3 个组里有 2 个 URI。为方便起见，列表中的每一行称为一个中继。

重新启动 Kamailio 后，我们可以使用 kamcmd dispatcher.list 命令查看内存中的情况，具体如下。

```
{
    NRSETS: 3
    RECORDS: {
        SET: {
            ID: 100
            TARGETS: {
                DEST: {
                    URI: sip:kb-fs1:5080
                    FLAGS: AX
                    PRIORITY: 0
                }
            }
        }
        SET: {
            ID: 300
            TARGETS: {
                DEST: {
                    URI: sip:rts.xswitch.cn:20003;transport=tcp
                    FLAGS: AX
                    PRIORITY: 0
                }
                DEST: {
                    URI: sip:kb-fs1:5080
                    FLAGS: AX
                    PRIORITY: 0
                }
            }
        }
        SET: {
            ID: 200
            TARGETS: {
                DEST: {
                    URI: sip:rts.xswitch.cn:20003;transport=tcp
                    FLAGS: AX
                    PRIORITY: 0
                }
            }
        }
    }
}
```

呼叫 10000200，可以将呼叫转发到 fs1 上。dispatcher.lua 的内容如下。

```
function ksr_request_route()
    ksr_register_always_ok()

    if KSR.is_INVITE() then
        if KSR.tm.t_is_set("failure_route") < 0 then
            KSR.tm.t_on_failure("ksr_failure_manage");
        end
    end

    if KSR.dispatcher.ds_select_dst(100, 4) < 0 then
        KSR.sl.send_reply(404, "No destination")
        KSR.x.exit()
    else
        KSR.tm.t_relay()
    end
end
```

其中 ds_select_dst(str group, int algorithm) 用于在组中选择一条中继并将 SIP 消息通过它发出去。group 即我们在 list_file 中写的组号，algorithm 是选择的算法，上述代码中将此参数设为 4，这代表轮循（Round Robin）。其他参数我们后面会讲到。

如果把组号换成 300，多打几个电话，就可以看到电话将在两个目的间平均分配。

注意，由于我们没有判断呼叫的来源（我们认为所有 SIP 请求都来自 SIP 客户端），因而，如果 FreeSWITCH 主动发送了 BYE 消息，我们还是会路由到 FreeSWITCH，这就造成了循环，导致挂不了机。真正的脚本不仅需要正确处理 BYE 消息，还应该考虑呼叫来源。用 ds_is_from_list() 函数就可以对呼叫来源进行判断。在此我们先假设所有请求都是来自 SIP 客户端（BYE 消息也是由客户端先发送）。对于呼叫来源的判断将在 6.4 节中讲到。

6.3.2　dispatcher 模块

dispatcher 模块实现了以下分配策略（其中开头的数字为分配策略的 ID，这里特意没有按从小到大排序）。

（1）4—轮循：呼叫将在多个中继间轮循选取，如第一个呼叫走第一条中继，下一个呼叫走第二条……

（2）9—百分比：根据设定的百分比进行路由。必须设置权重字段。权重字段加起来必须等于 100，如果不到 100，则最后一条中继（根据中继 ID 排序）将使用剩余的权重。如只有两个中继，我们将其权重分别设置为 20、20，则实际上第二条中继的权重为 80。

（3）11—按相对比例分配：根据设定的相对比例进行路由。必须设置 rweight 参数，其值大于 0 并且小于等于 100。比如有两个中继，第一个权重设置为 1，第二个权重设置为 4，那么分配到第一个中继的概率是 1/(1+4) = 20%，分配到第二个中继的概率是 4/(1+4) = 80%。

（4）8—根据优先级分配：选择优先级最高的中继，如果呼叫失败，则会走次优先级的中继（顺序尝试，Serial Forking）。

（5）10—根据负载分配：该模式比较复杂，使用时有诸多限制，需要进行特殊配置，因而除非特殊情况否则不建议使用。

❑ 使用该模式必须进行特殊配置，且一旦完成配置就无法再更改了（除非重启）。

❑ 必须设置 duid 和 maxload 字段，比如 duid=fs1;maxload=300。duid 是 destination unique id 的缩写，每个中继的 duid 必须具有唯一性。

❑ 只处理 INVITE 请求，不处理 PUBLISH 请求等。

❑ 要配置 ds_hash_size 等模块参数，比如 modparam("dispatcher", "ds_hash_size", 9) 以便记录中继的当前负载。

❑ 在收到 BYE 或 CANCEL 请求时要调用函数 ds_load_update，在收到 2[0-9][0-9] 回应时要调用 ds_load_update 函数，在收到 3|4|5|6 失败回应时要调用 ds_load_unset 函数。

❑ 超过最大负载之后怎么处理？可以将模块参数 use_default 设置为 1，即把最后一个中继作为最终选项，这就等于提供了一个候补方案。

（6）6—随机分配：将呼叫随机分配到所有状态是 Active 的中继上，但机会不一定均等。

（7）0—根据 Call-ID 分配：根据 Call-ID 计算出 hash，hash = hash % nr，最后计算出来的就是选中的中继。nr 是 number of items in dst set 的缩写，即总中继数。

（8）1—根据 From URI 分配：根据 From URI 计算出 hash，其他跟 0 一样。适合的场景是，在主叫号码（From）相同的情况下，呼叫请求总是分配到同一个中继。

（9）2—根据 To URI 分配：根据 To URI 计算出 hash，其他跟 0 一样。适合的场景是，在被叫号码相同的情况下，呼叫请求分配到同一个中继。

（10）3—根据 Request URI 分配：根据 Request URI 计算出 hash，其他跟 0 一样。

（11）5—根据 Username 分配：根据认证用户名来计算 hash，如果认证用户名不存在，那么就改用轮询（Round Robin）的方式。该策略用于希望同一个注册用户总是分配到同一个中继的场景。

（12）7—根据 PV 字符串分配：需要配置模块参数 hash_pvar，比如 modparam("dispatcher", "hash_pvar", "$fU")。在下面所示这个例子中，根据 From User 计算 hash，也可以配置成 PV 字符串的组合，比如 modparam("dispatcher", "hash_pvar", "$fU@$ci")，还可以配置成自定义伪变量，比如 modparam("dispatcher", "hash_pvar", "$var(myhash)")。

```
$var(myhash) = "1234"; # 在调用 ds_select_dst() 之前给自定义伪变量赋值
if(!ds_select_dst("1", "7")) {
    send_reply("404", "No destination");
    exit;
}
```

（13）13—延迟优化：该策略的英文名为 Latency Optimized。该策略会根据 Ping 检测到的延迟调整中继的优先级，并根据调整后的优先级对中继进行排序，在多个最高优先级（优先级相同）的中继间使用轮循算法。该策略需要设置权重（内部会映射成优先级字段priority）。内部在属性（attributes）里面设置 cc=1 字段，cc（Congestion Control）是拥塞控制的意思。

如果 cc = 0，那么计算公式为：

```
ADJUSTED_PRIORITY = PRIORITY - (ESTIMATED_LATENCY_MS/PRIORITY)
```

如果 cc = 1，那么计算公式为：

```
CONGESTION_MS = CURRENT_LATENCY_MS - NORMAL_CONDITION_LATENCY_MS
ADJUSTED_PRIORITY = PRIORITY - (CONGESTION_MS/PRIORITY)
```

如表 6-1 所示，系统将呼叫只分给最高优先级（即 30）的中继。

表 6-1　延迟优化中继优先级表

中继号	优先级	估计延迟	调整后的优先级	实际分配比例
1	30	21	30	33%
2	30	91	27	0%
3	30	61	28	0%
4	30	19	30	33%
5	30	32	29	0%
6	30	0	30	33%
7	30	201	24	0%

如果 ds_ping_latency_stats 有效，则该策略会自动调整中继的优先级：每当Ping 检测到的延迟毫秒数等于优先级的值时，优先级减 1，也就是说，检测到比较大的延迟则降低优先级。

（14）12—并行：有多个分支，也就是同时呼叫这个组里面所有的中继。如果其中一个接听，则其他的都会挂掉。

6.3.3　优先级路由及备用路由

我们前面用到一个简单的 dispatcher.list，它完整的格式如下（字段间以空格分隔）。

```
组号(int) 目的地(sip uri) flags(int) 优先级(int) 其他参数(str)
```

示例数据如下。

```
300 sip:kb-fs1:5080 0 10
300 sip:rts.xswitch.cn:20003;transport=tcp 0 0
```

由于上述第一个中继优先级高，所以如果根据 dispatcher 模块设置的分配策略是 8（见6.3.2 节），则优先走第一个，失败时可以走下一个。需要在 dispatcher.lua 中加入以下代码。

```
function ksr_failure_manage()  -- 呼叫失败后执行该函数
    if KSR.tm.t_is_canceled() > 0 then return 1 end  -- 如果主叫挂机，就返回
    local status_code = KSR.tm.t_get_status_code() -- 获取失败消息的状态码
    KSR.warn("call failed with status=" .. status_code .. " retrying ...\n")
    -- 只有状态码在该范围内，并且分支有超时设置且该分支收到回复时才进入下面代码块
    if KSR.tm.t_check_status("[4-5][0-9][0-9]") or
        (KSR.tm.t_branch_timeout() > 0 and KSR.tm.t_branch_replied() < 0) then
        local ret = KSR.dispatcher.ds_next_dst() -- 从中继分配表中选择下一个可用的中继
        if ret > 0 then -- 如果还有可用中继
            dst = KSR.pv.getc('$xavp(_dsdst_[0]->uri)')   找到下一个中继，以便打印日志
            KSR.notice("dispatch FAILED, trying next " .. dst) -- 打印日志，方便调试
            KSR.info("--- SCRIPT: going to <" .. KSR.pv.get("$ru") .. "> via <" ..
                KSR.pv.get("$du") .. ">")
            KSR.tm.t_relay() -- 发送。之前 ds_next_dst() 函数会改变目标地址
        else -- 如果没有可用中继就打印错误日志
            KSR.notice("dispatch FAILED, no more dst to try")
        end
    end
    KSR.x.exit()
end
```

由于 dispatcher 模块使用了 modparam("dispatcher", "xavp_dst", "_dsdst_")参数，当调用 ds_select_dst() 时，中继信息将存到 _dsdst_ 这个 AVP 中。如果呼叫失败，则可以从 AVP 中查看是否有下一个中继，然后进行路由。或者，如上面的代码那样，直接调用 ds_next_dst() 获取下一个可用中继，如果有，就继续转发。这跟上面讲过的串行转发类似。

6.3.4　按权重路由

dispatcher 模块实现了 weight 和 rweight 两种权重方式，这两种方式略有不同（具体见 6.3.5 节）。这两种方式均需要在目的地集中加入权重参数，具体如下。

```
300 sip:kb-fs1:5080 0 0 weight=80;rweight=80;maxload=20
300 sip:rts.xswitch.cn:20003;transport=tcp 0 0 weight=20;rweight=20
```

要想使上述设置生效，需要使用 kamcmd dispatcher.reload 或者 kamctl dispatcher reload 命令重载数据集，也可以直接重启 Kamailio。再次测试可以发现，权重越高分到的电话就越多。

6.3.5　特殊参数

上一节中讲的 weight、rweight 等都是中继数据的特殊参数，本节就来讲讲这些特殊参数。Kamailio 中涉及的中继数据特殊参数如下。

❑ duid：一个唯一标志，有的算法需要这个标志。

❑ maxload：用于并发控制，必须是正整数，如果这个中继上的并发数达到该值，则不会再选到这个中继，直到它上面的一个呼叫挂掉。如果是 0 则表示该中继无效。

❑ weight：用于权重相关的算法，必须是 0 ~ 100，所有中继中的 weight 加起来应该等于 100。

❑ rweight：相对权重，必须是 1 ~ 100。

❑ socket：决定通过哪个 socket 发 SIP 消息，也用于发送 OPTIONS 请求。

6.3.6 从数据库中加载

dispatcher.list 中的数据也可以从数据库中加载。需要设置 db_url 参数以连接一个数据库表，默认的数据库表名是 dispatcher。这里所说的数据库表可以是真正的数据库表也可以是一个视图，可以用 table_name 修改对应的表名。

表结构如下（以 PostgreSQL⊖为例，来自源代码目录下的 utils/kamctl/postgres/dispatcher-create.sql）。

```
CREATE TABLE dispatcher (
    id SERIAL PRIMARY KEY NOT NULL,
    setid INTEGER DEFAULT 0 NOT NULL,
    destination VARCHAR(192) DEFAULT '' NOT NULL,
    flags INTEGER DEFAULT 0 NOT NULL,
    priority INTEGER DEFAULT 0 NOT NULL,
    attrs VARCHAR(128) DEFAULT '' NOT NULL,
    description VARCHAR(64) DEFAULT '' NOT NULL
);
```

往表中填入相应的数据，内容跟 dispatcher.list 类似，然后调用 kamcmd dispatcher.reload 即可完成数据的加载工作。

dispatcher 模块功能很强大，其中包含的各种算法也基本能满足实际使用的要求。通过该模块可将数据一次性加载到内存中，在实际路由时无须再查询数据库，因而非常高效。

dispatcher 模块中还有很多参数，限于篇幅这里就不一一细讲了。更多细节请参阅模块的说明文档：https://www.kamailio.net/docs/modules/devel/modules/dispatcher.html。

6.4 呼叫从哪里来

我们看一个典型的场景，如图 6-3 所示：PSTN 来话被分配到 K1 上，集群去话也由 K1 路由。用户 SIP 话机注册到 K2 上，打电话时经过 FreeSWITCH 再通过 K1 发往 PSTN。

对于 K1 而言，需要判断电话是从 PSTN 网关来的还是从 FreeSWITCH 来的。

对于 K2 而言，需要判断注册或呼叫信息是来自 SIP 话机还是来自 FreeSWITCH。

⊖ 参见 https://github.com/kamailio/kamailio/tree/master/utils/kamctl/postgres。

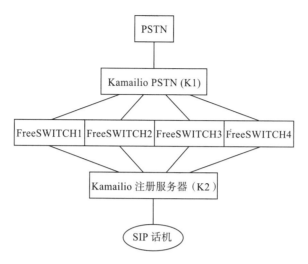

图 6-3　呼叫逻辑关系示意图

当然，我们可以将 K1 和 K2 合二为一，那样的话，我们的 Kamailio 路由脚本就需要判断 4 个方向的信息。在实际使用时，为保持路由脚本简洁，我们建议"专 K 专用"。

为了判断呼叫从哪里来，我们需要一些策略和工具，还需要了解实际的场景和网络拓扑。在最简单的场景下，PSTN 的 IP 地址是已知的，而且不会有很多个，本地 SIP 电话的 IP 地址段是固定的，FreeSWITCH 的地址也是固定的，因而，可以根据 IP 地址段判断呼叫从哪里来。但在更复杂的场景中，比如 K2 上的用户在公网上，IP 地址就可能是所有国内的 IP 地址，甚至是全球的 IP 地址，且包括 IPv4 和 IPv6 两种。这样判断起来就会复杂得多。

6.4.1　根据 IP 地址段判断

先来看以下的示例代码。

```
FS_IPs = {
    "10.10.0.1/24",
    "172.17.0.2/32",
    "172.22.0.3/32",
}

function is_from_fs_ip()
    local srcaddr = KSR.pv.gete("$si");

    for idx, val in pairs(FS_IPs) do
        if KSR.ipops.ip_is_in_subnet(srcaddr, val) > 0 then
            return true;
        end
    end
    return false;
end
```

其中，`ip_is_in_subnet()` 可以判断 IP 地址是否属于某个 IP 地址段，`FS_IPs` 中

的 /24 表示掩码的位数，这是 CIDR⊖（无类别域间路由）表示的方法。通过上述函数就可以判断呼叫的来源了。但这种方式需要将 IP 地址信息静态写到 Lua 脚本中。当然，也可以将 FS_IPs 放到单独的 Lua 配置文件脚本中用 dofile() 读进来，以后要修改 IP 地址只需要修改 Lua 配置文件。

6.4.2 使用 dispatcher 模块判断

如果已经使用了 dispatcher 做负载均衡分发，那就说明我们已经知道一些 IP 地址段和目标主机的对应关系了。当这些主机发起呼叫时，我们就可以根据已知的信息判断呼叫来源是否在我们的 IP 地址段中。比如，可以使用 KSR.dispatcher.ds_is_from_list() 判断 IP 地址是否属于某一个组。

ds_is_from_list 语法如下。

```
ds_is_from_list([groupid [, mode [, uri] ] ])
```

如果来源 IP 地址或 URI 与对应的组中的地址匹配，则返回 true（在 Lua 中返回大于 0 的值），否则返回 false。相关参数说明如下。

❑ groupid：可选参数，其输入值可以是一个整数，还可以是一个值为整数的变量。如果该参数的值不存在，则会在所有组的所有地址中尝试匹配；如果该参数有值，则仅在指定的组中匹配。

❑ mode：可选参数（如果指定第三个参数，则该参数是必选参数），用于指定匹配算法，它是一个比特位整数，具体含义如下。

　　○ 0：所有的 IP 地址、端口、协议必须匹配。

　　○ 1：忽略端口。

　　○ 2：忽略协议。

　　○ 3：忽略端口和协议（3 = 0b11）。

❑ uri：可选参数。如果该参数为空，则表示使用来源 IP 地址、端口和协议；否则其必须是一个合法的 SIP URI（但仅匹配 IP 地址、端口和协议，其他参考都会忽略）。该参数可以是一个静态或动态字符串（变量），URI 的 domain 部分可以是 IP 地址也可以是主机名。

如果 ds_is_from_list 函数返回 true（地址匹配），则 setid_pvname 指定的参数将会被赋值为相应的 groupid，其他参数将赋值到 attrs_pvname 指定的变量中。

注意，出于向后兼容的考虑，如果没有任何参数，或仅提供 groupid 参数，则仅匹配 IP 地址和端口（忽略协议差异）。举例如下。

```
ds_is_from_list()
ds_is_from_list("100")
ds_is_from_list("100", "3")
```

⊖ https://baike.baidu.com/item/ 无类别域间路由 /15758573。

```
ds_is_from_list("100", "3", "sip:127.0.0.1:5080")
```

注意，由于 Lua 不支持函数重载，因此 KEMI 提供了几个 Lua 函数变体，具体如下。

```
KSR.dispatcher.ds_is_from_list()
KSR.dispatcher.ds_is_from_list(100)
KSR.dispatcher.ds_is_from_list_mode(100, 3)
KSR.dispatcher.ds_is_from_list_uri(100, 3, "sip:127.0.0.1:5080")
```

6.4.3　使用 permissions 模块判断

permissions 模块有两个参数可以配置允许（allow）和拒绝（deny）对应的地址文件，具体如下。

```
modparam("permissions", "default_allow_file", "/etc/permissions.allow")
modparam("permissions", "default_deny_file", "/etc/permissions.deny")
```

地址文件的结构如下。

```
(groupid,int) (address,str) (netmask,int,o), (port,int,o) (tag,str,o)
```

其中，int 表示整数、str 表示字符串、o 表示可选参数。

❑ groupid：组号。

❑ address：IP 地址，可以是 IPv4 或 IPv6。

❑ netmask：掩码中 1 的位数，如 24 表示 255.255.255.0，32 表示 255.255.255.255。

❑ port：端口。

❑ tag：标签，如果执行该模块相应的函数后结果能匹配（返回 true），则可以在
peer_tag_avp 参数指定的 AVP 中保存该值，以便后面读取。

地址文件示例如下。

```
1 127.0.0.1 32 0 tag1
1 10.0.0.10

2 192.168.1.0 24 0 tag2
2 192.168.2.0 24 0 tag3

3 [1:5ee::900d:c0de]
```

示例 1　使用 allow_source_address(group_id) 检查 SIP 消息的来源 IP 地址是否属于某个组，然后根据来源进行路由。

```
if KSR.permissions.allow_source_address(1) > 0 then
    KSR.info("Coming from address group 1")
elseif KSR.permissions.allow_source_address(2) > 0 then
    KSR.info("Coming from address group 2")
end
```

示例 2　使用 allow_address_group（地址、端口）匹配来源地址和端口，如果端口为 0 则表示可以匹配任意端口。根据是否匹配决定走的路由，或者决定是否发起 Challenge 验证。

```
local si = KSR.pv.gete("$si")
KSR.info("request: si: " .. si)
address_group = KSR.permissions.allow_address_group(si, 0)
llog('info', "address_group: " .. address_group)

if address_group == -1 then -- 未找到
    KSR.info("si: " .. si .. " not found, rejecting call")
    KSR.x.drop()
elseif address_group == 2 then -- 来自 FreeSWITCH Media Servers ...
    return ksr_dispatch_route_from_media_server()
end
```

除此之外，还有更多的匹配函数和算法，它们适用于不同的场景，详情参考 https://kamailio.org/docs/modules/devel/modules/permissions。

6.4.4　使用 geoip2 模块判断

GeoIP 是一个地理 IP 地址数据库，可以用于判断一个 IP 地址属于哪个国家、地区以及城市，多用于和国际呼叫相关的业务。Kamailio 中有一个 geoip 模块，但那个模块比较旧，且不支持 KEMI，因此在这里我们使用 geoip2 模块。

geoip2 模块可以执行对 MaxMind GeoIP2 数据库的实时查询，该数据库中的数据是 IP 地址到地理位置的映射。使用前需要先下载 MaxMind GeoIP2 数据库⊖。

在配置文件中配置模块和 GeoIP 库加载路径，具体如下。

```
loadmodule "geoip2.so"
modparam("geoip2", "path", "/etc/kamailio/GeoLite2-City_2021/GeoLite2-City.mmdb")
```

以下代码可实现查询、打印来源 IP 地址的属性，并丢弃所有来自国外 IP 地址的消息。

```
geoip2.lua:
function ksr_request_route()
    if KSR.geoip2 and KSR.geoip2.match(KSR.pv.gete("$si"), "src") > 0 then
        KSR.info("ip = " .. KSR.pv.gete("$si"))
        KSR.info("cc = " .. KSR.pv.gete("$gip2(src=>cc)") .. "\n") -- 国家代码
        KSR.info("regn = " .. KSR.pv.gete("$gip2(src=>regn)") .. "\n") -- 地区名称
        KSR.info("regc = " .. KSR.pv.gete("$gip2(src=>regc)") .. "\n") -- 地区代码
        KSR.info("city = " .. KSR.pv.gete("$gip2(src=>city)") .. "\n")  -- 城市
        if KSR.pv.gete("$gip2(src=>cc)") ~= "CN" then -- 丢弃所有 IP 地址来源国家不是 CN
            的消息
            KSR.x.drop();
        end
    end
end
```

下面是运行两个示例产生的日志，仅供参考。

```
ip = 113.116.53.141
cc = CN
regn = Guangdong
regc = GD
```

⊖　MaxMind GeoIP2 数据库可以去 MaxMind 官网（http://dev.maxmind.com/geoip/geoip2/downloadable/）下载，在 Github（https://github.com/wp-statistics/GeoLite2-City）上也可以下载。

```
city = Shenzhen

ip = 146.88.240.4
cc = US
regn = Michigan
regc = MI
city = Southfield
```

使用上述方式一般判断粒度会比较粗，其精准度完全依赖于 IP 地址库的精确度。在国内 ipip.net 是一个专业的 IP 地址数据库提供商，很多互联网大厂都是他们的客户。不过笔者没有使用过他们的产品，所以这里就不介绍了，对 IP 地址要求比较高的用户可以自行研究。

6.5　API 路由

随着业务越来越广泛，大家对动态数据处理的需求越来越强烈，而且在很多场景中都需要对其他系统进行实时对接，比较典型的对接方式是 HTTP 接口方式、消息中间件（MQ）方式等。这种通过 API 动态查询并产生路由的方式就称为 API 路由。Kamailio 也有一些支持模块可实现跟其他系统的对接。

6.5.1　通过 HTTP 查询路由

HTTP API 是最常用的 API，其简单且易于实现。下面来看一个例子。

1. 准备环境

我们首先需要准备一个 HTTP 服务器，以便提供路由查询。你可以使用你喜欢的任何语言写一个服务器，不过在这里，既然我们学习了 Kamailio，就用 Kamailio 做一个 HTTP 服务器。

Kamailio 支持 HTTP，首先打开配置文件中的 WITH_XHTTP 宏，实际上，它将解锁以下配置。

```
#!ifdef WITH_XHTTP
tcp_accept_no_cl=yes
loadmodule "xhttp.so"
modparam("xhttp", "event_callback", "ksr_xhttp_event")
#!endif
```

WITH_XHTTP 宏使用 xhttp 模块并提供 HTTP 服务。说起来，SIP 其实跟 HTTP 差不多，所以支持 SIP 的 xhttp 模块，也可以轻松支持 HTTP。上述代码中配置了 xhttp 参数，这个参数用于告诉 Kamailio，收到 HTTP 请求时执行 ksr_xhttp_event 这个函数。下面的代码用于实现这个函数，详细信息在代码注释里。

```
function ksr_xhttp_event(evname)
    -- 打印日志，打印请求 IP 地址
    KSR.info("==== http request:" .. evname .. " " .. "Ri:" .. KSR.pv.get("$Ri") .. "\n")
```

```
    -- 为了安全，我们要求客户端在 HTTP 头中传递一个 Token
    -- 为了简单，我们使用硬编码的 1234
    if KSR.hdr.get("Authorization") ~= "Bearer 1234" then
        KSR.hdr.append_to_reply('WWW-Authenticate: Bearer error="invalid_token"\r\n')
        KSR.xhttp.xhttp_reply("401", "Unauthorized", "", '{"code": 401, "message":
            "invalid_token"}')
        return
    end

    -- 获取 Content-Type 头域和请求 Body
    local content_type = KSR.pv.get("$cT") or ""
    local req_body = KSR.pv.get("$rb")

    -- 我们使用 JSON 格式传递参数
    if not req_body or content_type ~= "application/json" then
        KSR.xhttp.xhttp_reply(400, "Client Error", "text/plain", "invalid content_
            type or body")
        return
    end

    -- 将参数打印出来
    KSR.notice("request body: " .. req_body .. "\n")
    -- 如果需要，我们也可以解析 JSON 参数，根据 JSON 内容决定返回什么样的值
    -- local jbody = cjson.decode(req_body)

    -- 为了简单，我们固定返回一个路由地址，实际使用时可以根据请求参数决定返回内容
    local reply = {
        route = FS1_URI
    }
    local body = cjson.encode(reply)
    KSR.xhttp.xhttp_reply(200, "OK", "application/json", body)
    return 1
end
```

其中，cjson⊖是一个 Lua 模块，可以在 Kamailio 容器的命令行上使用如下命令安装 cjson。

```
make sh                    # 进入容器
apk add lua lua-cjson      # 安装
```

有了 HTTP 服务器，我们就可以启动 Kamailio，并用 curl 客户命令向它发送 HTTP 请求了。具体如下。

```
curl -H "Authorization: Bearer 1234" -H 'Content-Type: application/json' -d '{}'
localhost:5060/

{"route":"sip:kb-fs1:5080"}
```

curl 即 cURL，它是一个 HTTP 命令行客户端⊖。上述命令表示向 localhost:5060/ 发起 HTTP 请求，使用 -H 添加两个头域，并使用 -d 传送一个空的 JSON 对象字符串。服

⊖ 参见 https://luarocks.org/modules/openresty/lua-cjson。此外，Kamailio 中有一个 jansson 模块也可以处理 JSON 信息，只不过在 Lua 中用起来不如 cjson 方便。

⊖ 参见 https://curl.se/。

务器收到后（并不检查请求参数）返回一个 JSON 对象，里面有一个 route 信息。

2. 客户端请求路由脚本

有了上述这个用于测试的 HTTP 服务器，我们就可以再增加 HTTP 客户端了，HTTP 客户端使用了 http_client[⊖]这个模块，实现代码如下。

```
loadmodule "http_client"
```

路由脚本如下。

```
http_client.lua:
local cjson = require 'cjson'

function ksr_request_route()
    ksr_register_always_ok()

    -- 获取请求信息，并打印日志
    local rm = KSR.pv.gete("$rm")
    local fu = KSR.pv.gete("$fu")
    local ru = KSR.pv.gete("$ru")
    local si = KSR.pv.gete("$si")
    KSR.info("request: si: " .. si .. " rm: " .. rm .. " from " .. fu .. " to " ..
ru .. "\n")

    -- 构造请求 URL，在此我们从 kamailio.cfg 的宏里获取要请求的 IP 地址和端口号
    local url = "http://" .. KSR.kx.get_def("KAM_IP_LOCAL") .. ":" .. KSR.kx.get_def
("KAM_SIP_PORT")
    -- 构造请求参数
    local req = {
        rm = rm,
        fu = fu,
        ru = ru,
        si = si,
    }
    -- 将请求参数转成 JSON 字符串
    local post_body = cjson.encode(req)
    -- 发送 HTTP 请求，结果会放到 $var(result) 中
    local code = KSR.http_client.query_post_hdrs(url, post_body,
        "Content-Type: application/json\r\nAuthorization: Bearer 1234",
        "$var(result)")

    -- 打印状态码和返回值
    KSR.info("code: " .. code .. "\n")
    KSR.info("result: " .. KSR.pvx.var_get("result") .. "\n")

    if code == 200 then
        -- 从返回的 JSON 信息中获取路由，并转发
        result = cjson.decode(KSR.pvx.var_get("result"))
        KSR.forward_uri(result.route)
    else
        KSR.sl.sl_send_reply(500, "Internal Error")
    end
end
```

⊖　相关文档参见 https://kamailio.org/docs/modules/devel/modules/http_client.html。

在这个例子中，Kamailio 既作为 HTTP 客户端又作为服务器，当收到 SIP 呼叫时其通过 HTTP POST 请求查询路由并转发。当然，简单的请求也可以使用 GET（对应 KSR.http_client.query(url, pv)）方法获取。

3. 异步 HTTP 请求

同步请求会阻塞 SIP 处理，如果在并发量比较大且 HTTP 服务器响应比较慢的情况下，会影响性能，这时候可以使用异步请求。异步请求将 HTTP 请求推到独立的进程中执行，执行完毕后再通过回调的方式回传结果进而唤醒原来的事务继续处理。

异步 HTTP 请求需要加载 http_async_client 模块⊖。

```
loadmodule "http_async_client"
modparam("http_async_client", "workers", 2)  # 启动几个 worker 进程
```

路由脚本如下。

```
http_async_client.lua:
local cjson = require 'cjson'

function ksr_request_route()
    ksr_register_always_ok()

    local rm = KSR.pv.gete("$rm")
    local fu = KSR.pv.gete("$fu")
    local ru = KSR.pv.gete("$ru")
    local si = KSR.pv.gete("$si")
    KSR.info("request: si: " .. si .. " rm: " .. rm .. " from " .. fu .. " to " ..
        ru .. "\n")

    if not KSR.is_method_in("I") then -- 为了简单，仅处理 INVITE 消息
        return
    end

    -- 构造 URL
    local url = "http://" .. KSR.kx.get_def("KAM_IP_LOCAL") .. ":" .. KSR.kx.get_
        def("KAM_SIP_PORT")
    local req = {rm = rm, fu = fu, ru = ru, si = si}
    local post_body = cjson.encode(req)
    -- 将请求相关的参数放到 $http_req() 相关的 PV 中
    KSR.pv.sets("$http_req(method)", "POST")
    KSR.pv.sets("$http_req(hdr)", "Content-Type: application/json")
    KSR.pv.sets("$http_req(hdr)", "Authorization: Bearer 1234")
    KSR.pv.sets("$http_req(body)", post_body)
    KSR.pv.seti("$http_req(suspend)", 1)        -- 请求时挂起当前事务
    KSR.tm.t_newtran()                          -- 创建一个新的事务以便它可以被挂起
    -- HTTP 执行结束后，回调第二个参数中指定的函数
    local code = KSR.http_async_client.query(url, "ksr_async_callback")
    KSR.info("code: " .. code .. "\n")
    if code < 0 then
        KSR.err("suspend error\n")
    elseif code == 0 then
        KSR.info("suspended\n")
    else
```

⊖ 相关文档参见 https://kamailio.org/docs/modules/devel/modules/http_async_client.html。

```
            KSR.info("not suspended\n")
        end
    end

-- HTTP 请求结束后继续执行事务
function ksr_async_callback(evname)
    -- KSR.info("callback: " .. evname .. "\n")

    local http_ok = KSR.pv.get("$http_ok")  -- 请求是否成功
    local http_rs = KSR.pv.get("$http_rs")  -- 结果状态码
    local http_rb = KSR.pv.get("$http_rb")  -- 结果 Body
     KSR.info("http_ok=" .. http_ok .. " http_rs=" .. http_rs .. " http_rb=" ..
        http_rb .. "\n")

    if http_rs == 200 then
        -- 如果返回正确的结果，则解析 JSON 信息，根据返回结果中的 route 值转发
        result = cjson.decode(http_rb)
        KSR.pv.sets("$du", result.route)
        KSR.tm.t_relay()
    else
        KSR.tm.t_send_reply(500, "Internal Error")
    end
end
```

异步执行需要经过"挂起 – 恢复"的过程，需要使用回调函数，因而代码写起来有点复杂，但理解并掌握了异步执行的原理，用起来会非常顺利。

4. KSR.http_async_client.query(url, callback) 函数

KSR.http_async_client.query(url, callback) 函数用于发送 HTTP 或 HTTPS 请求，其涉及的参数如下。

❑ `url`：字符串，请求 URL。

❑ `callback`：字符串，回调函数名称。

如果在执行该函数前有一个事务（用 t_newtran() 创建），则事务会被挂起，路由脚本结束（以便处理下一个请求），并在 HTTP 请求结束（或失败、超时）时恢复事务的执行。

如果该函数在非事务的环境中使用，或者在 $http_req(suspend) = 0 的环境下使用，路由脚本将继续执行，但是回调函数仍将被调用（不影响 SIP 消息处理流程，可用于写日志或写数据库等），在回调函数中也可以获取到 HTTP 请求结果。

该函数的返回值如下。

❑ 0：停止后续脚本执行，事务将在回调中恢复执行。

❑ 1：在无事务或 $http_req(suspend) = 0 场景下继续后续脚本执行。

❑ -1：出错。

5. 请求参数

HTTP 的请求参数用 $http_req(key) PV 指定，其中的 PV 是只写的。其中，key 的取值如下。

❑ `all`：将值设为 $null，用于将所有参数设为默认值（在模块参数中设置的值）。

- ❑ hdr：设置、修改、删除 HTTP 头域。多次设置该值将使结果中出现多个头域。
- ❑ body：请求的 Body。
- ❑ method：用于设置方法，支持 GET、POST、PUT 和 DELETE。默认为 GET，但在存在 Body 的情况下，默认为 POST。
- ❑ timeout：超时的毫秒数，一般来说该值应该小于 tm.fr_timer 的值，因为后者优先级更高。
- ❑ tls_client_cert：TLS 客户端证书。
- ❑ tls_client_key：TLS 客户端证书密钥。
- ❑ tls_ca_path：TLS CA 证书路径。
- ❑ authmethod：鉴权方法，它是一个比特位整数，因此可以同时支持多个方法。但支持多个方法时 Kamailio 会发送一个额外的请求以获取服务端支持的鉴权方法。所以仅设置一个特定的方法有助于提高性能。默认值为 3，即执行 BASIC 和 Digest 验证（3 = 1 + 2），其他可能的取值如下。
  - ○ 1：HTTP BASIC（基本）验证。
  - ○ 2：HTTP Digest（摘要）验证。
  - ○ 4：GSS-Negotiate（通用安全服务协商）验证，微软提供的一种验证方式。
  - ○ 8：NTLM（NT Lan Manager）验证，微软提供的一种安全协议。
  - ○ 16：HTTP Digest with IE flavour，微软 IE 特有的一种摘要验证方式。
- ❑ username：设置验证的用户名。
- ❑ password：设置验证密码。
- ❑ suspend：如果设为 0，则不挂起；如果设为 1，则挂起。
- ❑ tcp_keepalive：决定是否支持 TCP keepalive。
- ❑ tcp_ka_idle：设置 TCP keepalive 空闲时间。
- ❑ tcp_ka_interval：设置 TCP keepalive 间隔。
- ❑ follow_redirect：若为非 0 值，则表示 cURL 处理 HTTP 3xx 重启向消息；若为 0 则该参数不起作用。该参数默认值可以由 curl_follow_redirect 全局参数指定。

6. HTTP 返回结果

上述函数异步返回的结果可以通过 $http_* 相关的 PV 值获取，下列 PV 值仅在回调函数中有效。

- ❑ $http_ok：HTTP 请求成功为 1，失败为 0（检查 $http_err 并获取详细信息）。
- ❑ $http_err：请求失败原因的字符串描述，不出错则为 $null。
- ❑ $http_rs：HTTP 状态码，如 200。
- ❑ $http_rr：HTTP 返回消息中的原因字符串，如 200 消息中的"OK"、404 消息中的"Not Found"等。

❏ `$http_hdr(Name)`：获取 HTTP 头域，如果有多个同名头域，也可以使用 `$(http_hdr(Name)[N])` 获取第 *N* 个头域。

❏ `$http_mb` 及 `$http_ml`：HTTP 响应的缓冲区（包括响应头域）以及缓冲区长度。

❏ `$http_rb` 及 `$http_bs`：HTTP 响应的 Body 及 Body 的长度。

❏ `$http_time(name)`：cURL 提供的 HTTP 请求 / 响应时长[⊖]。name 取值如下。

   ○ `total`：总传输时长。

   ○ `lookup`：DNS 查询时长。

   ○ `connect`：连接时长。

   ○ `appconnect`：从建立连接到 TLS 握手结束的时长。

   ○ `pretransfer`：从请求开始到可以发起 HTTP 传输的时长。

   ○ `starttransfer`：从请求开始直到收到第一个字节的时长。

   ○ `redirect`：从重定向开始（可能有多次重定向）到最终开始真正传输的时长。

6.5.2　rtjson

在上面的 HTTP 脚本中我们使用了自己定义的 JSON 消息，这用起来简单方便，但在复杂的场景中可能代码会比较冗长。Kamailio 有一个 `rtjson` 模块[⊖]，其中定义了一个"相对标准"的方法，可以比较方便地处理串行或并行转发。

`rtjson` 模块使用的 JSON 结构如下。

❏ `version`：建议设为 `"1.0"`，因为后续可能会有新版本，目前不检查该版本号。

❏ `routing`：取值为 `serial` 或 `parallel`，分别代表串行转发或并行转发。

❏ `routes`：表示一个路由数组，包含多个路由。

路由参数如下。

❏ `uri`：Request URI，即请求 URI。

❏ `dst_uri`：Destination URI，即目的地 URI。

❏ `path`：以逗号分隔的 Path URI 地址列表，如 `<sip:127.0.0.1:5084>` 和 `<sip:127.0.0.1:5086>`。

❏ `socket`：本地 Socket。

❏ `headers`：可以指定 From 头域、To 头域及添加的其他头域，当变更 From 或 To 头域时需要 uac 模块支持，若仅用于串行转发，则需要使用 `rtjson_update_branch()` 进行相关设置。

❏ `branch_flags`：分支标志，仅用于串行转发，需要使用 `rtjson_update_`

⊖　参见 https://curl.se/libcurl/c/curl_easy_getinfo.html。
⊖　参见 http://kamailio.org/docs/modules/stable/modules/rtjson.html。

branch() 进行设置。

❑ fr_timer：设置 tm 模块的 fr_timer 值，仅用于串行转发，需要使用 rtjson_update_branch() 进行设置。

❑ fr_inv_timer：设置 tm 模块的 fr_inv_timer 值，仅用于串行转发，需要使用 rtjson_update_branch() 进行设置。

其他值会被 rtjson 模块忽略，但额外的值也可以作为随路数据使用，并使用 jansson 模块或 cjson 解析，如可以使用事务 ID 元组 (index, label) 恢复一个挂起的事务。

以下 JSON 示例来自 rtjson 模块的文档，其中 routes 是一个数组（用 [] 表示），数组中每一个对象（用 {} 表示）代表一条路由。

```json
{
    "version": "1.0",
    "routing": "serial",
    "routes": [
        {
            "uri": "sip:bob@b.example.org:5060",
            "dst_uri": "sip:192.0.2.1:5060",
            "path": "<sip:192.0.2.2:5084>, <sip:192.0.2.2:5086>",
            "socket": "udp:192.0.2.20:5060",
            "headers": {
                "from": {
                    "display": "Alice",
                    "uri": "sip:alice@a.example.org"
                },
                "to": {
                    "display": "Bob",
                    "uri": "sip:bob@b.example.org"
                },
                "extra": "X-Hdr-A: abc\r\nX-Hdr-B: bcd\r\n"
            },
            "branch_flags": 8,
            "fr_timer": 5000,
            "fr_inv_timer": 30000
        },
        {
            "uri": "sip:bob@b.example.org:5060",
            "dst_uri": "sip:192.0.2.10:5060",
            "path": "<sip:192.0.2.2:5084>, <sip:192.0.2.2:5086>",
            "socket": "udp:192.0.2.20:5060",
            "headers": {
                "from": {
                    "display": "Alice",
                    "uri": "sip:alice@a.example.org"
                },
                "to": {
                    "display": "Bob",
                    "uri": "sip:bob@b.example.org"
                },
                "extra": "P-Asserted-Identity: <sip:alice@a.example.org>\r\n"
            },
            "branch_flags": 8,
            "fr_timer": 5000,
            "fr_inv_timer": 30000
```

```
            },
        ]
    }
```

下面是一个示例路由脚本。为简单起见，我们只是使用了阻塞方式的 HTTP 请求获取 rtjson（也可以使用异步方式，只是略复杂），当然，使用任何其他方式获取 JSON 也是可以的。下面的示例是一个串行转发、http_client、rtjson 三者结合的例子，前文中解释过类似的内容，所以这里不再额外解释。

```lua
rtjson.lua:
local cjson = require 'cjson'

function ksr_request_route()
    ksr_register_always_ok()

    -- 如果转发失败，则转由失败函数处理，可以继续转发
    if KSR.is_INVITE() then
        if KSR.tm.t_is_set("failure_route") < 0 then
            KSR.tm.t_on_failure("ksr_failure_manage");
        end
    end

    local rm = KSR.pv.gete("$rm")
    local fu = KSR.pv.gete("$fu")
    local ru = KSR.pv.gete("$ru")
    local si = KSR.pv.gete("$si")
    KSR.info("request: si: " .. si .. " rm: " .. rm .. " from " .. fu .. " to " ..
        ru .. "\n")

    local url = "http://" .. KSR.kx.get_def("KAM_IP_LOCAL") .. ":" ..
        KSR.kx.get_def("KAM_SIP_PORT")
    local req = {
        rm = rm,
        fu = fu,
        ru = ru,
        si = si,
    }
    local post_body = cjson.encode(req)
    local code = KSR.http_client.query_post_hdrs(url, post_body, "Content-Type:
        application/json\r\nAuthorization: Bearer 1234", "$var(result)")

    KSR.info("code: " .. code .. "\n")
    KSR.info("result: " .. KSR.pvx.var_get("result") .. "\n")

    if code == 200 then
        -- 如果成功获取 JSON，则用它初始化 rtjson，并转发
        KSR.rtjson.init_routes(KSR.pvx.var_get("result"));
        KSR.rtjson.push_routes();
        KSR.tm.t_relay()
    else
        KSR.sl.sl_send_reply(500, "Internal Error")
    end
end

function ksr_failure_manage()
    if KSR.tm.t_is_canceled()>0 then
```

```
        return 1
    end

    local status_code = KSR.tm.t_get_status_code()
    KSR.warn("call failed with status=" .. status_code .. " retrying ...\n")

    -- 如果上次转发失败，则检查 JSON 的路由数组中是否还有后续的路由，如果有，则继续
    if KSR.rtjson.next_route() then
        KSR.tm.t_relay()
    else
        KSR.tm.t_send_reply(500, "No more routes available")
    end
end

function ksr_xhttp_event(evname)
    KSR.info("==== http request:" .. evname .. " " .. "Ri:" .. KSR.pv.get("$Ri") .. "\n")

    if KSR.hdr.get("Authorization") ~= "Bearer 1234" then
        KSR.hdr.append_to_reply('WWW-Authenticate: Bearer error="invalid_token"\r\n')
        KSR.xhttp.xhttp_reply("401", "Unauthorized", "", '{"code": 401, "message":
"invalid_token"}')
        return
    end

    local content_type = KSR.pv.get("$cT") or ""
    local req_body = KSR.pv.get("$rb")

    if not req_body or content_type ~= "application/json" then
        KSR.xhttp.xhttp_reply(400, "Client Error", "text/plain", "invalid content_
            type or body")
        return
    end

    -- local jbody = cjson.decode(req_body)
    KSR.notice("request body: " .. req_body .. "\n")

    -- 构造并返回一个 rtjson 结构的 JSON
    local reply = {
        version = "1.0",
        routing = "serial",
        routes = {{
            dst_uri = FS1_URI,
            headers = {
                from = {
                    display = "Caller",
                    uri = "sip:caller@domain.com",
                },
                to = {
                    display = "Callee",
                    uri = "sip:callee@domain.com"
                },
            },
            branch_flags = 8,
            fr_timer = 5000,
            fr_inv_timer = 30000,
        }, {
            dst_uri = FS1_URI,
            headers = {
```

```
        from = {
            display = "Caller",
            uri = "sip:caller@domain.com",
        },
        to = {
            display = "Callee",
            uri = "sip:callee@domain.com"
        },
    },
    branch_flags = 8,
    fr_timer = 5000,
    fr_inv_timer = 30000,
}}
}
local body = cjson.encode(reply)
KSR.xhttp.xhttp_reply(200, "OK", "application/json", body)
return 1
end
```

从上述脚本中可以看出，我们写好 Lua 代码后，实际的路由逻辑由 JSON 数据驱动，可以根据 JSON 进行串行或并行转发。比如，假设你有两个后台服务器，想做 1 : 1 负荷分担，则基于上述例子，在 HTTP 服务器每次返回的结果中反转一下数组中的路由顺序即可。当然，上述示例中两个路由的地址都是一样的，你可以根据现场的情况改成不一样的。

6.5.3　evapi

evapi○模块提供一个事件消息流程。它只是建立一个 TCP Socket 连接，甚至都没有"协议"，所有 Socket 上收发的消息都由用户自定义。evapi 仅支持服务器模式，也就是说你要实现一个对应的 TCP 客户端与它通信，并通过数据控制路由逻辑。

1. evapi 服务

通过加载 evapi 模块，我们就可以创建一个 TCP 服务，这跟 xhttp 模块非常相似，不同之处是我们可以自己定义协议。

模块加载和参数配置如下。

```
loadmodule "evapi.so"
modparam("evapi", "bind_addr", "127.0.0.1:8888")       # 启动一个 TCP 服务监听 8888 端口
modparam("evapi", "event_callback", "ksr_evapi_event")# 服务回调函数
modparam("evapi", "netstring_format", 0)
```

其中，netstring_format 有如下两个取值。

❏ 0：不使用 Netstring 格式，即使用的是裸数据，想传什么传什么。

❏ 1：使用 Netstring 格式。

Netstring 格式是一种很简单的数据封装格式：开始处为使用 ASCII 字符串表示的数据长度，接着是一个冒号，然后是真正的字符串数据，最后是一个逗号。如在 Netstring 格式中，"hello world!"的十六进制 ASCII 码表示为：

○ 相关文档参见 http://kamailio.org/docs/modules/stable/modules/evapi.html。

```
31 32 3a 68 65 6c 6c 6f 20 77 6f 72 6c 64 21 2c
```

其中，31 是字符 1 的 ASCII 码，32 是 2 的 ASCII 码，也就是数据长度为 12，3a 是冒号，中间是 "hello world!"，最后是一个逗号，即："12:hello world!,"。

"0:," 表示一个空字符串，对应的 Netstring 格式中的 ASCII 码为 "30 3a 2c"。

为了简单，下面的例子我们不使用 Netstring 格式（netstring_format=0）。代码及注释如下。

```
evapi-event.lua:
function ksr_evapi_event(evname)    -- TCP 服务回调函数，如果有请求进来，就执行该函数
    if evname == "evapi:message-received" then -- 收到请求消息
        local msg = KSR.pv.gete("$evapi(msg)") -- 获取消息内容
        if msg:find("stats") == 1 then        -- 如果内容以 stats 开头
            local request_body = '{"jsonrpc": "2.0", "method": "stats.fetch",
                "params": ["all"], "id": 1}'
            KSR.jsonrpcs.exec(request_body)    -- 构造一个 JSON-RPC 请求以获取内部状态
            local code = KSR.pv.gete("$jsonrpl(code)")
            local response_body = KSR.pv.gete("$jsonrpl(body)")
            KSR.evapi.relay(response_body)     -- 返回结果 JSON 字符串
        end
    end
end
```

下面我们可以用 nc 命令⊖给 Kamailio 模块发一个字符串，去获取 Kamailio 所有的统计信息。命令如下。

```
echo 'stats' | nc 127.0.0.1 8888
```

执行上述命令就可以看到 Kamailio 返回的内容统计信息，部分结果如下。

```
{
    "jsonrpc": "2.0",
    "result":   {
        "core.bad_URIs_rcvd":   "0",
        "core.bad_msg_hdr":     "0",
        "core.drop_replies":    "0",
        "core.drop_requests":   "0",
        "core.err_replies":     "0",
        "core.err_requests":    "0",
        "core.fwd_replies":     "0",
        "core.fwd_requests":    "0",
        "core.rcv_replies":     "0",
        "core.rcv_replies_18x": "0",
        "后面省略很多行……",
    }
}
```

如果你想尝试 Netstring 格式，可以在配置文件中把 netstring_format 参数配置为 1，对应的命令行调整如下。

```
echo '5:stats,' | nc 127.0.0.1 8888
```

⊖ nc 的全称是 NetCat，被誉为 TCP/IP 的瑞士军刀，是一个支持 TCP 和 UDP 的客户端和服务器工具，在大多数操作系统上都可以运行。参见 https://zh.wikipedia.org/wiki/Netcat。

2. 使用 evapi 进行路由

下面我们一起来看一个使用 evapi 获取路由目的地并进行路由的例子。evapi 是异步执行的，因而需要采用 Kamailio 内部的 t_suspend（挂起）和 t_continue（继续执行）机制。

1）协议设计

evapi 没有提供任何协议，一切协议都由你自行决定。虽然 Netstring 也算是一个协议，但它只能算是一个传输层的协议，它只规定了消息长度和边界。在此，我们需要使用 Netstring，因为 evapi 要使用 TCP 连接。TCP 本身是一个字节流，是没有消息边界的，有了 Netstring，用起来就会简单很多。

除了 Netstring 以外，我们还需要定义一个业务层的协议。在此，我们使用 JSON-RPC。RPC 的全称是 Remote Procedure Call，即远程过程调用，一般由“请求－响应”组成。JSON-RPC 即使用 JSON 格式描述的 RPC，它规定了请求、响应以及事件消息。本质上，JSON-RPC 也是一个“信封”，实际的数据在“信封内部”传输。JSON-RPC 协议定义非常简单，JSON-PRC 消息是一个 JSON 对象，其中的属性如下。

❏ jsonrpc：协议版本号。
❏ id：请求的唯一标志，可以是数字、字符串或 null（在此我们不讨论 null）。如果 id 不存在，则认为是一个事件通知，而无须回复。
❏ params：请求的参数，可以是一个对象（以 {} 表示）或数组（以 [] 表示）。
❏ result：响应消息中的返回结果，也可以是对象或数组。
❏ error：响应消息中的错误，是一个对象，里面有 code 和 message 两个必需的属性，以及可选的 data 属性（用于提供一些额外信息）。

注意 result 和 error 是互斥的，两者不应该同时出现。详细的 JSON-RPC 协议标准可以参阅相关文档[⊖]。下面列举一些实际的消息示例。

Kamailio 永远是一个 evapi 服务器，我们需要实现一个客户端连接到它，然后向它提供路由。

客户端连接到 Kamailio 后，首先发一个登录请求，请求的内容如下（注意 params 里的内容仍然可以根据你的需要随意定义）。

```
{
    "jsonrpc": "2.0",
    "id": "0",
    "method": "login",
    "params": {
        "username": "evapi",
        "password": "secret"
    }
}
```

⊖　参见 http://wiki.geekdream.com/Specification/json-rpc_2.0.html。

服务器会返回一个登录成功的响应消息，具体如下。

```json
{
    "jsonrpc": "2.0",
    "id": "0",
    "result": {
        "code": 200,
        "message": "login success"
    }
}
```

然后客户端就安静地等待服务器的路由请求。如果 Kamailio 侧有呼叫到来，需要查找路由，此时会向 evapi 客户端发送一个路由请求。

```json
{
    "jsonrpc": "2.0",
    "id": "53340:1276135139",
    "method": "route",
    "params": {
        "ru":"sip:9196@192.168.7.8:35060;transport=tcp",
        "rm":"INVITE",
        "fu":"sip:1001@192.168.7.8",
        "si":"172.22.0.1",
        "dest":"9196"
    }
}
```

其中，id 是当前事务的 index 和 label 的组合，params 中的参数可以自己随意定义，在此我们定义 dest 为被叫号码，这些参数我们还会在后面实际的脚本中详细解释。

客户端收到上述消息后，就可以根据 params 中的信息去查找数据库或调用其他的API 并生成一条路由，响应消息示例如下。

```json
{
    "jsonrpc": "2.0",
    "id": "53340:1276135139",
    "result": {
        "route": "sip:kb-fs1:5080"
    }
}
```

然后，Kamailio 就可以根据这里的 route 参数进行路由了。

2）客户端代码

客户端代码在这里也是使用 Lua 实现的，大家可以在随书附赠的代码的 examples/evapi_client 目录中找到。如果你使用本书推荐的 Docker 配置，可以在容器中使用下列命令安装相关的依赖。

```
apk add lua lua-socket lua-cjson
```

然后就可以按下面的方式启动客户端了。

```
lua evapi_client.lua
```

客户端启动后，就会主动连接 Kamailio 的 evapi 监听端口，主要代码详解如下。

```lua
evapi_client.lua:
json = require("cjson")              -- JSON 支持
socket = require("socket")           -- TCP Socket 支持
tcp = assert(socket.tcp())           -- 确保 Socket 是可用的

host, port = "127.0.0.1", 8888       -- 服务地址和端口

-- 下面是后端 FreeSWITCH 的 IP 地址和端口等配置，跟 examples.lua 中的定义相同
FS1_IP = 'kb-fs1'
FS1_PORT = '5080'
FS1_IP_PORT = FS1_IP .. ':' .. FS1_PORT
FS1_URI = 'sip:' .. FS1_IP_PORT

function write_netstring_data(str)   -- 通过 Socket 发送 Netstring 格式的字符串
    local len = #str
    tcp:send(tostring(len) .. ":" .. str .. ",")
end

function read_netstring_data()       -- 在 Socket 上读 Netstring 格式的字符串，内容略
end

print("connecting to " .. host .. ":" .. port)
tcp:connect(host, port)              -- 连接 Kamailio EVAPI 服务，此处并未检查是否出错
print("connected")
-- 发送 login 请求
write_netstring_data('{ "jsonrpc": "2.0", "id": "0", "method": "login", "params": {
"username": "evapi", "password": "secret"} }')

while true do                        -- 无限循环等待接收 Socket 消息
    local data, status = read_netstring_data()  -- 读取 Netstring 格式的消息
    if status == "closed" then break end         -- 如果 Socket 断开则停止
    print("--- read_netstring_data:\n" .. data) -- 打印收到的消息

    local req = json.decode(data)                -- 解析 JSON 消息，得到一个 Lua Table
    if req and req.id and req.method == 'route' and req.params then -- 简单合法性检查
        local dest = req.params.dest             -- 被叫号码
        print("received a call to " .. dest .. "\n")  -- 打印调试消息
        local response = {}                      -- 构造响应消息
        response.id = req.id                     -- id 要原样返回
        response.jsonrpc = "2.0"                 -- JSON-RPC 版本号固定
        local result = {}                        -- 真正的结果数据
        response.result = result
        result.route = FS1_URI                   -- 路由字符串
        write_netstring_data(json.encode(response))  -- 将 Lua Table 转成字符串并发送
    end
end
```

3）服务端代码

evapi 的路由逻辑我们上面已经解释得很清楚了，在此我们直接看代码，这些代码在随书附赠的 evapi.lua 文件中。

```lua
evapi.lua:
local cjson = require 'cjson'                -- 加载 cjson

function ksr_request_route()
    ksr_register_always_ok()
    -- 获取并打印 SIP 请求
```

```lua
local rm = KSR.pv.gete("$rm")
local fu = KSR.pv.gete("$fu")
local ru = KSR.pv.gete("$ru")
local si = KSR.pv.gete("$si")
local dest = KSR.pv.gete("$rU")
KSR.info("request: si: " .. si .. " rm: " .. rm .. " from " .. fu .. " to " ..
    ru .. " dest " .. dest .. "\n")

if not KSR.is_method_in("I") then -- 在此我们只处理 INVITE 消息，其他消息将忽略
    return
end

KSR.tm.t_newtran()                                -- 启动一个新的事务，以便挂起
local tindex = KSR.pv.gete("$T(id_index)") -- 获取新事务的 index，一个无符号整数
local tlabel = KSR.pv.gete("$T(id_label)") -- 获取新事务的 label，一个无符号整数
KSR.info("transaction: index = " .. tindex .. " label = " .. tlabel .. "\n")
-- 构造 RPC 请求，它是一个 Lua Table，将事务 index 和 label 放到 id 中
local req = {
    jsonrpc = "2.0", method = "route",
    id = tindex .. ":" .. tlabel,
    params = {
        rm = rm, fu = fu, ru = ru, si = si, dest = dest
    }
}
local rpc = cjson.encode(req)                     -- 将请求的 Lua Table 转换成字符串
KSR.info("event: " .. rpc .. "\n")                -- 打印
local code = KSR.evapi.async_relay(rpc)
if code == 1 then                                 -- 正常执行，事务被挂起，结果将异步返回
    KSR.info("Transaction suspended\n")
else                                              -- 出错
    KSR.err("Transaction suspend error, code = " .. code .. "\n")
end
-- 路由脚本到此为止，不会阻塞，可以继续处理下一次请求
end

function ksr_evapi_event(evname)                  -- 当收到客户端发来的消息时将调用该函数
    if evname == "evapi:message-received" then
        local msg = KSR.pv.gete("$evapi(msg)")   -- 获取收到的消息，已去除 Netstring 结
                                                  -- 构后的真正 JSON 字符串
        KSR.info('EVAPI SERVER Received: ' .. msg .. "\n") -- 打印该字符串
        local rpc = cjson.decode(msg)             -- 解析 JSON 消息
        if rpc then                               -- 解析成功
            if rpc.id and rpc.method == 'login' then -- 是一个 RPC 请求消息，是登录请求
                KSR.info("client login with user: " .. rpc.params.username ..
                    " password: " .. rpc.params.password .. "\n")
                local res = {                     -- 构造响应消息，简单起见我们允许所有
                                                  -- 客户端登录
                    jsonrpc = "2.0",
                    id = rpc.id,
                    result = {
                        code = 200,
                        message = "login success",
                    }
                }
                local response = cjson.encode(res)
                KSR.evapi.relay(response) -- 返回响应消息。该函数会在 evapi 的 worker
                                          -- 进程中执行，不会阻塞
            elseif rpc.id and rpc.result then                 -- 这是一个 RPC 消息
```

```
                    tindex, tlabel = rpc.id:match("(.+):(.+)") -- 取出事务 index 和 label
                    KSR.pv.sets('$var(evmsg)', msg)            -- 把这个消息存到变量里
                    -- 唤醒并继续执行原有的事务，需要事务 index 和 lable，以及一个回调函数
                    KSR.tmx.t_continue(tindex, tlabel, 'ksr_evapi_continue')
                end
            end
        end
end

function ksr_evapi_continue()                 -- 事务唤醒后，执行该回调函数
    local msg = KSR.pv.gete("$var(evmsg)")    -- 从变量中获取路由描述的 RPC 消息
    KSR.info("Transaction resumed, continue. msg: " .. msg .. "\n")
    local rpc = cjson.decode(msg)             -- 重新解析一遍
    KSR.pv.sets("$du", rpc.result.route)      -- 通过改变 $du 来重设路由
    KSR.tm.t_relay()                          -- 转发 SIP 消息
end
```

通过上述脚本我们可以看出，上述异步执行的机制跟我们前面讲过的 HTTP 异步执行类似。上面我们之所以可以使用 JSON-RPC，是因为它有现成的协议标准。事务的挂起和唤醒需要事务的 index 和 label 参数，我们通过 rpc.id 将它们传到客户端，客户端再原样送回来，而这也正符合 JSON-RPC 协议对 id 的定义。当然我们也可以将这两个参数分别放到 params 里，并从 result 中返回，只是放到 id 里貌似更"优雅"。evapi 并没有规定具体的协议，在实际使用时完全由你说了算，只要服务端和客户端一致就可以了。当然，你也可以使用 6.5.2 节介绍的 rtjson 协议。

4）小结

为了方便讲解，我们上面提到的路由脚本写得比较简单，在实际使用时，需要进行更多的合法性检查，理论上所有通过 Socket 的应用都不能信任对端的数据（比如一个恶意的客户端发送了超长数据或者故意将字符串字段写成整数），因此，对收到的 JSON 数据的每一个参数都需要小心检查。当然，既然 Kamailio 要到客户端去查找路由，这就说明它对客户端还是有基本信任的，在实际使用时你肯定也会用相应的鉴权措施（如 IP 地址白名单和密码等）保护你的 evapi 端口不被非法连接。具体的安全措施超出了本节的范围，留给读者自行学习。

此外，在实际使用时，如果有多个 evapi 客户端连接上来，服务端会向所有客户端发送路由请求。这可能不是你想要的，需要你自行保证只有一个客户端连接到 evapi 服务上。Kamailio 也提供了一个 evapi_set_tag(tname) 函数，可以给客户端打一个标签，然后就可以使用下列函数与具有特定标签（etag）的客户端进行交互了：evapi_multicast(evdata, etag)、evapi_async_multicast(evdata, etag)、evapi_unicast(evdata, etag)、evapi_async_unicast(evdata, etag)。

通过给客户端打标签，Kamailio 的 evapi 服务端可以有选择性地与多个客户端交互，完成更复杂的路由功能，并使整体服务更健壮（如可实现一个客户端死掉由另一个接替等）。高级用法有多种，具体的我们在此就不多讲了，也留给读者自行学习。

6.6 在 KEMI 脚本中调用原生脚本中的路由块

并不是所有模块都支持 KEMI，有时候有些功能在原生的路由块中实现起来比在 Lua 中实现更方便，或者你已经有了一些写好的路由块但不想花很多时间改由 Lua 实现，这时候，也可以从 Lua 脚本中调用原生脚本中的路由块。看下面的例子。

原生路由块如下。

```
route[NATIVE] {
    append_hf("P-hint: appended in NATIVE route blocks\r\n");
    $var(exit) = 1;
    return;
}
```

Lua 路由块实现代码（native.lua）如下。

```
function ksr_request_route()
    KSR.route("NATIVE")          -- 调用原生脚本中的 NATIVE 路由块并返回结果
    if KSR.pvx.var_get("exit") == 1 then
        KSR.x.exit()
    end
end
```

所以，原生的路由脚本可以调用 Lua 脚本中的路由块，Lua 脚本也可以调用原生脚本中的路由块，你中有我，我中有你，就看你怎么组合。如果你已经有了很多原生的路由脚本，想迁移到 Lua 中，也可以通过这个方法一步一步替换，而不用一下子完成。当然，更重要的是可以通过该示例，进一步理解 Kamailio 中的路由处理逻辑，比如路由块其实相当于一个函数调用，并且可以有返回值。

第 7 章 *Chapter 7*

数据库操作

Kamailio 本身不依赖于数据库,但在实际应用中,用户、中继及路由信息等,通常都会存储在数据库中。虽然 Kamailio 可以通过各种 API(如上一章讲过的 API 路由)获取这些数据,但是直连数据库进行数据存取还是最直接的方式。Kamailio 也支持很多类型的数据库,如常用的关系型数据库 PostgreSQL、MySQL、MariaDB、Oracle、SQL Server、SQLite 等,以及非关系型数据库 MongoDB、Redis、Berkeley DB 等。

为提高效率,Kamailio 在大部分时候都是一次性把数据从数据库读到内存中。但有时候,也可以实时查询数据、获取数据。通过本章我们一起来看一下 Kamailio 中数据库的配置和使用方法。

7.1 初始化数据库

Kamailio 支持主流的数据库,下面我们仅以 PostgreSQL 和 MySQL 为例讲一下对数据库进行初始化和配置的方法。

7.1.1 PostgreSQL

Kamailio 自带了一个数据库初始化脚本 kamdbctl,我们使用它来创建数据库,但该脚本不是很好用。它首先需要一个配置文件 /etc/Kamailio/kamctlrc,在该文件中可以配置连接数据库的参数。

```
## 你的 SIP domain
SIP_DOMAIN=xswitch.cn
## 数据库引擎
DBENGINE=PGSQL
```

```
##  数据库服务器
DBHOST=kb-pg
##  数据库端口
DBPORT=5432
##  数据库名
DBNAME=Kamailio
##  数据库读写用户名，用于读写数据
DBRWUSER="Kamailio"
##  数据库读写用户密码
DBRWPW="Kamailio"
##  数据库只读用户名
DBROUSER="Kamailio"
##  数据库只读用户密码
DBROPW="Kamailio"
##  超级用户，该用户需要能创建数据库
DBROOTUSER="root"
##  超级用户密码
DBROOTPW="root"
```

另外，kamdbctl 在创建数据库的过程中要多次询问数据库密码，为了避免出错，我们通过将密码写入 .pgpass 文件解决该问题。.pgpass 是连接 PostgreSQL 的标准方法，感兴趣的读者可以阅读相关资料。

以下指令仅供参考，无须实际执行。

```
echo 'gw-pg:5432:kamailio:root:root' > ~/.pgpass
chmod 0600 ~/.pgpass
```

在 db.yml 中，我们使用 POSTGRES_HOST_AUTH_METHOD=trust 环境变量，所以，任何用户的访问都被认为是可信任的。出现这种情况的主要原因是 kamdbctl 尝试新建数据库，如果创建失败它就不往下执行了。在实际生产环境中，数据库往往是由超级用户建好的，理论上脚本只管建表就行。但数据库安全不是本书的重点，因此我们直接以 root 超级用户登录并建表。如果后续考虑安全性，可以去掉 trust 环境变量。

上述配置文件在我们的仓库中已经有了，为了简单我们也把相关指令直接写到 Makefile 中，只需要执行如下代码。

```
make up-pg                 # 启动数据库容器
make create-kam-pg         # 创建数据库
```

执行过程中将会在控制台上显示所有命令。在创建过程中，脚本可能会问你是否创建其他的表，一般回答"y"即可。如果任何地方出错，可以使用以下命令重来。

```
make down-pg               # 停止数据库容器
rm -rf cache/pgdata        # 清除缓存数据
make up-pg                 # 启动数据库容器
make create-kam-pg         # 创建数据库
```

如果一切顺利，数据库就创建成功了。用如下方式查看一下。

```
make bash-pg               # 进入数据库容器
psql kamailio              # 进入数据库

\d                         # 显示数据库表
```

```
kamailio=# select ^ from version;        # 查询版本号
kamailio=# select * from dispatcher;    # 查询 dispatcher 表
 id | setid | destination | flags | priority | attrs | description
----+-------+-------------+-------+----------+-------+-------------
(0 rows)
```

使用 Ctrl+C 组合键可以退出 psql。更多的命令和使用方法请参阅 PostgreSQL 相关文档。

如果按上述方法创建数据库总出问题，也可以找到原始的建表语句进行手动创建，原始的 SQL 文件在 /usr/share/kamailio/postgres/ 目录下。手动创建的方法如下（命令仅供参考）。

```
docker cp kb-kam:/usr/share/Kamailio/postgres /tmp/
docker cp /tmp/postgres kb-pg:/tmp/
make bash-pg
psql
CREATE user kamailio with password 'kamailio';
CREATE DATABASE kamailio owner 'kamailio';
exit;
cd /tmp/postgres
cat *.sql | psql kamailio
```

7.1.2　MySQL

不排除很多人熟悉并喜欢用 MySQL。如果你使用 MySQL，只需要修改 kamctlrc，即将 DBENGINE 改成 MYSQL 即可，这样在文件的末尾会加载 kamctlrc.mysql 相关的配置，从而覆盖 kamctlrc 中的配置。

```
case $DBENGINE in
    MYSQL|MySQL|MySQL)
        . /etc/kamailio/kamctlrc.mysql
esac
```

执行如下命令创建数据库。

```
make create-kam-mysql
```

如果在上述代码执行过程中提示输入密码，直接按回车即可，因为这里我们没有使用密码。对于后续的几个提示，直接选 Yes（"y"）即可。如果出错，可以按如下方法删掉 cache/mysql 目录重来。

```
make down-mysql
rm -rf cache/mysql
make up-mysql
make create-kam-mysql
```

如果按上述方法创建数据库总出问题，也可以找到原始的建表语句进行手动创建，原始的 SQL 文件在 /usr/share/Kamailio/mysql/ 目录下。

7.2 配置数据库连接

数据库操作在 sqlops[一] 模块中实现，因而需要加载该模块。另外，要使用哪个数据库，还需要加载对应的数据库模块，如 db_postgres 或 db_mysql。下面以前者为例。若要测试例子中的代码，可以取消掉 Kamailio.conf 中 ##WITH_PG 前面的注释（改成一个 #）。

```
loadmodule "db_postgres.so"
loadmodule "sqlops.so"
modparam("sqlops", "sqlcon", EXAMPLEDBURL)
```

其中，EXAMPLEDBURL 是一个宏，它是一个字符串，定义如下。

```
#!define EXAMPLEDBURL "example=>postgres://kamailio:kamailio@kb-pg/kamailio"
```

相应的语法如下。

```
#!define EXAMPLEDBURL "连接 ID=> 数据库连接字符串 "
#!define EXAMPLEDBURL "连接 ID=> 数据库类型 :// 用户名 : 密码 @ 主机名或 IP 地址 / 数据库名称 "
```

其中连接 ID 用于在后续的路由脚本中引用，此处是 example。sqlops 参数可以有多行，可用于连接多个不同的数据库，甚至不同类型的数据库。

7.3 在路由时进行 SQL 查询

在路由时可以使用如下个方法查询数据库。

```
sql_query(" 连接 ID", sql, " 结果 ")
sql_xquery(" 连接 ID", sql, " 结果 ")
sql_pvquery(" 连接 ID", sql, " 结果 ")
```

上述三个函数作用一样，只是返回值和处理方法不同。

1. 函数返回值

sql_query、sql_xquery、sql_pvquery 的返回值如下。

❑ -1：参数或查询出错。

❑ 1：执行成功，如果是 SELECT 查询，则至少返回一行。

❑ 2：执行成功，如果是 SELECT 查询，则没有任何行返回。

2. sql_query

如果 sql_query 函数执行成功，则可以通过 $dbr 获取结果。$dbr 是一个伪变量，它的语法如下。

```
$dbr(result=>key)
```

㊀ 参见 https://kamailio.org/docs/modules/devel/modules/sqlops.html。

其中，result 为 sql_query 的第三个参数，key 取值如下。

- rows：行数。
- cols：列数。
- [row, col]：获取对应行、列上的值。
- colname[N]：第 N 列的名称。

3. sql_xquery

sql_xquery 函数允许通过列名获取结果。如果执行成功，则可以通过 AVP 列获取结果，其中，AVP 的名称是函数的第三个参数，举例如下。

```
sql_xquery('example', sql, 'result')
```

获取第 i 行的方法如下。

```
$xavp(result[i])
```

获取第 i 行且列名为 col_name 的值的方法如下。

```
$xavp(result[i]=>col_name)
```

为了方便获取查询结果，我们定义了如下两个函数。

```
function xdb_get_row(xavp, irow) -- 获取一行数据
    return KSR.pv.get("$xavp(" .. xavp .. "[" .. tostring(irow) .. "])")
end

function xdb_gete_col(xavp, irow, col_name)  -- 在行上根据列名获取数据
    return KSR.pv.gete("$xavp(" .. xavp .. "[" .. tostring(irow) .. "]=>" ..
        col_name ..")")
end
```

注意，在上述情况下，将会生成很多不同的 AVP，我们曾在 4.4.1 节介绍伪变量静态名称限制时讨论过这个问题。但在上述情况下，一般来说返回的行数和列数都是有限的，生成的 AVP 数量也是有限的，占用内存不会很大，因而是可以接受的。

下面是一个进行数据库查询的例子，解读详见里面的注释。

```
function ksr_request_route()
    ksr_register_always_ok()

    local sql = "SELECT * FROM version"

    -- 查询 example 连接的数据库，结果放入 version 中
    local ok = KSR.sqlops.sql_query("example", sql, "version");
    local nrows = tonumber(KSR.pv.get("$dbr(version=>rows)"))
    local ncols = tonumber(KSR.pv.get("$dbr(version=>cols)"))
    KSR.info("number of rows in table: " .. nrows .. "\n");
    local i = 0
    local j = 0
    -- 打印列名，注意，i 和 j 都是 C 语言中的下标，因而是从 0 开始的，而不像 Lua 中从 1 开始
    while j < ncols do
        KSR.info("col#" .. j .. ": " .. KSR.pv.gete("$dbr(version=>colname[" .. j ..
            "])") .. "\n")
```

```
        j = j + 1
    end
-- 遍历打印所有行和列
while i < nrows do
    j = 0
    while j < ncols do
        KSR.info("#" .. i .. "-" .. j .. ":" .. KSR.pv.get("$dbr(version=>[" ..
            i .. "," .. j .. "])") ) .. "\n")
        j = j + 1
    end
    i = i + 1
end

-- 释放内存
KSR.sqlops.sql_result_free("version")

-- 第二种查询方式
ok = KSR.sqlops.sql_xquery("example", sql, "version")
if ok >= 0 then
    KSR.info('xquery sql ok\n')
    KSR.sqlops.sql_result_free("version")
    i = 0
    -- 循环打印所有行和列
    while xdb_get_row("version", i) do
        KSR.info("id=" .. xdb_gete_col("version", i, "id") ..
        " table_name=" .. xdb_gete_col("version", i, "table_name") ..
        " table_version=" .. xdb_gete_col("version", i, "table_version") ..
        "\n")
        i = i + 1
    end
else
    KSR.error("SELECT ERROR " .. ok .. "\n")
end

-- 在实际场景下可以根据数据库中的查询结果进行路由
-- 但这里我们只是演示数据库的查询，因而简单返回 404，
KSR.sl.sl_send_reply(404, "Not Found")
end
```

7.4 其他函数和伪变量

Kamailio 还提供了一些其他的函数和伪变量用于与数据库交互。

1. sql_pvquery

sql_pvquery 函数可以将查询结果存入多个伪变量中，可以是任何可以写入（非只读）的伪变量，如 $var、$avp、$xavp、$ru、$du、$sht 等。

sql_pvquery 的简单使用示例如下，详细使用方法可以参阅相关文档。

```
KSR.sqlops.sql_pvquery("example", "select 'col1', 2, NULL, 'sip:test@example.com'",
    "$var(a), $avp(col2), $xavp(item[0]=>s), $ru")
```

2. sql_query_async

sql_query_async 函数可以异步执行 SQL。该函数需要底层数据库模块的支

持，db_mysql 模块已支持 sql_query_async，db_postgres 模块目前还不支持[⊖]sql_query_async。异步执行的 SQL 会在独立的进程中执行（必须设置 async_works 核心参数以便支持异步操作），因而无法获取结果，其主要用在往数据库里插入数据之类的场景。使用示例如下。

```
sql = "INSERT INTO version (default, 'TEST-TEST', 0)"
KSR.sqlops.sql_query_async("example", sql)
```

3. $sqlrows

$sqlrows 是一个伪变量，可以获取 SQL 影响的行数（主要是受 INSERT、UPDATE、DELETE 等影响的数据库中的行数）。使用示例如下。

```
local sql = "INSERT INTO ...."
KSR.sqlops.sql_query("example", sql, "result")
KSR.pv.get("$sqlrows(example)")
```

7.5　常用数据库表结构

在 Kamailio 源代码的 utils/kamctl/ 目录下，可以找到不同数据库的 SQL 定义的目录，如 postgres、mysql 等。以 postgres 目录为例，下列命令只列出了目录中的前 10 个文件。

```
ls | head

acc-create.sql
alias_db-create.sql
auth_db-create.sql
avpops-create.sql
carrierroute-create.sql
cpl-create.sql
dialog-create.sql
dialplan-create.sql
dispatcher-create.sql
domain-create.sql
```

Kamailio 中有一个特殊的 version 表，用于记录各模块的版本号，它是在 standard-create.sql 中定义的，建表语句如下。

```
CREATE TABLE version (
    id SERIAL PRIMARY KEY NOT NULL,
    table_name VARCHAR(32) NOT NULL,
    table_version INTEGER DEFAULT 0 NOT NULL,
    CONSTRAINT version_table_name_idx UNIQUE (table_name)
);

INSERT INTO version (table_name, table_version) values ('version','1');
```

⊖　即将发布的 5.6.0 版将会支持异步操作。

每个模块相关的表在创建后都会向 version 表插入一条记录。如果在模块加载时，模块代码中的版本号和数据库中的版本号不匹配，则该模块会被拒绝加载。作为参考，常用的 dispatcher 表的创建语句如下。

```
CREATE TABLE dispatcher (
    id SERIAL PRIMARY KEY NOT NULL,
    setid INTEGER DEFAULT 0 NOT NULL,
    destination VARCHAR(192) DEFAULT '' NOT NULL,
    flags INTEGER DEFAULT 0 NOT NULL,
    priority INTEGER DEFAULT 0 NOT NULL,
    attrs VARCHAR(128) DEFAULT '' NOT NULL,
    description VARCHAR(64) DEFAULT '' NOT NULL
);

INSERT INTO version (table_name, table_version) values ('dispatcher','4');
```

此外，上述语句在标准的 Kamailio 的安装目录下也能找到，如 /usr/share/kamailio/postgres/。以下网址提供了更详细的说明，但可能跟你使用的版本不一致，故仅供参考：https://www.kamailio.org/docs/db-tables/kamailio-db-devel.html。

具体数据库的使用方法大部分跟使用的模块相关，我们将在后面随模块一起介绍。

15 个典型的路由示例

有了前面的基础，本章我们来看更多的路由示例。这些示例并不能归为同一类，而是使用了不同的模块，颇具代表性。为便于理解，我们仅展示其中最关键、最本质的部分，略去一些对错误处理状态的检查。比如，有些示例只能转发客户端方向发来的呼叫，对 FreeSWITCH 侧发来的呼叫没有进行识别和处理；有些示例只能转发 INVITE 请求，对 CANCEL 和 BYE 消息没有进行处理。Kamailio 是一个"有状态"的系统，SIP 本身就有很多"状态"，在实际应用中还是要像我们在 2.3 节讲过的那样使用完整的脚本。本章只专注于介绍独立的模块和应用场景。注意，有些示例使用了一些明显很假的 IP 地址，如 1.2.3.4、5.6.7.8 等，在实际练习的时候要换成你自己的 IP 地址。

8.1 通过号码分析树进行路由

在通信领域，常见的路由选择都是根据被叫字冠进行的。Kamailio 有一个 mtree 模块，该模块提供一个树形数据结构，将被叫号码放到内存中树的节点上，可以使查询速度非常快，这种做法适合做字冠匹配。mtree 模块也需要一个数据库模块配合，数据最初存储在数据库里，在系统启动时把数据从数据库读入内存中。后续如果数据库中的数据有更新，也可以通过命令行重新加载数据。

mtree 模块配置如下。

```
loadmodule "mtree"
modparam("mtree", "db_url", DBURL)        # 数据库 URL
modparam("mtree", "db_table", "mtrees") # 数据库表的名称
```

相关的建表 SQL 语句如下。

```
CREATE TABLE mtree (
    id SERIAL PRIMARY KEY NOT NULL,                -- ID, 自增长
    tprefix VARCHAR(32) DEFAULT '' NOT NULL,        -- 字冠
    tvalue VARCHAR(128) DEFAULT '' NOT NULL,        -- 对应的内容, 可以放任何字符串
    CONSTRAINT mtree_tprefix_idx UNIQUE (tprefix)   -- 索引
);

CREATE TABLE mtrees (
    id SERIAL PRIMARY KEY NOT NULL,                 -- ID, 自增长
    tname VARCHAR(128) DEFAULT '' NOT NULL,         -- 树的名称
    tprefix VARCHAR(32) DEFAULT '' NOT NULL,        -- 字冠
    tvalue VARCHAR(128) DEFAULT '' NOT NULL,        -- 对应的内容, 可以放任何字符串
    CONSTRAINT mtrees_tname_tprefix_tvalue_idx UNIQUE (tname, tprefix, tvalue)
);
```

在本例中我们仅使用 mtrees 表, 往数据库中插入以下两条数据。

```
INSERT INTO mtrees (tname, tprefix, tvalue) VALUES ('mytree', '9',
    'sip:1.2.3.4:5060');
INSERT INTO mtrees (tname, tprefix, tvalue) VALUES ('mytree', '9196',
    'sip:5.6.7.8:5060');
```

重启 Kamailio, 或使用 kamcmd mtree.reload 命令让 mtree 模块重读数据库。这样数据就会被读入内存, 后续在路由脚本中就不需要再访问数据库了, 这保证了查询高效。可以使用如下命令进行验证。

```
# kamcmd mtree.match mytree s:9 0
mytree
{
    PREFIX: 9
    TVALUE: sip:1.2.3.4:5060
}

# kamcmd mtree.match mytree s:91 0
mytree
{
    PREFIX: 91
    TVALUE: sip:1.2.3.4:5060
}

# kamcmd mtree.match mytree s:9196 0
mytree
{
    PREFIX: 9196
    TVALUE: sip:5.6.7.8:5060
}
```

其中, 命令行中的 "s:" 表示后面的第一个值是一个字符串, 最后一个值表示匹配模式, 这些内容下面会讲到。

mtree 使用 Longest Matching Prefix 算法进行路由匹配, 即优先匹配最长的字冠前缀。从上面的命令输出中也可以看出, 当输入是 9196 时, 匹配到了 9196 那条路由, 其他的情况都只匹配到了 9 那一条。

路由脚本示例如下 (mtree.lua)。

```
function ksr_request_route()
    ksr_register_always_ok()

    local rU = KSR.pv.gete("$rU")                    -- 获取 Request User 部分，即被叫号码
    matched = KSR.mtree.mt_match("mytree", rU, 0)-- 到树中查找是否有匹配的字冠
    KSR.info("rU = " .. rU .. " matched = " .. matched .. "\n") -- 打印日志
    if matched == 1 then                             -- 若匹配
        KSR.info("matched value: "..KSR.pv.gete("$avp(s:tvalue)").."\n") -- 打印日志
        KSR.forward_uri(KSR.pv.gete("$avp(s:tvalue)")) -- 根据匹配的内容路由
        KSR.x.exit()
    else                                             -- 没找到匹配项
        KSR.err("No match\n")
        KSR.sl.sl_send_reply(404, "Not Found")       -- 返回 404 Not Found
    end
end
```

如果路由匹配成功，则匹配到的值默认会存到 $avp(s:tvalue) 这个 PV 中（或由模块的 pv_value 参数指定的 AVP）。本例我们只是简单存储了一个 URI 字符串，在实际使用时可以存任何有意义的字符串。

mt_match(mtree, pv, mode) 函数的参数说明如下。

❏ mtree：字符串，树的名字，数据库和对应的内存中可以存放多棵树。

❏ pv：字符串，表示要匹配的值，如主叫号码、被叫号码等。

❏ mode：匹配模式。取值为 0 或 2，其中 0 表示结果 PV 中存放匹配的结果；2 表示结果 PV 是一个数组（默认为 tvalues），存放所有匹配的结果，其中第 [0] 个位置存放匹配的最长的那一个值。

更多参数和使用方法可以参阅相关文档：https://kamailio.org/docs/modules/devel/modules/mtree.html 。

8.2　号码翻译

本例我们使用 dialplan 模块。该模块主要提供号码匹配和翻译功能。该模块的相关配置如下。

```
loadmodule "dialplan"
modparam("dialplan", "db_url", DBURL)             # 数据库 URL
modparam("dialplan", "attrs_pvar", "$avp(dp_attrs)") # 属性对应的 PV
```

对应的数据库建表语句如下。

```
CREATE TABLE dialplan (
    id SERIAL PRIMARY KEY NOT NULL, -- ID，自增长
    dpid INTEGER NOT NULL,          -- dialplan ID
    pr INTEGER NOT NULL,            -- 优先级
    match_op INTEGER NOT NULL,      -- 规则的匹配方式，0 表示完全相等，1 表示正则表达式
    match_exp VARCHAR(64) NOT NULL, -- 匹配表达式（正则表达式或者字符串）
    match_len INTEGER NOT NULL,     -- 匹配长度
    subst_exp VARCHAR(64) NOT NULL, -- 替换表达式
    repl_exp VARCHAR(256) NOT NULL, -- 替换表达式（类似 sed）
```

```
        attrs VARCHAR(64) NOT NULL          -- 匹配成功后的属性，可以通过 $avp(dp_attrs) 访问
);
```

往数据库中插入下面的数据，每一个数据代表一条翻译规则。

```
INSERT INTO dialplan (dpid, pr, match_op, match_exp, match_len, subst_exp,
    repl_exp, attrs)
    VALUES (1, 0, 0, '102', 0, '', '212341234', 'equal match');

INSERT INTO dialplan (dpid, pr, match_op, match_exp, match_len, subst_exp,
    repl_exp, attrs)
    VALUES (2, 0, 1, '0([0-9]{8})', 0, '0([0-9]{8})', '\1', 'regexp match');
```

在数据库中运行 "SELECT * FROM dialplan;"，会看到如下数据。

```
id | dpid | pr | match_op | match_exp  | match_len | subst_exp  | repl_exp | attrs
---+------+----+----------+------------+-----------+------------+----------+---------
 1 |  1   | 0  |    0 | 102        |      0 |            | 212341234| equal match
 2 |  2   | 0  |    1 | 0([0-9]{8})|      0 | 0([0-9]{8})| \1       | regexp match
(2 rows)
```

重启 Kamailio，或使用 kamcmd dialplan.reload 命令让 dialplan 模块重读数据库，然后可以使用下列命令进行验证。

```
# kamcmd dialplan.dump 1                    # 导出 DPID 为 1 的记录
{
        DPID: 1
        ENTRIES: {
                ENTRY: {
                        PRIO: 0
                        MATCHOP: 0        # 完全匹配
                        MATCHEXP: 102
                        MATCHLEN: 0
                        SUBSTEXP: <null string>
                        REPLEXP: 212341234
                        ATTRS: equal match
                }
        }
}
```

在命令行上执行如下号码翻译测试程序。

```
# kamcmd dialplan.translate 1 s:102
{
        Output: 212341234
        Attributes: equal match
}
```

由上面的输出可以看到，号码 102 被翻译成了 212341234。

接下来我们看 DPID 为 2 的记录。

```
# kamcmd dialplan.dump 2
{
        DPID: 2
        ENTRIES: {
                ENTRY: {
                        PRIO: 0
                        MATCHOP: 1                        # 采用正则表达式匹配
```

```
                            MATCHEXP: 0([0-9]{8})   # 正则表达式
                            MATCHLEN: 0
                            SUBSTEXP: 0([0-9]{8})   # 执行替换的正则表达式，括号里面的内容可以引用
                            REPLEXP: \1             # 替换结果引用，此处表示使用第一个匹配结果
                            ATTRS: regexp match
                    }
            }
    }
```

使用上述翻译规则的翻译示例如下。

```
# dialplan.translate 2 s:012345678
{
        Output: 12345670
        Attributes: regexp match
}
```

上面的例子中，号码 012345678 先按照 MATCHEXP 的配置进行 0([0-9]{8}) 的匹配，匹配成功后就跟 MATCHEXP 没什么关系了。接下来做替换操作，替换要依据 SUBSTEXP 和 REPLEXP 进行。现在 SUBSTEXP 配置的值是 0([0-9]{8})，号码 012345678 拆分成了两个部分，即 0 和第一个括号里的内容 12345678；REPLEXP 配置的值是 \1，也就是引用第一个括号里的内容，这样最后得到的结果是 12345678，也就是删除了前缀 0，俗称"吃掉"0。

路由脚本示例如下（dialplan.lua）。

```
function ksr_request_route()
    ksr_register_always_ok()
    -- 执行 dialplan 替换，结果存到 $var(new_rU) 中
    rc = KSR.dialplan.dp_replace(2, KSR.pv.gete("$rU"), "$var(new_rU)")
    if rc == 1 then -- 替换成功
        KSR.info("dp_attrs = " .. KSR.pv.gete("$avp(dp_attrs)") .. "\n") -- 打印日志
        KSR.pv.sets("$rU", KSR.pv.get("$var(new_rU)")) -- 设置新的 Request User
        KSR.pv.sets("$tU", KSR.pv.get("$var(new_rU)")) -- 设置新的 To User
        KSR.pv.sets("$tn", KSR.pv.get("$var(new_rU)")) -- 设置新的 To User 名称
        KSR.pv.sets("$du", FS1_URI) -- 固定转发到 FreeSWITCH 1
        KSR.tm.t_relay()                 -- 执行路由转发
    else                                 -- 匹配失败则返回空号
        KSR.sl.sl_send_reply(404, "Not Found")
        KSR.x.exit()
    end
end
```

dialplan 的匹配也是在内存中进行的，脚本运行过程中不会访问数据库，因而执行起来非常快。

8.3　低成本路由

本例使用 lcr 模块。lcr 是 Least Cost Routing 的简称，即低成本路由。该模块可以根据配置，在要到达的目的地有多个可选网关时，选择成本（以优先级和权重体现）最低的那个。配置如下。

```
loadmodule "lcr.so"
modparam("lcr", "db_url", DBURL)
modparam("lcr", "rule_id_avp", "$avp(lcr_ruleid)")      # 规则 ID 对应的 AVP
modparam("lcr", "gw_uri_avp", "$avp(lcr_gwuri)")        # 网关 URI 对应的 AVP
modparam("lcr", "ruri_user_avp", "$avp(lcr_ruri_user)") # Request URI 对应的用户 AVP
```

相关数据库建表语句如下。

```
CREATE TABLE lcr_rule (                    -- lcr 规则表
    id SERIAL PRIMARY KEY NOT NULL,        -- ID, 自增长
    lcr_id SMALLINT NOT NULL,              -- lcr 路由 ID
    prefix VARCHAR(16) DEFAULT NULL,       -- 字冠
    from_uri VARCHAR(64) DEFAULT NULL,     -- From URI
    request_uri VARCHAR(64) DEFAULT NULL,  -- R-URI
    mt_tvalue VARCHAR(128) DEFAULT NULL,   -- 保存 mtree 的值
    stopper INTEGER DEFAULT 0 NOT NULL,    -- 是否停止后面的解析
    enabled INTEGER DEFAULT 1 NOT NULL,    -- 是否启用后面的解析
    CONSTRAINT lcr_rule_lcr_id_prefix_from_uri_idx UNIQUE (lcr_id, prefix, from_uri)
);

CREATE TABLE lcr_rule_target (             -- lcr 路由目的地表
    id SERIAL PRIMARY KEY NOT NULL,        -- ID, 自增长
    lcr_id SMALLINT NOT NULL,              -- lcr 路由 ID
    rule_id INTEGER NOT NULL,              -- 规则 ID
    gw_id INTEGER NOT NULL,                -- 网关 ID
    priority SMALLINT NOT NULL,            -- 优先级
    weight INTEGER DEFAULT 1 NOT NULL,     -- 权重
    CONSTRAINT lcr_rule_target_rule_id_gw_id_idx UNIQUE (rule_id, gw_id)
);

CREATE TABLE lcr_gw (                      -- lcr 网关表
    id INTEGER PRIMARY KEY NOT NULL,       -- ID, 自增长
    lcr_id SMALLINT NOT NULL,              -- lcr 路由 ID
    gw_name VARCHAR(128),                  -- 网关名称
    ip_addr VARCHAR(50),                   -- IP 地址
    hostname VARCHAR(64),                  -- 域名
    port SMALLINT,                         -- 端口号
    params VARCHAR(64),                    -- 其他参数
    uri_scheme SMALLINT,                   -- URI 类型: 1 = sip; 2 = sips
    transport SMALLINT,                    -- SIP 传输方式: 1 = UDP; 2 = TCP; 3 = TLS;
                                           --   4 = SCTP
                                           -- 跟伪变量 $prid 的含义完全一样
    strip SMALLINT,                        -- 是否在开头删号
    prefix VARCHAR(16) DEFAULT NULL,       -- 字冠
    tag VARCHAR(64) DEFAULT NULL,          -- 标签
    flags INTEGER DEFAULT 0 NOT NULL,      -- 标志
    defunct INTEGER DEFAULT NULL           -- 失效标志, 是一个 UNIX 时间戳
);
```

lcr 模块涉及三张表, 其中 lcr_rule 定义 id 跟 prefix 的对应关系; lcr_rule_target 定义 rule_id 跟 gw_id 的对应关系; lcr_gw 定义网关的详细参数, 主要包括 IP 地址、端口及 hostname 等, 其中 hostname 对应匹配后的路由设置规则, 简述如下。

❑ 若 hostname 为空, 那么结果中 $du 为空, $ru 指向 IP 地址 (对应上述 ip_addr 字段)。

❑ 若 hostname 非空, 那么 $du 指向 IP 地址 (等于配置了呼出代理), 而 $ru 则指

向 hostname。

现在我们插入如下测试数据。

```
INSERT INTO lcr_rule (lcr_id, prefix, from_uri) VALUES (1, '44', NULL);
INSERT INTO lcr_rule (lcr_id, prefix, from_uri) VALUES (1, '442', NULL);
INSERT INTO lcr_rule (lcr_id, prefix, from_uri) VALUES (1, '443', NULL);
INSERT INTO lcr_rule (lcr_id, prefix, from_uri) VALUES (1, '49', NULL);
INSERT INTO lcr_rule (lcr_id, prefix, from_uri) VALUES (1, '49800', NULL);
INSERT INTO lcr_rule (lcr_id, prefix, from_uri) VALUES (1, '491', NULL);

INSERT INTO lcr_rule_target (lcr_id, rule_id, gw_id, priority, weight) VALUES
    (1, 1, 1, 10, 1);
INSERT INTO lcr_rule_target (lcr_id, rule_id, gw_id, priority, weight) VALUES
    (1, 2, 2, 10, 1);
INSERT INTO lcr_rule_target (lcr_id, rule_id, gw_id, priority, weight) VALUES
    (1, 3, 2, 10, 1);
INSERT INTO lcr_rule_target (lcr_id, rule_id, gw_id, priority, weight) VALUES
    (1, 4, 2, 10, 1);
INSERT INTO lcr_rule_target (lcr_id, rule_id, gw_id, priority, weight) VALUES
    (1, 5, 1, 10, 1);
INSERT INTO lcr_rule_target (lcr_id, rule_id, gw_id, priority, weight) VALUES
    (1, 5, 3, 20, 1);
INSERT INTO lcr_rule_target (lcr_id, rule_id, gw_id, priority, weight) VALUES
    (1, 6, 1, 10, 1);

INSERT INTO lcr_gw (lcr_id, gw_name, ip_addr, hostname, port, params, uri_scheme)
    VALUES (1, 'gw1', '10.1.1.101', NULL, 5060, NULL, 1);
INSERT INTO lcr_gw (lcr_id, gw_name, ip_addr, hostname, port, params, uri_scheme)
    VALUES (1, 'gw2', '10.1.1.102', 'gw.com', 5070, NULL, 1);
INSERT INTO lcr_gw (lcr_id, gw_name, ip_addr, hostname, port, params, uri_scheme)
    VALUES (1, 'gw3', '10.1.1.103', NULL, 5060, NULL, 1);
```

运行下面的 SELECT 查询，可以看得比较清楚。

```
SELECT * from lcr_rule;
```

id	lcr_id	prefix	from_uri	request_uri	mt_tvalue	stopper	enabled
1	1	44	NULL	NULL	NULL	0	1
2	1	442	NULL	NULL	NULL	0	1
3	1	443	NULL	NULL	NULL	0	1
4	1	49	NULL	NULL	NULL	0	1
5	1	49800	NULL	NULL	NULL	0	1
6	1	491	NULL	NULL	NULL	0	1

```
SELECT * from lcr_rule_target;
```

id	lcr_id	rule_id	gw_id	priority	weight
1	1	1	1	10	1
2	1	2	2	10	1
3	1	3	2	10	1
4	1	4	2	10	1
5	1	5	1	10	1
6	1	5	3	20	1
7	1	6	1	10	1

```
SELECT * from lcr_gw; -- (此处省略了部分列以方便排版)
+----+--------+---------+-----------+----------+------+--------+-----------+-------+--------+
| id | lcr_id | gw_name | ip_addr   | hostname | port | params | transport | strip | prefix |
+----+--------+---------+-----------+----------+------+--------+-----------+-------+--------+
| 1  |    1   | gw1     | 10.1.1.101| NULL     | 5060 | NULL   |      NULL |  NULL | NULL   |
| 2  |    1   | gw2     | 10.1.1.102| gw.com   | 5070 | NULL   |      NULL |  NULL | NULL   |
| 3  |    1   | gw3     | 10.1.1.103| NULL     | 5060 | NULL   |      NULL |  NULL | NULL   |
+----+--------+---------+-----------+----------+------+--------+-----------+-------+--------+
```

路由脚本示例如下（lcr.lua）。

```lua
function ksr_request_route()
    ksr_register_always_ok()
    local rU = KSR.pv.gete("$rU")                -- 获取 Request User 部分
    if KSR.lcr.load_gws(1, rU) == 1 then         -- 查询网关
        if KSR.lcr.next_gw() == 1 then           -- 根据找到的内容替换 R-URI、Dest URI 等
            KSR.info("ruleid = " .. KSR.pv.gete("$avp(lcr_ruleid)") .. "\n") -- 打印
            KSR.info("$du = " .. KSR.pv.gete("$du")   .. "\n")
            KSR.info("$ru = " .. KSR.pv.gete("$ru")   .. "\n")
            KSR.tm.t_relay()                     -- 发往下一跳
            KSR.x.exit()
        end
    end
    KSR.sl.send_reply(503, "No available gateways") -- 未找到路由则返回错误
end
```

使用上述路由脚本，如果呼叫 441000，则先查 lcr_rule 表，匹配第一条规则（rule_id 为 1）；再查 lcr_rule_target 表，rule_id1 匹配的 gw_id 为 1；最后查 lcr_gw 表，对应的网关 IP 地址是 10.1.1.101，端口是 5060。实际运行的结果是：ruleid 为 1，$du 为空，$ru 为 sip:441000@10.1.1.101:5060。这跟上面的分析完全吻合。

如果呼叫 442000，则先查 lcr_rule 表，rule_id1 和 rule_id2 都符合，但是 rule_id2 的 prefix 更长，于是最终匹配的是 rule_id2；再查 lcr_rule_target 表，rule_id2 匹配的 gw_id 为 2，请注意，gw2 配置的 hostname 为 gw.com，这会导致 $du 和 $ru 不一致。实际运行的结果是：ruleid 为 2，$du 为 sip:10.1.1.102:5070，$ru 为 sip:442000@gw.com。

如果呼叫 49800123，匹配的 rule_id 是 5，而 lcr_rule_target 为这个 rule_id 配置了两个网关，其中 gw1 的优先级是 10，gw2 的优先级是 20。优先级的取值范围是 0 ~ 255，值越小其优先级越高，所以，最后选中的网关只能是优先级更高的 gw1。实际运行的结果是：ruleid 为 5，$du 为空，$ru 为 sip:49800123@10.1.1.101:5060。

8.4 前缀路由

本节要讲的示例会用到 prefix_route 模块，该模块根据数据库中的一组字冠（prefix，也称号码前缀）进行路由，它在加载时会把数据库中的数据加载到内存的二叉树中，这样后续的查询会非常快。该模块是一个很老的模块，不过也可以部分支持 KEMI，且

该模块有一定的参考意义，因此我们把它列在这里。

运行 kamdbctl　create 命令时不会自动创建 prefix_route 表，手动建表语句如下。

```
CREATE TABLE prefix_route (
    prefix  VARCHAR(64) NOT NULL DEFAULT '', -- 字冠
    route   VARCHAR(64) NOT NULL DEFAULT '', -- 路由
    comment VARCHAR(64) NOT NULL DEFAULT ''  -- 注释
);
```

往表里面插入一些测试数据，如下所示。

```
INSERT INTO prefix_route (prefix, route, comment) VALUES ('010', 'BJ', 'BeiJing');
INSERT INTO prefix_route (prefix, route, comment) VALUES ('020', 'GZ', 'GuangZhou');
INSERT INTO prefix_route (prefix, route, comment) VALUES ('021', 'SH', 'ShangHai');
INSERT INTO prefix_route (prefix, route, comment) VALUES ('0535', 'YT', 'YanTai');
```

使用如下配置。

```
loadmodule "prefix_route.so"
modparam("prefix_route", "db_url", DBURL) # 数据库 URL
```

注意，prefix_route 模块在匹配到相应的字冠后只能调用原生路由块中的路由，因此，我们需要在原生路由块中定义路由。不过，在原生路由块中，我们可以再通过 lua_runstring() 函数执行 Lua 中的路由块。比如，我们在 book.cfg 中添加如下路由。

```
route[BJ] {
    lua_runstring("ksr_prefix_route('BJ')");
}
route[GZ] {
    lua_runstring("ksr_prefix_route('GZ')");
}
route[SH] {
    lua_runstring("ksr_prefix_route('SH')");
}
route[YT] {
    lua_runstring("ksr_prefix_route('YT')");
}
```

prefix_route 模块启动时自动读 prefix_route 表，并在 kamailio.cfg（本书中使用的是 book.cfg）中检查对应的路由。如果找不到相应的路由定义，就会报错。下面是一个报错的例子，仅供参考。

```
CRITICAL: prefix_route [prefix_route.c:72]: add_route(): route name 'SH' is not defined
```

Lua 脚本和注释如下（prefix_route.lua）。

```
function ksr_request_route()
    ksr_register_always_ok()
    KSR.prefix_route.prefix_route_uri() -- 根据 Request URI 进行查找，如果找到就会触发相应
                                           的原生路由块
end

function ksr_prefix_route(prefix) -- 当被叫号码与我们配置的字冠匹配时，原生路由块又会调用该
                                     函数
```

```
    KSR.info("prefix = " .. prefix .. "\n") -- 打印匹配到的字冠: prefix
    if prefix == "BJ" then                      -- 根据 prefix 参数路由到不同的目的地
        KSR.pv.sets("$du", FS1_URI)             -- 设置 Dest URI, 路由下一跳
    elseif prefix == "GZ" then
        KSR.pv.sets("$du", "192.168.1.101:5060")
    elseif prefix == "SH" then
        KSR.pv.sets("$du", "192.168.1.102:5060")
    elseif prefix == "YT" then
        KSR.pv.sets("$du", "192.168.1.103:5060")
    else
        KSR.sl.sl_send_reply(404, "Not Found")
        return
    end
    KSR.rr.record_route()
    KSR.tm.t_relay()                            -- 转发到下一跳
end
```

现在呼叫 010 开头的号码，就会匹配到 "BJ" 路由块并自动路由到与 FS1_URI 对应的目的地，呼叫 0535 开头的号码路由到 "YT"。

我们曾在 6.6 节讲过，在 Lua 脚本中调用原生路由块的例子，本例则是一个在 Lua 脚本中调用原生路由块，原生路由块又调用 Lua 脚本中的函数的例子。在原生路由块中除使用 lua_runstring 函数调用 Lua 脚本中的函数外，还可以使用 lua_run 函数调用，后者可以支持最多 3 个字符串函数参数，如上面原生脚本中的调用可以改写成以下形式（该函数只有一个参数 "BJ"）：

```
lua_run("ksr_prefix_route", "BJ");
```

8.5 动态路由

本节要讲的示例会使用 drouting 模块，drouting 的全称是 Dynamic Routing，即动态路由，其支持动态选择最佳网关。其中 LCR（低成本路由）特性可以看作它的一种特殊情况。该模块支持很多功能特性，具体如下。

- ❑ 路由：可以基于被叫字冠、主叫 / 组、时间、优先级进行路由。
- ❑ 号码处理：包括删号、插号、设置默认规则、呼入呼出处理、触发路由脚本。
- ❑ 失败处理：包括对串行转发失败、基于权重的负载均衡失败、随机选择网关失败等的处理。

在本例中我们使用以下配置。

```
loadmodule "drouting"
modparam("drouting", "ruri_avp", "$avp(dr_ruri)")  # 将 R-URI 存入该 AVP
modparam("drouting", "db_url", DBURL)               # 数据库 URL
```

本例中的数据结构如下。

```
CREATE TABLE dr_gateways (                  -- 网关表
    gwid SERIAL PRIMARY KEY NOT NULL,       -- 网关 ID
    type INTEGER DEFAULT 0 NOT NULL,        -- 类型
```

```
    address VARCHAR(128) NOT NULL,                -- 地址
    strip INTEGER DEFAULT 0 NOT NULL,             -- 删号位数
    pri_prefix VARCHAR(64) DEFAULT NULL,          -- 插号
    attrs VARCHAR(255) DEFAULT NULL,              -- 属性
    description VARCHAR(128) DEFAULT '' NOT NULL   -- 描述
);

CREATE TABLE dr_rules (                           -- 路由规则表
    ruleid SERIAL PRIMARY KEY NOT NULL,           -- 规则 ID
    groupid VARCHAR(255) NOT NULL,                -- 组 ID
    prefix VARCHAR(64) NOT NULL,                  -- 字冠
    timerec VARCHAR(255) NOT NULL,                -- 时间规则
    priority INTEGER DEFAULT 0 NOT NULL,          -- 优先级
    routeid VARCHAR(64) NOT NULL,                 -- 路由 ID
    gwlist VARCHAR(255) NOT NULL,                 -- 网关列表
    description VARCHAR(128) DEFAULT '' NOT NULL   -- 描述
);
```

我们现在来做一个相对简单的测试，首先往数据库中插入以下数据。

```
INSERT INTO dr_gateways (gwid, address, description) VALUES
    (1, '192.168.1.100:5080', 'ivr');
INSERT INTO dr_gateways (gwid, address, description) VALUES
    (2, '192.168.1.101:5080', 'fax');
INSERT INTO dr_gateways (gwid, address, description) VALUES
    (3, '192.168.1.102:5080', 'conference');

INSERT INTO dr_rules (groupid, prefix, timerec, gwlist, routeid, description)
    VALUES ('0', '1234', '', '1', 0, 'route to ivr');
INSERT INTO dr_rules (groupid, prefix, timerec, gwlist, routeid, description)
    VALUES ('0', '5678', '', '2', 0, 'route to fax');
```

上面的规则是：如果被叫字冠是 1234，那么路由到 ivr；如果被叫字冠是 5678，则路由到 fax。

路由脚本示例如下（drouting.lua）。

```
function ksr_request_route()
    ksr_register_always_ok()
    KSR.info("Request URI = " .. KSR.pv.get("$ru") .. " before drouting\n")
    rc = KSR.drouting.do_routing("0") -- 执行 drouting 路由查找，组 ID 为 0
    if rc == 1 then                   -- 执行成功
        KSR.info("Destination URI = " .. KSR.pv.gete("$ru") .. " after drouting\n")
        KSR.tm.t_relay()              -- 转发
        KSR.x.exit()
    else
        KSR.sl.sl_send_reply(404, "Not Found")
        KSR.x.exit()
    end
end
```

此外，drouting 模块还有很多有用的参数，具体如下。

❑ gwlist：可以放多个网关，比如 "1,2"，第一个网关呼叫失败之后可以选择下一个网关继续呼叫。

❑ timerec：规则生效的时间段。它有一个特定的标准格式⊖，比如 "20220101T-114900|00H05M|daily"，该字符串以 | 作为分隔符，第一段表示规则生效的起始时间，第二段表示持续时间，第二段表示频率。连起来就是从 2022 年 1 月 1 日早上 11 点 49 分起生效，生效时间持续 5 分钟，然后每天都在这个时间段生效。

关于 drouting 模块更多的参数和用法可以参考 https://kamailio.org/docs/modules/devel/modules/drouting.html。

8.6 缩位拨号

缩位拨号即使用比较短的号码代替难以记忆的很长的电话号码。speeddial 模块提供了缩位拨号功能。本例使用如下配置。

```
loadmodule "speeddial"
modparam("speeddial", "db_url", DBURL) # 数据库 URL
```

本例中数据库建表语句如下。

```
CREATE TABLE speed_dial (                        -- 缩位拨号表
    id SERIAL PRIMARY KEY NOT NULL,              -- ID, 自增长
    username VARCHAR(64) DEFAULT '' NOT NULL,    -- 用户名
    domain VARCHAR(64) DEFAULT '' NOT NULL,      -- 域
    sd_username VARCHAR(64) DEFAULT '' NOT NULL, -- 缩位拨号用户名
    sd_domain VARCHAR(64) DEFAULT '' NOT NULL,   -- 缩位拨号域
    new_uri VARCHAR(255) DEFAULT '' NOT NULL,    -- 新 URI
    fname VARCHAR(64) DEFAULT '' NOT NULL,       -- 名字
    lname VARCHAR(64) DEFAULT '' NOT NULL,       -- 姓氏
    description VARCHAR(64) DEFAULT '' NOT NULL,  -- 描述
    CONSTRAINT speed_dial_speed_dial_idx UNIQUE (username, domain, sd_domain,
        sd_username)
);
```

往数据库中插入下面的数据。

```
INSERT INTO speed_dial (username, sd_username, new_uri) VALUES ('1001', '10',
    'sip:666010@192.168.1.100');
INSERT INTO speed_dial (username, sd_username, new_uri) VALUES ('1001', '11',
    'sip:888011@192.168.1.100');
```

主叫 1001 如果拨打 10，被叫号码就会变成新地址 sip:666010@192.168.1.100，如果拨打 11 则会变成 sip:888011@192.168.1.100。

路由脚本示例如下 (speed-dial.lua)。

```
function ksr_request_route()
    ksr_register_always_ok()
    rc = KSR.speeddial.lookup("speed_dial")       -- 缩位拨号查询翻译
    if rc == 1 then
```

⊖ timerec 使用一个 RFC 标准，*Internet Calendaring and Scheduling Core Object Specification*，即《互联网日历和计划核心对象标准》，该标准定义了周期性日期计划的时间表示方法。详情可参考 https://datatracker.ietf.org/doc/html/rfc2445。

```
            KSR.tm.t_relay()                            -- 查找成功则发到下一跳
            KSR.x.exit()
        else
            KSR.sl.sl_send_reply(404, "Not Found")      -- 否则返回 404 Not Found
            KSR.x.exit()
        end
    end
```

speeddial 模块还有另外一个函数——lookup_owner，该函数接收一个额外的参数，可以传入一个字符串作为 username，具体如下。

```
rc = KSR.speeddial.lookup_owner("speed_dial", KSR.pv.get("$fu"))
```

8.7　通过别名数据库路由

alias_db 是用户别名模块，与 usrloc 模块不同，后者在内存里面查找用户的注册信息，而 alias_db 模块总是在数据库里面查找。它相当于给用户提供另一个可路由的别名。虽然在数据库中查找比较慢，但是进行数据更新操作比较简单（更新数据库就直接生效，而无须担心缓存和重载数据）。该模块可以在同一个路由脚本中查不同的表。

alias_db 模块的配置如下。

```
loadmodule "alias_db"
modparam("alias_db", "db_url", DBURL)            # 数据库 URL
modparam("alias_db", "use_domain", MULTIDOMAIN)  # 是否使用多租户
```

本例中数据库建表语句如下。

```
CREATE TABLE dbaliases (                              -- 别名表
    id SERIAL PRIMARY KEY NOT NULL,                   -- ID，自增长
    alias_username VARCHAR(64) DEFAULT '' NOT NULL,   -- 别名用户名
    alias_domain VARCHAR(64) DEFAULT '' NOT NULL,     -- 别名域
    username VARCHAR(64) DEFAULT '' NOT NULL,         -- 用户名
    domain VARCHAR(64) DEFAULT '' NOT NULL            -- 域
);
```

往数据库中插入以下测试数据。

```
INSERT INTO dbaliases (alias_username, username, domain)
    VALUES ('200', '10000200', 'rts.xswitch.cn:20003;transport=tcp');
```

路由脚本示例如下（alias_db.lua）。

```
function ksr_request_route()
    ksr_register_always_ok()
    local ru = KSR.pv.get("$ru")          -- 获取 Request URI
    KSR.info("$ru = " .. ru .. " before alias_db lookup\n")
    rc = KSR.alias_db.lookup("dbaliases") -- 表名称
    if rc == 1 then                       -- 查询成功
        local new_ru = KSR.pv.get("$ru")  -- 新的 Request URI（有的版本可能是 $du）
        KSR.info("$ru = " .. new_ru .. " after alias_db lookup\n")
        KSR.tm.t_relay()                  -- 转发
        KSR.x.exit()
    else
```

```
            KSR.err("alias_db lookup failed\n") -- 查询失败
            KSR.sl.sl_send_reply(404, "Not Found")
        end
    end
```

呼叫 200，新的 $ru 变成如下形式。

```
sip:10000200@rts.xswitch.cn:20003;transport=tcp
```

如果插入新的数据，会即时生效，而无须要重启 Kamailio 或重加载数据。alias_db 模块适用于一些需要进行号码翻译的场合。

8.8 运营商路由

carrierroute 模块是为运营商设计的，可以支持路由、负载均衡、黑名单等，功能非常强大。

carrierroute 模块主要涉及三张表，数据库建表语句如下。

```
CREATE TABLE carrier_name (              -- 运营商名称表
    id SERIAL PRIMARY KEY NOT NULL,      -- ID，自增长
    carrier VARCHAR(64) DEFAULT NULL     -- 运营商名称
);

CREATE TABLE domain_name (               -- 域名表
    id SERIAL PRIMARY KEY NOT NULL,      -- ID，自增长
    domain VARCHAR(64) DEFAULT NULL      -- 域
);

CREATE TABLE carrierroute (                          -- 运营商路由表
    id SERIAL PRIMARY KEY NOT NULL,                  -- ID，自增长
    carrier INTEGER DEFAULT 0 NOT NULL,              -- 运营商 ID
    domain INTEGER DEFAULT 0 NOT NULL,               -- 域
    scan_prefix VARCHAR(64) DEFAULT '' NOT NULL,     -- 扫描字冠
    flags INTEGER DEFAULT 0 NOT NULL,                -- 标志
    mask INTEGER DEFAULT 0 NOT NULL,
    prob REAL DEFAULT 0 NOT NULL,
    strip INTEGER DEFAULT 0 NOT NULL,                -- 删号
    rewrite_host VARCHAR(255) DEFAULT '' NOT NULL,   -- 重写主机地址
    rewrite_prefix VARCHAR(64) DEFAULT '' NOT NULL,  -- 重写字冠前缀
    rewrite_suffix VARCHAR(64) DEFAULT '' NOT NULL,  -- 重写后缀
    description VARCHAR(255) DEFAULT NULL             -- 描述
);
```

往数据库中插入以下测试数据，再运行 SELECT 语句。

```
INSERT INTO carrier_name VALUES (1, 'mobile');
INSERT INTO carrier_name VALUES (2, 'unicom');

INSERT INTO domain_name VALUES (1, 'prepaid');
INSERT INTO domain_name VALUES (2, 'postpaid');

INSERT INTO carrierroute VALUES (1, 1, 1, '137', 0, 0, 0.5, 0, '192.168.1.120:9999',
    '', '', NULL);
INSERT INTO carrierroute VALUES (2, 1, 1, '137', 0, 0, 0.5, 0, '192.168.1.121:9999',
```

```
           '', '', NULL);
INSERT INTO carrierroute VALUES (3, 1, 1, '', 0, 0, 1, 0, '192.168.1.122:9999', '',
    '', NULL);
INSERT INTO carrierroute VALUES (4, 2, 1, '133', 0, 0, 1, 0, '192.168.2.100:5060',
    '', '', NULL);
INSERT INTO carrierroute VALUES (5, 2, 1, '', 0, 0, 1, 0, '192.168.2.101:5060', '',
    '', NULL);
SELECT * FROM carrier_name;
+----+---------+
| id | carrier |
+----+---------+
|  1 | mobile  |
|  2 | unicom  |
+----+---------+

SELECT * FROM domain_name;
+----+---------+
| id | domain  |
+----+---------+
|  1 | prepaid |
|  2 | postpaid|
+----+---------+

SELECT * FROM carrierroute; -- 为方便排版，省略无内容的列：rewrite_prefix、rewrite_sufix、description
+----+---------+--------+-------------+-------+------+------+-------+---------------------+
| id | carrier | domain | scan_prefix | flags | mask | prob | strip | rewrite_host        |
+----+---------+--------+-------------+-------+------+------+-------+---------------------+
|  1 |       1 |      1 | 137         |     0 |    0 |  0.5 |     0 | 192.168.1.120:9999  |
|  2 |       1 |      1 | 137         |     0 |    0 |  0.5 |     0 | 192.168.1.121:9999  |
|  3 |       1 |      1 |             |     0 |    0 |    1 |     0 | 192.168.1.122:9999  |
|  4 |       2 |      1 | 133         |     0 |    0 |    1 |     0 | 192.168.2.100:5060  |
|  5 |       2 |      1 |             |     0 |    0 |    1 |     0 | 192.168.2.101:5060  |
+----+---------+--------+-------------+-------+------+------+-------+---------------------+
```

其中：

❑ carrier_name 表保存的是运营商的名称。

❑ domain_name 表里面的 domain 直译是域，上面的例子中一个域是 prepaid（预付费），另外一个域是 postpaid（后付费）。这里的域名跟 DNS 域名或者 SIP 域名没有任何关系，只是为了区分不同的类别。

❑ carrierroute 表保存的是该模块的路由规则，其中：

   ❍ 第一条规则是针对 mobile 这个运营商的（carrier=1），domain 是 prepaid（domain=1），呼叫 137 开头的号码，会自动路由到 192.168.1.120:9999。

   ❍ 第二条规则除了 rewrite_host 不同之外，其他都与第一条一样。

   ❍ 前两条规则合起来看，就是呼叫 137 开头的号码，会平均分配到 192.168.1.120:9999 和 192.168.1.121:9999，因为第一条规则和第二条规则的 prob（概率）都是 0.5。

   ❍ 第三条规则的作用是，呼叫其他字冠，并自动路由到 192.168.1.122:9999。

   ❍ 第四条和第五条规则是为另外一个运营商（carrier=2）配置的路由规则。

carrierroute 模块不支持 KEMI，原生路由示例如下。

```
loadmodule "carrierroute.so"
modparam("carrierroute", "config source", "db")        # 从数据库中读配置
modparam("carrierroute", "db_url", DBURL)               # 数据库 URL
modparam("carrierroute", "default_tree", "mobile")      # 默认的号码树

route[CARRIERROUTE] {
    if (is_method("INVITE") and !has_totag()) {
        if(!cr_route("mobile", "prepaid", "$rU", "$rU", "call_id")){ # 未找到路由
            sl_send_reply("403", "Not Allowed");                     # 返回错误
        } else {
            xinfo("_cr_uris = $avp(_cr_uris)\n"); # 从 AVP 中获取翻译后的路由信息并打印
            t_relay();                            # 转发
        }
        exit;
    }
}
```

8.9 字冠域名翻译

本例使用 pdt 模块，pdt 是 Prefix-Domains Translation 的缩写。该模块用于字冠和域的翻译，常用于通过 DID 查找号码所属域的场景。

本例中的 pdt 模块配置如下。

```
loadmodule "pdt"
modparam("pdt", "db_url", DBURL)        # 数据库 URL
modparam("pdt", "check_domain", 0)      # 检查域
modparam("pdt", "prefix", "0")          # 也可以不配置 prefix
```

本例中的数据结构如下。

```
CREATE TABLE pdt (
    id SERIAL PRIMARY KEY NOT NULL, -- ID，自增长
    sdomain VARCHAR(255) NOT NULL,   -- Source domain，即源域，可以是 *，匹配任何域
    prefix VARCHAR(32) NOT NULL,     -- Request URI 中用户部分的字冠
    domain VARCHAR(255) DEFAULT '' NOT NULL, -- 翻译出来的域
    CONSTRAINT pdt_sdomain_prefix_idx UNIQUE (sdomain, prefix)
);
```

向数据库中插入以下数据。

```
INSERT INTO pdt (sdomain, prefix, domain) VALUES ('sip.xswitch.cn', '123',
    'rts.xswitch.cn');
INSERT INTO pdt (sdomain, prefix, domain) VALUES ('sip.xswitch.cn', '124',
    'rts.xswitch.cn');
```

对 pd_translate(sdomain, rewrite_mode) 函数的参数说明如下。

❑ sdomain：字符串类型，即 Source domain，可以用 KSR.pv.get("$fd") 获取，也可以是 *（pdt 表里面 sdomain 也应该同时设置为 *）

❑ rewrite_mode：整型，改写模式，取值如下。

  ○ 0：前缀与前导前缀一起被删除，应用于本例中，新的 R-URI 是 sip:9001@

rts.xswitch.cn。

- ○ 1：仅删除前导前缀，应用于本例中，新的 R-URI 是 sip:12391001@rts.xswitch.cn。
- ○ 2：不改变 R-URI 的用户部分，应用于本例中，新的 R-URI 是 sip:012391001@rts.xswitch.cn。

pdt 模块可以按上面的规则把符合前缀的 R-URI 处理成新的 R-URI，比如可以将 sip:01239001@sip.xswitch.cn 转换为 sip:9001@rts.xswitch.cn。其中，号码 01239001 分为 3 个部分，即 0、123 和 9001，简析如下。

- ❑ 0：对应 pdt 模块参数 prefix。
- ❑ 123：对应 pdt 表中第一行里面的 prefix。
- ❑ 9001：为前面两个 prefix 匹配后剩余的部分。

重启 Kamailio，或使用 kamcmd pdt.reload 命令让 pdt 模块重读数据库表，然后就可以使用如下命令查看匹配规则了。

```
# kamcmd pdt.list
{
        SDOMAIN: sip.xswitch.cn
        RECORDS: {
                ENTRY: {
                        DOMAIN: rts.xswitch.cn
                        PREFIX: 123
                }
                ENTRY: {
                        DOMAIN: rts.xswitch.cn
                        PREFIX: 124
                }
        }
}
```

路由脚本示例如下。

```
function ksr_request_route()
    ksr_register_always_ok()
    if KSR.pdt.pd_translate(KSR.pv.get("$fd"),  0) == 1 then -- 翻译
        KSR.info("new ru: " .. KSR.pv.get("$ru") .. "\n")
        KSR.tm.t_relay()
    else
        KSR.sl.sl_send_reply(404, "Not Found")
        KSR.x.exit()
    end
end
```

8.10　用户注册和查询

本节要讲的示例中会用到 registrar 和 usrloc 模块。usrloc 的全称是 User Location，即用户位置。usrloc 模块用于保存注册用户的位置信息（联系地址），并可以定期同步到数

据库。

usrloc 模块的一般配置如下（在使用前可以去掉 kamailio.cfg 中 WITH_USRLOCDB 前的注释）。

```
loadmodule "usrloc.so"

modparam("usrloc", "db_url", DBURL)          # 数据库 URL
modparam("usrloc", "db_mode", 2)             # 写到内存，并定期同步到数据库
modparam("usrloc", "timer_interval", 60)     # 定时器的周期，单位是秒
```

db_mode 一般配置为 2，推荐使用该模式，效率很高，所有修改都在内存中进行，且会定期把内存中的注册信息同步到数据库的 location 表中。Kamailio 重启时也会自动把 location 表的内容读到内存。

一般来说 usrloc 模块会配合 registrar 模块一起使用，本例中我们使用如下路由脚本（location.lua）。

```
function ksr_request_route()
    if KSR.is_method_in("R") then              -- 注册消息
        KSR.registrar.save("location", 0);     -- 写入 location 表
        KSR.sl.sl_send_reply(200, "OK");       -- 返回 200 OK
        KSR.x.exit()
    elseif KSR.is_method_in("I") then          -- 呼叫消息
        local rc = KSR.registrar.lookup("location"); -- 查 location 表
        if rc < 0 then -- 如果找不到则根据返回值进行出错处理
            KSR.tm.t_newtran();                -- 启动一个新的事务
            KSR.sl.send_reply(404, "Not Found"); -- 返回 404 Not Found
            KSR.x.exit();                      -- 退出
        end
        KSR.tm.t_relay();                      -- 查到注册信息，转发
    end
end
```

通过 usrloc 模块向 Kamailio 注册，注册信息就会存入 location 表，可以使用 kamcmd ul.dump 查询内存中的注册信息。1 ~ 2 分钟后，就可以使用 SQL 语句查询数据库中的注册信息（写入有一定延迟）了，比如下面的查询就可正常执行。

```
SELECT * FROM location;
```

此外，也可以把位置信息保存到 redis-server 中，配置如下。

```
loadmodule "db_redis.so"                            # 把 redis-server 当成数据库
modparam("db_redis", "schema_path", "/usr/share/kamailio/db_redis/kamailio")
modparam("db_redis", "keys", "location=entry:username&usrdom:username")
modparam("usrloc", "db_mode", 1) # 模式为 1, Redis 数据库跟 usrloc 模块的内存完全同步
modparam("usrloc", "db_url", "redis://kamailio:123456@127.0.0.1:6379/0")
```

其中，shema_path 相当于 SQL 建表语句。由于 Redis 是一个根据键值存储的数据库，所以要进行映射。比如，本例中用到的 location 表的结构如下。

```
# cat /usr/share/kamailio/db_redis/kamailio/location
id/int,ruid/string,username/string,domain/string,contact/string,received/
string,path/string,expires/time,q/double,callid/string,cseq/int,last_modified/
time,flags/int,cflags/int,user_agent/string,socket/string,methods/int,instance/
```

```
string,reg_id/int,server_id/int,connection_id/int,keepalive/int,partition/int,
9
```

下面是注册后使用 `redis-cli` 查询注册记录的例子。

```
# SMEMBERS location::index::usrdom
1) "location:usrdom::1001"

# HGETALL location:entry::1001
 1) "q"
 2) "-1.000000"
 3) "server_id"
 4) "0"
 5) "path"
 6) ""
 7) "contact"
 8) "sip:1001@192.168.1.120:9999;transport=udp"
省略更多输出……
```

`usrloc` 模块没有输出导出函数，但有两个 RPC 函数，具体如下。

❏ `ul.dump`：打印所有注册记录的详细信息。如果记录数目少，用这个命令比较方便，但如果注册用户太多，则慎用。

❏ `ul.lookup`：用于查找用户的注册信息，如 `kamcmd ul.lookup location 1001@example.com`。

8.11　向外注册

在本书大多数示例中，我们采用的都是 IP 地址对 IP 地址的对接方式，这要求对端的 SIP 服务器信任我们 Kamailio 的 IP 地址。有时候，在跟一些运营商对接时，他们只能提供注册式的网关，即所有的呼叫请求都需要经过 Challenge 验证，我们的 Kamailio 必须注册到对方的服务器上才能接收来话。

Kamailio 有 uac 模块，该模块可以让 Kamailio 作为一个客户端注册到对方的服务器上，从这一点上来说，跟在 FreeSWITCH 中添加一个网关类似。uac 模块配置如下。

```
local_rport=yes

# loadmodule "uac.so"
modparam("uac", "restore_mode", "none")
modparam("uac", "reg_db_url", DBURL)             # 数据库 URL
modparam("uac", "reg_timer_interval", 10)        # 注册间隔
modparam("uac", "reg_retry_interval", 30)        # 重试间隔
modparam("uac", "reg_contact_addr", "KAM_IP_PUBLIC:KAM_SIP_PORT") # Contact IP 地址和端口
```

注意，之所以使用上述的 `local_rport=yes`，是因为本例中我们是在 NAT 后面向公网的服务器注册，这样有助于 NAT 穿透，详见 3.1.7 节。

相关的建表语句如下。

```
CREATE TABLE uacreg (
    id SERIAL PRIMARY KEY NOT NULL,
```

```
    l_uuid VARCHAR(64) DEFAULT '' NOT NULL,          -- 注册用户唯一标志字符串
    l_username VARCHAR(64) DEFAULT '' NOT NULL,       -- 本地用户名
    l_domain VARCHAR(64) DEFAULT '' NOT NULL,         -- 本地域
    r_username VARCHAR(64) DEFAULT '' NOT NULL,       -- 远端用户名
    r_domain VARCHAR(64) DEFAULT '' NOT NULL,         -- 远端域
    realm VARCHAR(64) DEFAULT '' NOT NULL,            -- 域
    auth_username VARCHAR(64) DEFAULT '' NOT NULL,    -- 鉴权用户名
    auth_password VARCHAR(64) DEFAULT '' NOT NULL,    -- 密码
    auth_ha1 VARCHAR(128) DEFAULT '' NOT NULL,        -- a1 哈希码
    auth_proxy VARCHAR(255) DEFAULT '' NOT NULL,      -- 代理服务器, 以 sip: 开头
    expires INTEGER DEFAULT 0 NOT NULL,               -- 过期时间, 秒
    flags INTEGER DEFAULT 0 NOT NULL,                 -- 注册标志
    reg_delay INTEGER DEFAULT 0 NOT NULL,             -- 注册延时
    contact_addr VARCHAR(255) DEFAULT '' NOT NULL,    -- 联系地址
    socket VARCHAR(128) DEFAULT '' NOT NULL,          -- 指定使用的 Socket, 可以为空
    CONSTRAINT uacreg_l_uuid_idx UNIQUE (l_uuid)      -- 索引
);
```

可以使用以下命令添加注册记录。

```
kamcmd uac.reg_add s:1000 s:1000 seven.local s:1000 seven.local seven.local \s:1000
s:1234 . sip:kb-fs1:5070 900 0 6 . .

kamcmd uac.reg_add s:1001 s:1001 demo.xswitch.cn s:1001 demo.xswitch.cn demo.
xswitch.cn \ s:1001 s:1234 . sip:demo.xswitch.cn:10160 900 0 600 . .
```

注意，上述命令中的参数，如果是纯数字的字符串参数，则需要在前面加上" s:"。如果某个参数使用默认值，可以输入一个"."占位。上述命令中的参数必须按如下顺序来（含义与数据库中的注释一致）排列：l_uuid、l_username、l_domain、r_username、r_domain、realm、auth_username、auth_password、auth_ha1、auth_proxy、expires、flags、reg_delay、contact_addr、socket。

也可以将注册信息插入数据库，具体实现如下。

```
INSERT INTO uacreg (l_uuid, l_username, l_domain, r_username, r_domain, realm,
    auth_username, auth_password, auth_proxy, expires)
VALUES('1000', '1000', 'seven.local', '1001', 'seven.local', 'seven.local',
    '1000', '1234', 'sip:kb-fs1:5070', 900);

INSERT INTO uacreg (l_uuid, l_username, l_domain, r_username, r_domain, realm,
    auth_username, auth_password, auth_proxy, expires)
VALUES('1001', '1001', 'demo.xswitch.cn', '1001', 'demo.xswich.cn', 'demo.xswitch.
    cn', '1001', '1234', 'sip:demo.xswitch.cn:10160', 900);
```

插入数据库后需要重启 Kamailio 或使用 kamcmd uac.reg_reload 重载数据（注意，这将清除手动用 uac.reg_add 添加的记录）。使用下列命令可以查看注册状态。

```
kamcmd uac.reg_dump                  # 列出所有注册信息
kamcmd uac.reg_info l_uuid s:1001    # 仅列出 l_uuid 为 1001 的注册信息
```

上述命令输出如下。

```
{
    l_uuid: 1001
    l_username: 1001
    l_domain: demo.xswitch.cn
```

```
        r_username: 1001
        r_domain: demo.xswitch.cn
        realm: demo.xswitch.cn
        auth_username: 1001
        auth_password: 1234
        auth_ha1: none
        auth_proxy: sip:demo.xswitch.cn:10160
        expires: 900
        flags: 20
        diff_expires: 365
        timer_expires: 1651133927
        reg_init: 1651132958
        reg_delay: 60
        contact_addr: 127.0.0.1:5060
        socket: .
}
```

当 Kamailio 收到对端网关来话时，可以使用 uac_reg_lookup() 检查来话是否来自我们注册的网关，如果是，则根据需要进行转发。

```
function ksr_request_route()
    ksr_register_always_ok()
    if KSR.uac.uac_reg_lookup(KSR.pv.gete("$rU"), "$ru") == 1 then
        KSR.info("网关来话 [" .. KSR.pv.gete("$ou") .. " => " .. KSR.pv.gete("$ru")
            .. "]\n");
        if KSR.registrar.lookup("location") < 0 then   -- 查找本地是否有对应的注册用户
            KSR.sl.sl_send_reply("404", "Not Found")
        end
        KSR.rr.record_route();
        KSR.tm.t_relay()
    end
end
```

如果是本地注册用户来话，则发往对应的网关。首先，我们来看如何找到网关。在本例中，我们使用一对一的用户和网关，相当于每个本地用户都有一个对应的外线。

```
local fU = KSR.pv.gete("$fU")
local next_uri = ksr_get_next_uri(fU)              -- 根据 From User 查询对应的网关
if next_uri then                                   -- 找到则根据网关绑定的地址进行路由
    KSR.info("next_uri: " .. next_uri .. "\n")
    KSR.pv.sets("$du", next_uri)
    KSR.rr.record_route();
    KSR.tm.t_on_failure("handle_trunk_auth")
    KSR.tm.t_relay()
end
```

其中，ksr_get_next_uri() 是一个自定义函数，它会对 uacreg 表进行 SQL 查询，找到 auth_proxy 字段指定的地址。具体的查询方法可以参见随书附赠的代码以及第 7 章。

KSR.tm.t_on_failure("handle_trunk_auth") 用于设置一个回调函数，并对网关回复的 407 消息进行认证。认证信息也需要从数据库中获取。具体代码如下。

```
function handle_trunk_auth()
    if KSR.tm.t_is_canceled()>0 then
        return 1
    end
    local status_code = KSR.tm.t_get_status_code()
```

```
    if status_code == 407 then -- 需要认证
        local auth_username = KSR.pv.gete("$fU")
        -- 通过 From User 到 uacreg 表中查找相应的域及密码，以便进行鉴权，该函数也是一个自定义函数
        local realm, auth_password = ksr_get_auth_data(auth_username)
        -- uac_auth 函数需要这些信息进行鉴权，相应的 AVP 是可以通过 uac 模块参数进行设置
        KSR.pv.sets("$avp(arealm)", realm)
        KSR.pv.sets("$avp(auser)", auth_username)
        KSR.pv.sets("$avp(apasswd)", auth_password)
        if (KSR.uac.uac_auth() > 0) then -- 生成鉴权信息并鉴权
            if KSR.tm.t_relay() < 0 then
                KSR.sl.sl_reply_error()
            end
        else
            KSR.sl.sl_reply_error()
            KSR.x.exit()
        end
    end
end
```

当使用 uac 模块对呼叫进行鉴权时，默认 CSeq 不变，这可能造成鉴权失败（如 FreeSWITCH 会回复 482 Merged 消息），可以通过加载 dialog 模块并设置如下参数解决。

```
modparam("dialog", "track_cseq_updates", 1)
```

除此之外，还需要在发往下一跳之前用对话管理函数进行处理，以便能更新 CSeq 计数器。举例如下。

```
if KSR.is_INVITE() then KSR.dialog.dlg_manage() end
```

另外，在随书附赠的示例代码中，为了方便起见，FreeSWITCH 没有配置鉴权。如果要测试本节的示例，最好修改 FreeSWITCH 配置文件，把鉴权打开。如修改 /usr/local/freeswitch/conf/sip_profiles/default.xml，把以下两行注释掉。

```
<param name="accept-blind-reg" value="true"/>
<param name="accept-blind-auth" value="true"/>
```

在本例中，我们实现了 uac 向外注册，并实现了本地用户呼叫网关、网关呼叫本地用户，以及相应的呼叫鉴权处理。受篇幅所限，这里没有列出所有代码，完整版可以参阅随书附赠的代码（uac.lua）。uac 模块仅实现了向外注册和构造鉴权信息等，但应对呼叫鉴权时还需要提供相应的鉴权信息。本例中是使用查 uacreg 数据表实现的。如果每次呼叫都需要查数据库，可能会大大降低系统的吞吐量，在对性能要求比较高的场合也可以事先将相关数据缓存到内存中。关于缓存的实现在此我们就不举例了，感兴趣的读者可以自行尝试。

8.12　更多 AVP 示例

我们在 3.2.3 节讲过 AVP 的基本概念，这一节我们来看更多的示例，主要涉及 avp、xavp、xavi、xavu 等 AVP 变量及其用法。

> 提示　在 Kamailio 中，avp 变量在 SIP 事务期间有效。如果想让其在整个对话期间都有效，可以使用 $dlg_var（需要先加载 dialog 模块）。

下面是一个使用 avp 的比较简单的例子。

```
KSR.pv.sets("$avp(y)", "Hello Kamailio")   -- 设置字符串值
KSR.info(KSR.pv.get("$avp(y)") .. "\n")    -- 打印 Hello Kamailio
```

avp 变量可以放多个值，先来看如下的例子。

```
KSR.pv.sets("$avp(x)", "one")
KSR.pv.sets("$avp(x)", "two")
KSR.pv.sets("$avp(x)", "three")

KSR.info(KSR.pv.get("$avp(x)") .. "\n")        -- three
KSR.info(KSR.pv.get("$(avp(x)[0])") .. "\n")   -- three
KSR.info(KSR.pv.get("$(avp(x)[1])") .. "\n")   -- two
KSR.info(KSR.pv.get("$(avp(x)[2])") .. "\n")   -- one
```

avp 变量的保存方式类似于堆栈，先进后出，赋新值不会覆盖旧值，最后放入的值的索引为 [0]。

xavp 是扩展的 avp，xavp 变量同样是在事务期间有效，但是支持更复杂的数据结构，并可按 "索引 => 字段名" 形式来访问。举例如下。

```
KSR.pv.sets("$xavp(ua=>username)", "1001")     -- 创建新的 xavp
KSR.pv.sets("$xavp(ua[0]=>password)", "1234")  -- 字符串值
KSR.pv.seti("$xavp(ua[0]=>expires)", 3600)     -- 整数值

KSR.pv.sets("$xavp(ua=>username)", "1002")     -- 创建新的 xavp，之前的那个 ua 变成了 ua[1]
KSR.pv.sets("$xavp(ua[0]=>password)", "6666")
KSR.pv.seti("$xavp(ua[0]=>expires)", 600)

KSR.info("username = " .. KSR.pv.get("$xavp(ua[0]=>username)") .. "\n") -- 1002
KSR.info("password = " .. KSR.pv.get("$xavp(ua[0]=>password)") .. "\n") -- 6666
KSR.info("expires = " .. KSR.pv.get("$xavp(ua[0]=>expires)") .. "\n")   -- 600

KSR.info("username = " .. KSR.pv.get("$xavp(ua[1]=>username)") .. "\n") -- 1001
KSR.info("password = " .. KSR.pv.get("$xavp(ua[1]=>password)") .. "\n") -- 1234
KSR.info("expires = " .. KSR.pv.get("$xavp(ua[1]=>expires)") .. "\n")   -- 3600
```

xavi 跟 xavp 类似，只是对键的大小写不敏感，i 是 insensitive（不敏感）的缩写。xavu 跟 xavp 类似，但是值有唯一性，而且没有索引，u 是 unique（唯一）的缩写。

有些模块可以配置 xavp 参数，比如 registrar 模块、dispatcher 模块等。sqlops 是操作数据库的 SQL 模块，也可以将从数据库中读取的值存到 xavp 中，以便根据行号及字段名进行访问，参见 7.3 节。

下面再举一个 registrar 处理的例子。

在 kamailio.cfg 或 book.cfg 中增加如下配置。

```
modparam("registrar", "xavp_rcd", "ulrcd") # record 保存到 ulrcd 变量
# record 的所有信息都要保存，包括 ruid(record 的主键)、contact、expires、received、path 等
modparam("registrar", "xavp_rcd_mask", 0)
```

路由脚本如下（xavp.lua）。

```
function ksr_request_route()
    if KSR registrar.save("location", 0)<0 then
        KSR.sl.sl_reply_error()
        KSR.x.exit()
    end
    KSR.pvx.pv_xavp_print()
    KSR.info("ruid = "      .. KSR.pv.gete("$xavp(ulrcd[0]=>ruid)")      .. "\n")
    KSR.info("contact = "   .. KSR.pv.gete("$xavp(ulrcd[0]=>contact)")   .. "\n")
    KSR.info("received = "  .. KSR.pv.gete("$xavp(ulrcd[0]=>received)")  .. "\n")
    KSR.info("expires = "   .. KSR.pv.getvn("$xavp(ulrcd[0]=>expires)", 0) .. "\n")
end
```

运行上述脚本，就可以打印出 Kamailio 存放的位置信息。笔者注册、测试的部分日志如下。

```
xavx_print_list_content(): +++++ start XAVP list: 0x40025fb108 (0) (level=0)
xavx_print_list_content():     *** (1:0 - 0x40025fb108) XAVP name: ulrcd
xavx_print_list_content():     XAVP id: 2077578204
xavx_print_list_content():     XAVP value type: 6
xavx_print_list_content():     XAVP value: <xavp:0x40025fb060>
xavx_print_list_content(): +++++ start XAVP list: 0x40025fb060 (0x40025fb128)
    (level=1)
xavx_print_list_content():     *** (1:1 - 0x40025fb060) XAVP name: expires
xavx_print_list_content():     XAVP id: 1784956455
... 省略很多行 ...
sr_kemi_core_info(): ruid = uloc-626a0761-1eb8-1
sr_kemi_core_info(): contact = sip:1000@192.168.3.180:63908;transport=TCP;ob
sr_kemi_core_info(): received =
sr_kemi_core_info(): expires = 300
```

8.13 话单

本例使用 acc 模块，acc 是 Accounting（即记账）的简称，通俗来讲就是记话单。运行 kamdbctl create 创建的数据库默认就包含了两张 acc 相关的表——acc 表和 missed_calls 表。一般建议运行 kamctl acc initdb 给这两张表扩充字段，以使其记录的内容更加丰富。在默认的 kamailio.cfg 中也会有相应的扩展语句，也可以手动执行这些 SQL 语句来添加相应的列，相关的 SQL 内容如下。

```
ALTER TABLE acc ADD COLUMN src_user VARCHAR(64) NOT NULL DEFAULT '';
ALTER TABLE acc ADD COLUMN src_domain VARCHAR(128) NOT NULL DEFAULT '';
ALTER TABLE acc ADD COLUMN src_ip varchar(64) NOT NULL default '';
ALTER TABLE acc ADD COLUMN dst_ouser VARCHAR(64) NOT NULL DEFAULT '';
ALTER TABLE acc ADD COLUMN dst_user VARCHAR(64) NOT NULL DEFAULT '';
ALTER TABLE acc ADD COLUMN dst_domain VARCHAR(128) NOT NULL DEFAULT '';
ALTER TABLE missed_calls ADD COLUMN src_user VARCHAR(64) NOT NULL DEFAULT '';
ALTER TABLE missed_calls ADD COLUMN src_domain VARCHAR(128) NOT NULL DEFAULT '';
ALTER TABLE missed_calls ADD COLUMN src_ip varchar(64) NOT NULL default '';
ALTER TABLE missed_calls ADD COLUMN dst_ouser VARCHAR(64) NOT NULL DEFAULT '';
ALTER TABLE missed_calls ADD COLUMN dst_user VARCHAR(64) NOT NULL DEFAULT '';
ALTER TABLE missed_calls ADD COLUMN dst_domain VARCHAR(128) NOT NULL DEFAULT '';
```

在默认的 kamailio.cfg 中有如下配置。

```
loadmodule "acc.so"

modparam("acc", "early_media", 0)
modparam("acc", "report_ack", 0)
modparam("acc", "report_cancels", 0)
modparam("acc", "detect_direction", 0)
modparam("acc", "log_flag", FLT_ACC)                        # 使用哪个 Flag 标志要进行记账，写入日志
modparam("acc", "log_missed_flag", FLT_ACCMISSED)          # 使用哪个 Flag 标志未接的电话，写入日志
modparam("acc", "log_extra",
    "src_user=$fU;src_domain=$fd;src_ip=$si;"
    "dst_ouser=$tU;dst_user=$rU;dst_domain=$rd")            # 可增加的额外的字段
modparam("acc", "failed_transaction_flag", FLT_ACCFAILED)  # 使用哪个 Flag 标志失败的电话
modparam("acc", "db_flag", FLT_ACC)                        # 写入数据库使用的 Flag，一般与
                                                           #     log_flag 相同
modparam("acc", "db_missed_flag", FLT_ACCMISSED)           # 写入数据库使用的标志未接电话的 Flag
modparam("acc", "db_url", DBURL)                           # 数据库 URL
modparam("acc", "db_extra",
    "src_user=$fU;src_domain=$fd;src_ip=$si;"
    "dst_ouser=$tU;dst_user=$rU;dst_domain=$rd")            # 写入数据库的额外的字段，前提在上面
                                                           #     扩展了数据表
```

如果想将记账信息异步插入数据库，那么可以把 db_insert_mode 参数配置为 2，具体如下。

```
modparam("acc", "db_insert_mode", 2) # async insert
```

还需要在 kamailio.cfg 里面配置异步的 Worker 进程数，具体如下。

```
async_workers = 2 # 或者其他值
```

完整的路由脚本我们在 2.3 节已经详细讲过了，下面的脚本仅列出相关要点（acc.lua）。

```
FLT_ACC=1              -- 记账相关的标志，要跟 kamailio.cfg 中一致
FLT_ACCMISSED=2
FLT_ACCFAILED=3

function ksr_request_route()
    ksr_register_always_ok()

    if KSR.is_INVITE() or KSR.is_BYE() then -- 为了简单，呼叫开始和结束都记
        KSR.setflag(FLT_ACC) -- 设置事务标志，表示要记账（跟 acc 模块的 log_flag 参数对应起来）
        KSR.setflag(FLT_ACCFAILED) -- 如果呼叫失败，则同时保存到 acc 表和 missed_calls 表
    end

    KSR.rr.record_route();
    KSR.pv.sets("$du", FS1_URI)
    KSR.tm.t_relay()
end
```

执行上述脚本，打通电话后，就可以在日志中看到如下内容了（为排版方便，这里对换行位置进行了细微改动，下同）。

```
1(6982) NOTICE: LUA {INVITE}: acc [acc.c:287]: acc_log_request(): ACC: transaction
    answered:
```

```
timestamp=1650987418;method=INVITE;from_tag=ROZ2Lz0WdQlDRDQ0uLkSZolJjZsEY09Y;
to_tag=XrXaQUF72rHta;call_id=g0Qzw3zYzraQbLpb6.0B9kaVEzBbOqb9;code=200;reason=OK;
src_user=1001;src_domain=192.168.7.8;src_ip=172.22.0.1;dst_ouser=9196;dst_user=9196;
    dst_domain=192.168.7.8
```

挂机后看到如下内容。

```
2(6984) NOTICE: LUA {BYE}: acc [acc.c:287]: acc_log_request(): ACC: transaction
    answered:
    timestamp=1650987420;method=BYE;from_tag=ROZ2Lz0WdQlDRDQ0uLkSZolJjZsEY09Y;
to_tag=XrXaQUF72rHta;call_id=g0Qzw3zYzraQbLpb6.0B9kaVEzBbOqb9;code=200;reason=OK;
src_user=1001;src_domain=192.168.7.8;src_ip=172.22.0.1;dst_ouser=9196;dst_user=9196;
    dst_domain=192.168.7.8
```

如果在 kamailio.cfg 中开启了 WITH_ACCDB，则可以使用如下语句查询话单。

```
SELECT * FROM acc;
```

笔者测试的查询结果如下。

```
id | method |                    from_tag                    |    to_tag    |
callid              | sip_code | sip_reason |      time       | src_user |
src_domain |   src_ip  | dst_ouser | dst_user | dst_domain
 1 | INVITE | QA7AFWKNTW3ktVZxZJak8qgZceLBUyRq | 1v2Dy7jNQva5r | Br28Q2nq.
A7odJD7MESFokuSU93ZDdrw | 200   | OK       | 2022-04-26 15:39:44 | 1001    |
192.168.7.8 | 172.22.0.1 | 9196     | 9196    | 192.168.7.8
 2 | BYE    | QA7AFWKNTW3ktVZxZJak8qgZceLBUyRq | 1v2Dy7jNQva5r | Br28Q2nq.
A7odJD7MESFokuSU93ZDdrw | 200   | OK       | 2022-04-26 15:39:46 | 1001    |
192.168.7.8 | 172.22.0.1 | 9196     | 9196    | 192.168.7.8
(2 rows)
```

8.14　SBC

SBC（Session Border Controller，边界会话控制器）相当于一个 SIP 防火墙，部署在运营商侧以及企业侧的"边界"位置。一般来说，SBC 如果部署在企业网，会部署在企业网的 DMZ 区；如果是双网卡，则一个网卡对外，一个网卡对内。这样是为了保护 SIP 安全。

SBC 没有一个统一的规范，但通常都有防 SIP 攻击、限流、代理注册、代理媒体、协助 NAT 穿透、信令和媒体加解密转换、音视频编码转换等功能。

SBC 可以是一个普通的 SIP 代理（Proxy），也可以是一个背靠背用户代理（B2BUA）。Kamailio 可以作为一个 SBC 使用，配合 rtpengine 或 FreeSWITCH 使用可以代理媒体，也可以分别实现 Proxy 和 B2BUA 功能。

这一节的内容和示例并不限于 SBC，但它们或多或少都与 SBC 相关，因此我们统一将它们放到这里。

8.14.1　代理注册

Kamailio 本身可以作为注册服务器使用，注册信息存储在 Kamailio 中。作为 SBC 使用时，Kamailio 通常不带用户，而是将用户注册消息转发到其他 SIP 服务器进行处理，如

图 8-1 所示。我们以 FreeSWITCH 为例，让它作为 SIP 服务器使用，而 Kamailio 就可以作为 SBC，内网 SIP 终端直接注册在 FreeSWITCH 上，而外网 SIP 终端通过 Kamailio（SBC）注册到 FreeSWITCH 上。

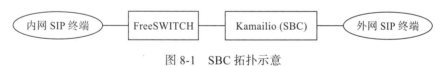

图 8-1　SBC 拓扑示意

我们知道，注册的作用主要是把 Contact 地址记录在注册服务器上，当注册用户做被叫时注册服务器就可以找到它。在图 8-1 所示的情况下，内网用户直接注册到 FreeSWITCH，FreeSWITCH 可以直接记住 Contact 地址，但当外网用户注册时，FreeSWITCH 不仅要记住用户的 Contact 地址，还要记住 Kamailio 的地址（也可以预先设置），因为当内网用户呼叫外网用户时，SIP INVITE 消息要经过 Kamailio 才能送达外网用户。

1. 使用 path 模块辅助代理注册

我们来看一个例子。这里要用到 path 模块，并使用如下配置。

```
loadmodule "path.so"
modparam("path", "use_received", 1) # 使用接收到的 SIP 客户端的来源地址而非 Contact 中的地址
```

在我们的路由脚本中，需要判断消息是从客户端来的还是从 FreeSWITCH 侧来的。在此使用 dispatcher 模块来做这个判断。dispatcher.list 文件的内容如下。

```
100 sip:kb-fs1:5060
```

Lua 脚本如下（path.lua）。

```
function ksr_request_route()
    if KSR.siputils.has_totag() < 0 then
        if KSR.is_OPTIONS() then
            KSR.sl.sl_send_reply(200, "Keepalive") -- 响应 OPTIONS 请求
            KSR.x.exit()
        else
            KSR.rr.record_route() -- 添加 Record-Route 头域
        end
    end

    if KSR.dispatcher.ds_is_from_list(100, 3) > 0 then -- 消息是从 FreeSWITCH 侧来的
        ksr_route_from_fs()
    else                                              -- 消息是从客户端来的
        ksr_route_to_fs()
    end
end

function ksr_route_from_fs()
    KSR.tm.t_relay() -- 如果消息是从 FreeSWITCH 侧来的，直接路由即可，因为 R-URI 中包含了
        正确的信息
    KSR.x.exit()
end

function ksr_route_to_fs() -- 消息是从客户端来的
```

```
if KSR.siputils.has_totag() < 0 then -- 首个 INVITE 消息或注册消息
    KSR.path.add_path_received() -- 关键函数，把消息源地址加入 Path 头域
    if KSR.dispatcher.ds_select_dst(100, 4) < 0 then -- 调用 dispatcher 选择 FreeSWITCH
        KSR.sl.send_reply(404, "No destination")
    else
        KSR.tm.t_relay() -- 路由转发
    end
    KSR.x.exit()
else
    -- 处理对话内的 SIP 消息
    KSR.tm.t_relay()
    KSR.x.exit()
end
end
```

运行上述脚本，使用客户端注册，在 FreeSWITCH 中可以看到，在注册消息中多了一个 Path 头域，具体如下。

```
recv 1017 bytes from udp/[172.22.0.3]:35060 to udp/[192.168.3.180]:5070 at 2022-
04-28 01:24:49.061884:
------------------------------------------------------------------------
REGISTER sip:seven.local;transport=tcp SIP/2.0
... 此处省略很多行 ...
Path: <sip:192.168.7.8:35060;lr;received=sip:172.22.0.1:64174%3Btransport%3Dtcp>
```

有了这个 Path 信息，当该用户做被叫时，FreeSWITCH 会先把呼叫发送到 Kamailio（上述 Path 中的 sip:192.168.7.8:35060 部分是 Kamailio 的地址）。

但这个 add_path_received 在此加入的是 Kamailio 的外网地址，而在笔者的 Docker 环境中 Kamailio 跟 FreeSWITCH 是通过内网对接的。如果 FreeSWITCH 向 Kamailio 发送消息时使用外网地址，则 Kamailio 将无法区分呼叫是来自 FreeSWITCH 还是来自客户端。事实上，使用上述脚本，当 FreeSWITCH 呼叫客户端时，可能会产生无限循环（Kamailio 认为从 FreeSWITCH 侧来的呼叫是来自客户端，因而又发回 FreeSWITCH）。当然，如果你使用 host 模式的 Docker 网络或不使用 Docker，运行该示例是没有问题的。大部分的消息死循环都是由于 Kamailio 的配置不当导致判断错了呼叫来源引发的⊖。

2. 手动设置 Path 头域

在此我们来看一个真实的案例，如图 8-2 所示。xswitch.cn 是一个多租户的云通信平台，每个租户都有一个二级域名，每个租户运行一个 Docker 容器（里面是 FreeSWITCH），客户端通过 SBC 注册到不同的租户上。客户端一般位于 NAT 位面。各服务器位于腾讯云上，每个服务器有对应的公网地址和私网地址（10.10.x.x 段），DNS 解析到公网地址上。容器使用 NAT 方式运行，因而容器内又有一个地址（172 段或 192 段）。

⊖ 其实 Max-Forwards SIP 头域就是用于避免这个问题的。SIP 消息每经过一次代理服务器转发，该头域值都会减 1，减到 0 自然就不会继续转发了。但要注意，在有 FreeSWITCH 参与的场景下，FreeSWITCH 本身是一个 B2BUA，不会透传 Max-Forwards 头域，因此可能无法有效避免无限循环。

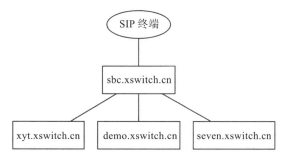

图 8-2　xswitch.cn 云平台多租户架构

以 demo 这个租户为例，客户端账号为 1001，当它注册时，将代理服务器地址设为 sbc.xswitch.cn:1001[⊖]，域设为 demo.xswitch.cn，以便能路由到对应租户的容器。注册时触发的 Lua 代码如下。

```
D2IP = {} - 为了简单，这里做了一个映射表，将域名映射到与 Docker 容器对应的服务器内网 IP 地址和端口
D2IP["xyt.xswitch.cn"] = "sip:10.10.0.8:18860"
D2IP["demo.xswitch.cn"] = "sip:10.10.0.15:10160"
D2IP["seven.xswitch.cn"] = "sip:10.10.0.13:20000"
D2IP["rts.xswitch.cn"] = "sip:10.10.0.8:20001"

-- 处理终端注册消息
function ksr_route_registrar()
    if not KSR.is_REGISTER() then return 1; end
    local next_url = D2IP[KSR.pv.get("$rd")]; -- 获取注册的域，并通过域从映射表中找到容
                                                 器 SIP 消息的地址
    if next_url then                          -- 如果找到
        KSR.pv.sets("$du", next_url);         -- 设置下一跳的地址
        -- KSR.path.add_path_received() -- 在此我们不用这个函数，也是因为它添加的是公网地
                                          址，不是我们想要的
        local received = KSR.pv.gete("$sut")  -- 手动获取接收到的 SIP 消息的地址
        if received then                      -- 手动构建 Path 头域，其中 10.10.0.13 是
                                                 SBC 的内网地址
            KSR.hdr.append("Path: sip:10.10.0.13:1001;lr;received=" .. urlencode
                (received) .. "\r\n")
        end
        ksr_route_relay();                    -- 将注册信息转发到对应的容器
    else                                      -- 否则返回错误
        KSR.sl.sl_reply_error();
    end
    KSR.x.exit();
end
```

来自客户端的呼叫信息处理函数与上面的注册处理流程类似，区别是前者不需要增加那个 Path 头域。

用客户端向 demo 服务注册，注册信息如下。从下面的信息中可以看到，Path 头域中包含了 SBC 的内网 IP 地址和端口，以及 SBC 获取到的 SIP 终端的外网地址（以 urlencode 方式编码，编码之前的内容为：received=sip:112.238.21.184:63367

⊖　此处的 1001 是端口号，与客户端账号 1001 没任何关系，纯属巧合。

;transport=udp）。如果 SIP 终端作为被叫，则 FreeSWITCH 会将 INVITE 消息先发到 sip:10.10.0.13:1001（即 Kamailio），Kamailio 再将消息发到那个 received= 记录的地址上。

```
REGISTER sip:demo.xswitch.cn SIP/2.0
From: "1001" <sip:1001@demo.xswitch.cn>;tag=nGFBU3mWbCyqJjr310y2kWl-nE0dteXv
To: "1001" <sip:1001@demo.xswitch.cn>
Path: sip:10.10.0.13:1001;lr;received=sip%3A112.238.21.184%3A63367%3Btransport%3Dudp
```

在 FreeSWITCH 中使用 sofia_contact 1001@demo.xswitch.cn 命令可获取该终端的联系地址，内容如下（其中，fs_path 为 FreeSWITCH 中记录的下一跳的地址）。

```
sofia/default/sip:1001@112.238.21.184:63367;ob;fs_path=sip%3A10.10.0.13%3A1001
```

该终端作为被叫时 SIP 消息如下（在 FreeSWITCH 中看到的）。

```
send 1516 bytes from udp/[140.143.134.19]:10160 to udp/[10.10.0.13]:1001 at 2022-
04-28 02:32:43.015215:
------------------------------------------------------------------------
INVITE sip:1001@112.238.21.184:63367;ob SIP/2.0
```

在 Kamailio 侧，在客户端做被叫的脚本中直接执行 KSR.tm.t_relay() 即可，因为上述的 R-URI 已经是可以路由的了。也就是说，在本示例中，SBC（Kamailio）并不存储注册信息，注册信息都是存储在实际的 SIP 服务器（FreeSWITCH）中。

8.14.2 NAT 穿透

NAT 无处不在。你家里用于上网的宽带路由器一般都是 NAT 设备，当用手机 4G 或 5G 网络上网冲浪的时候你实际上也是在一个巨大的 NAT 网络后面。NAT 的全称是网络地址转换，它的出现主要是为了解决 IPv4 网络地址不足的问题，但同时也给 SIP、RTP 协议的穿透带来了复杂性。

Kamailio 中与 NAT 处理有关的模块有很多，比如 registrar、usrloc、nat_traversal 以及 nathelper 等。主要的 NAT 操作在 nathelper 模块中完成，该模块主要的功能就是帮助 SIP 信令穿透 NAT。

nathelper 模块主要包含了 at_uac_test、set_contact_alias、handle_ruri_alias、fix_nated_register、fix_nated_contact 这几个函数，从函数名也大体可以看出它们的作用。下面我们结合一些实例子对上述函数进行讲解。

1. nat_uac_test

nat_uac_test 函数用于探测终端是不是藏在 NAT 后面，该函数的原型如下。

```
int nat_uac_test(int flags)
```

其中，flags 是探测标志，其取值的含义如下。

❏ 1：搜索 Contact 头域，查找 RFC 1918 或 RFC 6598 地址的出现次数。

❏ 2：将 Via 头域中的地址与信令的源 IP 地址进行比较。如果 Via 头域不包含端口，则它使用默认的 SIP 端口 5060。

- ❏ 4：搜索最上面的 Via 头域，查找 RFC 1918 或 RFC 6598 地址出现的次数。
- ❏ 8：在 SDP 中搜索 RFC 1918 或 RFC 6598 地址出现的次数。
- ❏ 16：测试源端口是否与 Via 头域中的端口不同。如果 Via 头域不包含端口，则使用默认的 SIP 端口 5060。
- ❏ 32：测试信令的源 IP 地址是 RFC 1918 还是 RFC 6598。
- ❏ 64：测试信令的源连接是否为 WebSocket。
- ❏ 128：测试 Contact 头域中 URI 端口是否与 SIP 请求的源端口不同。
- ❏ 256：测试 SDP 连接地址是否与源 IP 地址不同。它还适合用于多个连接地址行的场景。

所有标志都可以按位组合（二进制进行逻辑或运算，十进制直接相加），组合后的测试规则中任何一个检测出 NAT，都会返回 1，否则返回 -1。

我们来看下面的例子。

```
function ksr_route_natdetect()
    if KSR.nathelper.nat_uac_test(19)>0 then -- 19 = 16 + 2 + 1, 三种组合
        KSR.setflag(FLT_NATS); -- 设置事务标志, 检测到了 NAT
    end
end

function ksr_route_registrar()
    if not KSR.is_REGISTER() then return 1; end
    if KSR.isflagset(FLT_NATS) then -- 检查是否检测到 NAT
        KSR.setbflag(FLB_NATB); -- 设置分支标志, ksr_route_natmanage 函数会检查这个标志
        -- 开启 SIP NAT 保活 (pinging)
        -- 设置分支标志, 当 usrloc 模块检测到这个标志之后, 将周期性地往这个终端发送 SIP
        --   OPTIONS 消息
        KSR.setbflag(FLB_NATSIPPING);
    end
end
```

2. set_contact_alias

set_contact_alias 函数会把 ";alias=ip~port~transport" 添加到 Contact 头域的后面，形成新的 Contact 头域。这相当于 Kamailio 既知道你的内网地址，又知道你的外网地址。

我们来看一个实际的例子。Kamailio 部署在阿里云，UA 藏在 NAT 后面，向 Kamailio 发送 INVITE 消息。注意，这里 Contact 中的 IP 地址是一个 RFC 1918 私网地址。

```
INVITE sip:9196@106.14.57.231 SIP/2.0
Via: SIP/2.0/UDP 192.168.1.132:5080;rport;branch=z9hG4bKFtjvpFeX9KjeS
Max-Forwards: 70
From: <sip:1001@106.14.57.231>;tag=vSB127etce8vg
To: <sip:9196@106.14.57.231>
Call-ID: 64416dc6-08d3-123b-3f8c-08002722ff3e
CSeq: 47901194 INVITE
Contact: <sip:gw+kam@192.168.1.132:5080;transport=udp;gw=kam>
```

kamailio.lua 调用了 set_contact_alias 函数，当 INVITE 消息被转发出去的时候，Contact 增加了 ";alias=113.116.52.68~5080~1"，这个地址是 Kamailio 收到 SIP 消息时看到的远端地址，相当于 SIP 终端的外网地址。

```
INVITE sip:172.19.176.216:7080 SIP/2.0
Record-Route: <sip:106.14.57.231;lr;did=82.02a;rtp=bridge>
Via: SIP/2.0/UDP 106.14.57.231:5060;branch=z9hG4bKb881.221119b4cec486a1e41954aeec
    76f671.0
Via: SIP/2.0/UDP 192.168.1.132:5080;received=113.116.52.68;rport=5080;branch=
    z9hG4bKFtjvpFeX9KjeS
Max-Forwards: 69
From: <sip:1001@106.14.57.231>;tag=vSB127etce8vg
To: <sip:9196@106.14.57.231>
Call-ID: 64416dc6-08d3-123b-3f8c-08002722ff3e
CSeq: 47901194 INVITE
Contact: <sip:gw+kam@192.168.1.132:5080;transport=udp;gw=kam;alias=
    113.116.52.68~5080~1>
```

3. handle_ruri_alias

handle_ruri_alias 函数用于检查请求 URI 里面是否有 ";alias=ip~port~transport"。如果有，那么据此设置目的 URI（$du），也就是说，Kamailio 向终端发包时，不再按照标准的 SIP 发给 Contact 指定的地址，而是发到它自己检测出的终端的外网地址，也就是当初通过 set_contact_alias 保存到 Contact 头域中的 alias= 记住的地址。

4. fix_nated_register

fix_nated_register 函数用于修复 NAT 过来的 SIP 注册请求。也就是说，当 Kamailio 检测到客户端位于 NAT 后面时，SIP 注册请求里面的 Contact 头域将会被忽略。创建一个新的 URI 把源 IP 地址、端口以及协议组合到一起（在下面的例子中是 sip:113.116.52.68:9999），把这个 URI 保存到 AVP 变量（nathelper 模块的 received_avp 参数）中，此时会将这个 URI 加到 200 OK 消息的 Contact 头域里面，并保存到用户的 location 表里面，作为客户端的外网地址。如果以后呼叫用户的时候，就使用这个外网地址，而不是原来 Contact 头域中的私网地址。

下面是一个 200 OK 的例子，注意里面的 Contact 头域。

```
SIP/2.0 200 OK
Via: SIP/2.0/UDP 113.116.52.68:9999;branch=z9hG4bK27872D99A6C4E6F680AA86F35A269B94;
    rport=9999;received=113.116.52.68
From: "1001" <sip:1001@106.14.57.231>;tag=19ECCB94C06EED66481598302DD9BAA5
To: "1001" <sip:1001@106.14.57.231>;tag=3c84d3731a1ac304707aa88dc7c9656b.41ee61d9
Call-ID: 57F0632DA784E4C1CE6EAFF0A4BA9D31@106.14.57.231
CSeq: 2 REGISTER
Contact: <sip:1001@113.116.52.68:9999;transport=udp>;expires=3000;received=
    "sip:113.116.52.68:9999"
```

5. fix_nated_contact

与 fix_nated_register 类似，fix_nated_contact 函数可用于修复 Contact 头域，其使用 SIP 请求消息中的源 IP 地址和端口替换原 Contact 头域中的私网地址。

fix_nated_contact 函数的使用方法如下。

```
if string.find(KSR.pv.gete("$ua"), "Cherry Phone") then
    KSR.nathelper.fix_nated_contact()
end
```

6. 小结

通过上述几个函数，Kamailio 可以探测到对端位于 NAT 背后的情况，并根据不同情况使用自己获取到的对端的"外网"地址尝试与对端进行通信，而不是使用 SIP 消息中的 Contact 头域中的地址。这便是 NAT 穿透的原理。由于 NAT 需要特定的环境，故本示例的脚本仅用于说明问题，而不能直接在本地运行。2.3 节介绍的路由脚本中有比较完整的 NAT 相关的处理逻辑，大家可以翻回去看一看了，从而加深理解。

最后，还有一个比较有意思的事情，值得提一下。Kamailio 最新的版本在 nathelper 模块中增加了一个参数——alias_name。该参数用于修改 alias 的名字，也就是我们在上面看到"alias="，你可以将其替换成任意的字符串，比如"my_alias="。正常来说，这个参数仅在 IP 服务器集群的内部使用，不会影响外面。但有时候会遇到一种情况，就是跟你对接的运营商或网关也使用了 Kamailio，也用了跟你同样的方法解决 NAT 穿透问题，但他们忘了在发出 SIP 消息前要把这个"alias="参数过滤掉，消息到了你这边就把你的 Kamailio 搞晕了。遇到这种情况，你可以告诉对方他们错了，但是，说服对方通常不是那么容易的，而且即使对方认可你的理由也不一定能在你期望的时间内改好。求人不如求己，通过 alias_name 参数将 alias 名修改成一个有创意的、不容易被别人使用的字符串就能解决上述问题了。

8.14.3　代理媒体

Kamailio 仅是一个 SIP 信令代理，但在有些网络环境下（如 NAT 环境），不同的 SIP 终端间的媒体不能直接互通，需要中间服务器来做 RTP 媒体转发。常用的媒体转发工具有 rtpengine、RTPProxy、Mediaproxy 等，它们的功能类似，在此仅以 rtpengine 为例进行讲解。

1. rtpengine 简介

rtpengine 是一个媒体转发服务器。除了做媒体转发之外，还有录音、录像、转码、带内 DTMF 到 RFC 2833 DTMF 的转换、T38 传真到 G.711 透传传真的转换、sRTP 到普通 RTP 的转换，以及 WebRTC 中 DTLS sRTP 到普通 RTP 的转换等功能。

rtpengine 参与的媒体转发的拓扑如图 8-3 所示。客户端使用 SIP 通过 Kamailio 呼叫 FreeSWITCH，Kamailio 控制 rtpengine 打开 RTP 转发通道，rtpengine 会返回修改后的 SDP（Kamailio 控制 rtpengine 打开 RTP 转发通道，会携带 SDP 作为参数），Kamailio 拿着这个 SDP 再去呼叫 FreeSWITCH，FreeSWITCH 应答后，返回的 SDP 也要经过 rtpengine 处理，最后返回给客户端。

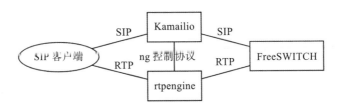

图 8-3　通过 rtpengine 转发媒体的拓扑示意

rtpengine 可以工作在 Linux 操作系统的用户空间，也可以工作在内核空间。当它工作在内核空间时，由于 IP 包不需要复制到用户空间进行处理，因而转发非常高效。但内核空间也是有限制的，比如无法在内核中进行转码。

rtpengine 本身分为两个部分——内核部分和用户部分。内核部分叫 xt_RTPENGINE，主要是一个 Linux 内核模块；用户部分实现在 iptables 及 ip6tables 中，用户可以控制内核部分（如打开或关闭端口转发）。

可以这样理解 rtpengine：当来了一个呼叫时，Kamailio 只转发信令，同时调用 iptables 打开内核中的 IP 包转发通道，通话建立后，内核将从一个端口收到的数据包直接从另外一个端口发出去，数据不会被复制到用户空间，因而可以节省相当多的开销。

2. Kamailio 的 rtpengine 模块

Kamailio 内部也有一个相对应的 rtpengine 模块，在该模块中可使用 ng 控制命令与 rtpengine 服务器通信，可以命令 rtpengine 服务器打开和关闭端口转发功能等。常见的 ng 控制命令有如下几个。

❏ offer：当呼叫到达时，发送 offer 命令给 rtpengine 服务器。

❏ answer：当呼叫应答后，发送 answer 命令给 rtpengine 服务器。

❏ delete：当呼叫失败或者呼叫成功后要结束呼叫时，发送 delete 命令给 rtpengine 服务器。

❏ ping：心跳保活。

其中 offer 和 answer 会带很多参数，包括 sdp、call-id、from-tag 等必备参数，以及一些可选参数，具体如下。

❏ replace：替换媒体属性。如 replace-origin 可以替换 sdp 里面的 origin 地址；replace-session-connection 可以替换 sdp 里面的 connection 地址等。

❏ SIP-source-address：忽略 sdp 正文中给出的任何 IP 地址，使用接收到的 SIP 消息的源地址。

❏ trust-address：信任 sdp 里面的地址，其作用跟 SIP-source-address 相反。

❏ direction：用于控制的方向，比如 direction=priv direction=pub，应用在 "1:1 NAT" 网络模式下。

❏ transcode：转码，比如 transcode-opus。

❏ ICE：ICE 控制，比如 ICE=remove（删除 ICE）、ICE=force（强制 ICE）等，
　 WebRTC 转 SIP 时通常要用到。

rtpengine 模块配置方法如下。

```
loadmodule "rtpengine.so"
# 配置 1 个或者多个 rtpengine
modparam("rtpengine", "rtpengine_sock", "udp:192.168.1.100:2223")
modparam("rtpengine", "rtpengine_sock", "udp:192.168.1.101:2223")
```

此外，也可以将上述配置信息放到数据库表里。

```
INSERT INTO rtpengine (setid, url) VALUES (1, 'udp:192.168.1.100:2223');
INSERT INTO rtpengine (setid, url) VALUES (1, 'udp:192.168.1.101:2223');
```

在配置了数据库的 URL 后，rtpengine 模块初始化时就可以从数据库中读取上述数据库表中的信息了。参数配置如下。

```
modparam("rtpengine", "db_url", DBURL)
```

3. 使用 rtpengine 进行路由转发

由于涉及 Linux 内核，rtpengine 的安装非常复杂。在本书随书附赠的代码中有一个 Dockefile-rtpe 文件，其可以直接在本地编译一个 Docker 镜像。当然，Docker 镜像如果跑在 Linux 宿主机上是有可能启用内核模式的，在笔者的实验环境中，并未启用内核模式。可以使用如下命令编译和启动 rtpengine 镜像（基于 Debian 11）。

```
make build-rtpe        # 编译镜像，镜像名为 kb-rtpe
make up-rtpe           # 启动 rtpengine 容器
make bash-rtpe         # 进入容器内部
```

为便于学习和调试，默认情况下 rtpengine 是不启动的，可以使用如下命令启动。

```
/start-rtpe.sh
```

上述脚本中主要使用了以下命令启动 rtpengine 服务。

```
rtpengine --interface $RTPE_IP_LOCAL\!$RTPE_IP_PUBLIC \
    --listen-ng $RTPE_IP_LOCAL:2223 \
    --dtls-passive -f -m $RTPE_RTP_START \
    -M $RTPE_RTP_END  -E -L 7 --log-facility=local1
```

对上述命令中的主要参数说明如下。

❏ --interface：监听 IP 地址，以！（在 Shell 脚本中前面的"\"用于转义）分隔开的 IP 地址，前面是本地 IP 地址，后面是外网 IP 地址。

❏ --listen-ng：管理端口，Kamailio 会连接该端口并对它下达命令。

❏ --dtls-passive：在进行 DTLS 操作时使用被动模式。

❏ -m：RTP 的起始端口。

❏ -M：RTP 的结束端口。

环境变量从 .env 文件中获取，其内容如下。（请记住这个端口范围，后面我们分析日

志时会看到。）

```
KAM_IP_PUBLIC=192.168.3.180 # Kamailio 和 rtpengine 所有的外网 IP 地址
RTPE_RTP_START=29102        # rtpengine 起始 RTP 端口
RTPE_RTP_END=29200          # rtpengine 结束 RTP 端口
```

在 book.cfg 中添加如下配置，告诉 Kamailio 的 rtpengine 模块如何连接 rtpengine 服务。其中 kb-rtpe 是 rtpengine 容器的名字，可以直接通过域名引用而无须通过 IP 地址）。

```
modparam("rtpengine", "rtpengine_sock", "udp:kb-rtpe:2223")
```

启动 rtpengine 后重启 Kamailio，Kamailio 就会主动连接 rtpengine 服务器并对其进行控制。

我们来看如下路由脚本。为了简单，我们只保留了必备的流程，没有对 SIP 消息来源的方向进行检查。

```
function ksr_request_route()
    ksr_register_always_ok()

    if KSR.is_INVITE() then -- 收到客户端的 INVITE 消息，调用 rtpengine 来修改 SDP
        KSR.rtpengine.rtpengine_offer("replace-origin replace-session-connection
            direction=pub direction=priv")
        KSR.tm.t_on_reply("ksr_onreply_manage"); -- 为了能处理 FreeSWITCH 返回的 SDP，
            加一个回调函数
    end

    if KSR.is_BYE() then
        KSR.rtpengine.rtpengine_delete("") -- 呼叫结束后释放 RTP 转发
    end

    -- 按以前的方式正常的转发
    KSR.rr.record_route();
    KSR.pv.sets("$du", FS1_URI)
    KSR.tm.t_relay()
end

function ksr_onreply_manage()              -- 收到 FreeSWITCH 的响应消息时回调该函数
    local scode = KSR.kx.get_status();
    if scode>100 and scode<299 then    -- 如果呼叫成功，且消息中有 SDP，则调用 rtpengine
                                           修改 SDP
        KSR.rtpengine.rtpengine_answer("replace-origin replace-session-connection
            direction=priv direction=pub")
    end
    return 1;
end
```

当 Kamailio 收到客户端的 INVITE 消息时，我们会在 rtpengine 日志中看到如下内容。（为方便排版，这里加了一些换行符，下同。）

```
[1651037557.873122] INFO: [z-Khh2rSd280vY9kVKzAgPSpxVBfTMIP]:
[control] Received command 'offer' from 172.22.0.3:50242 # 从服务器收到一个 offer 指令
[1651037557.873653] DEBUG: [z-Khh2rSd280vY9kVKzAgPSpxVBfTMIP]:
[control] Dump for 'offer' from 172.22.0.3:50242:        # offer 指令内容如下
{ "supports": [ "load limit" ], "sdp": "v=0
o=- 3860026357 3860026357 IN IP4 172.22.0.1
m=audio 4014 RTP/AVP 96 9 8 0 101 102
s=pjmedia
```

```
c=IN IP4 172.22.0.1
... 此处省略很多内容 ...
```

可以看出，从客户端上来的 SDP 中，音频端口为 4014，IP 地址为 172.22.0.1（这个地址实际上是笔者本地的 Docker 网关的地址，被改过一次了，在此不重要，忽略就好）。

然后，**rtpengine** 将里面的端口换成了 29194（正好在我们上面设置的环境变量范围内），IP 地址换成了 rtpengine 的外网地址。日志如下。

```
[1651037557.883481] INFO: [z-Khh2rSd280vY9kVKzAgPSpxVBfTMIP]:
[control] Replying to 'offer' from 172.22.0.3:50242 (elapsed time 0.009704 sec)
[1651037557.883568] DEBUG: [z-Khh2rSd280vY9kVKzAgPSpxVBfTMIP]:
[control] Response dump for 'offer' to 172.22.0.3:50242:
{ "sdp": "v=0
o=- 3860026357 3860026357 IN IP4 192.168.3.180
m=audio 29194 RTP/AVP 96 9 8 0 101 102
s=pjmedia
c=IN IP4 192.168.3.180  # 此处 IP 地址也变成了外网 IP 地址，是笔者电脑上的宿主机地址，从上述
    ".env" 文件中来
```

当 FreeSWITCH 回复 200 OK 时，Kamailio 又向 **rtpengine** 请求更换 SDP，其中，172.22.0.3 是 FreeSWITCH 的 IP 地址。

```
[1651037706.275866] INFO: [VPxnpEZGWEknJt4dhoBd6BkZNLiZilDx]:
[control] Received command 'answer' from 172.22.0.3:32787
[1651037706.276016] DEBUG: [VPxnpEZGWEknJt4dhoBd6BkZNLiZilDx]:
[control] Dump for 'answer' from 172.22.0.3:32787: { "supports": [ "load limit" ],
    "sdp": "v=0
o=FreeSWITCH 1651008656 1651008657 IN IP4 172.22.0.4
s=FreeSWITCH
c=IN IP4 172.22.0.4
```

从下面的日志中我们看到，**rtpengine** 把 FreeSWITCH 的 200 OK 消息中的 IP 地址和端口号也换成了自己的。

```
[1651037706.281788] INFO: [VPxnpEZGWEknJt4dhoBd6BkZNLiZilDx]:
[control] Replying to 'answer' from 172.22.0.3:32787 (elapsed time 0.005661 sec)
[1651037706.281857] DEBUG: [VPxnpEZGWEknJt4dhoBd6BkZNLiZilDx]:
[control] Response dump for 'answer' to 172.22.0.3:32787: { "sdp": "v=0
o=FreeSWITCH 1651008656 1651008657 IN IP4 192.168.3.180
s=FreeSWITCH
c=IN IP4 192.168.3.180
m=audio 29110 RTP/AVP 8 102
```

至此，**rtpengine** 成了一个中间人，所有的 RTP 都经过它转发，而客户端和 FreeSWITCH 都不知道与它们进行 RTP 通信的实际上是 **rtpengine**，而这是 Kamailio 在中间"捣的鬼"。

4. 关于 rtpengine 模块的更多解读

为进一步理解及使用 **rtpengine**，下面简单解释一下 Kamailio rtpengine 模块中的几个主要函数及其使用场景。

rtpengine 模块主要提供如下几个函数。

❑ int KSR.rtpengine.rtpengine_offer(str "flags")：在收到 INVITE

消息并且没有 to 标签的时候调用该函数，替换 INVITE 消息中的 SDP。

- ❑ int KSR.rtpengine.rtpengine_answer(str "flags")：收到响应消息 200 OK 时调用该函数，替换响应消息中的 SDP。
- ❑ int KSR.rtpengine.rtpengine_delete(str "flags")：呼叫失败或呼叫结束时调用该函数，清理现场。
- ❑ int KSR.rtpengine.rtpengine_manage(str "flags")：同时具有上面三个函数的功能，通过不同的参数实现不同的功能。

下面是几种常见的应用场景。

1）1:1 NAT

1:1 NAT 即将一个内部地址映射到一个外部地址的 NAT 模式。如果外网是 UAC，内网是 UAS，则使用如下参数（其中 Priv 和 Pub 在 rtpengine.conf 中定义）。

```
KSR.rtpengine.rtpengine_offer("replace-origin replace-session-connection
    direction=pub direction=priv")
KSR.rtpengine.rtpengine_answer("replace-origin replace-session-connection
    direction=priv direction=pub")
```

如果内网是 UAC，外网是 UAS，则使用如下参数。

```
KSR.rtpengine.rtpengine_offer("replace-origin replace-session-connection
    direction=priv direction=pub")
KSR.rtpengine.rtpengine_answer("replace-origin replace-session-
    connectiondirection=pub direction=priv")
```

2）WebRTC 转 SIP

WebRTC 转 SIP 主要是完成 DTLS 与普通 RTP 间的转换。如果 WebRTC 侧是 UAC，则使用如下方法。

```
KSR.rtpengine.rtpengine_offer("rtcp-mux-demux DTLS=off SDES-off ICE=remove RTP/AVP")
KSR.rtpengine.rtpengine_answer("rtcp-mux-offer generate-mid DTLS=passive SDES-off
    ICE=force RTP/SAVPF")
```

如果 WebRTC 侧是 UAS，则使用如下方法。

```
KSR.rtpengine.rtpengine_offer("rtcp-mux-offer generate-mid DTLS=passive SDES-off
    ICE=force RTP/SAVPF")
KSR.rtpengine.rtpengine_answer("rtcp-mux-demux DTLS=off SDES-off ICE=remove RTP/AVP")
```

3）转码

转码的实现方法如下。

```
KSR.rtpengine.rtpengine_offer("codec-mask-PCMA codec-strip-opus transcode-opus")
KSR.rtpengine.rtpengine_answer("") -- answer 时可以不传 codec 参数，因为 rtpengine 已经
    知道要做什么了
```

上面代码的意思是跟 UAC 协商 PCMA，跟 UAS 协商 Opus，双方编码不一致就会进行自动转码。其中：

- ❑ codec-mask-PCMA 跟 UAC 协商 PCMA，但不会带到 UAS 侧。
- ❑ codec-strip-opus 跟 UAC 不协商 Opus。

❑ `transcode-opus` 跟 UAS 协商 Opus。

此外，也可以考虑增加 `single-codec` 参数，让 rtpengine 应答时只支持单个编码。

4）DTMF 转码

下面的代码可以把带内 DTMF 转成 RFC2833 DTMF。

```
KSR.rtpengine.rtpengine_offer("always-transcode codec-transcode-telephone-event
    codec-offer-telephone-event ptime=20")
KSR.rtpengine.rtpengine_answer("")
```

5）rtpengine 安装及配置简介

下面是 rtpengine 在 Debian11 上进行安装的相关命令。

```
apt update && apt upgrate -y
echo 'deb https://deb.sipwise.com/spce/mr10.2.1/ bullseye main' > /etc/apt/
    sources.list.d/sipwise.list
echo 'deb-src https://deb.sipwise.com/spce/mr10.2.1/ bullseye main' >> /etc/apt/
    sources.list.d/sipwise.list
wget -q -O - https://deb.sipwise.com/spce/keyring/sipwise-keyring-bootstrap.gpg |
    apt-key add -
apt-get update
apt-get install -y ngcp-rtpengine
```

编译 rtpengine 时需要编译内核模块，对环境要求比较严格。如果需要从源码编译，可以参考下面两个链接中的内容，在此就不赘述了。

❑ https://github.com/sipwise/rtpengine/blob/master/README.md

❑ https://nickvsnetworking.com/rtpengine-installation-configuration/

rtpengine 启动时可指定一个配置文件，一般是 `rtpengine.conf`。配置文件类似于 Windows 上的 `ini` 格式文件。下面是一个配置文件的例子。（笔者在文件内加了部分注释。）

```
[rtpengine]                     # 默认设置
table = 0                       # table 大于等于 0，则内核转发 RTP
# table = -1                    # 禁止，不需要内核转发 RTP
interface = 192.168.1.100       # 单网卡：
#interface = 192.168.1.100!23.34.45.54     # 内网地址！外网地址

### 1:1 NAT，Priv 和 Pub 分别代表不同 IP 对应的名字，可在 kamailio 脚本中引用
# interface = priv/192.168.1.100;pub/192.168.1.100!23.34.45.54

# ng 端口，Kamailio 的 rtpengine 模块参数要连接这个端口
listen-ng = 192.168.1.100:2223

### 监听的 TCP 端口和 UDP 端口，用来跟 rtpengine 的客户端通信
# listen-tcp = 25060
# listen-udp = 12222

### 监听 HTTP、WebSocket 和 Prometheus 请求
# Prometheus 的 URI 是 /metrics，mr9.5 及更高的版本都支持
listen-http = 9101
timeout = 60                    # 媒体超时
silent-timeout = 3600
tos = 184
#control-tos = 184
# delete-delay = 30
```

```
# final-timeout = 10800

# foreground = false          # 是否启动到前台
# pidfile = /run/ngcp-rtpengine-daemon.pid # 启动到后台时，PID 文件
# num-threads = 16            # 线程数
# rtp 端口范围
port-min = 30000
port-max = 40000
# max-sessions = 5000         # 最大 Session 限制
# recording-dir = /var/spool/rtpengine # 录音路径
# 录音方法，proc|pcap，二选一。如果配置成 proc，需要使能内核转发 RTP，并启动进程 rtpengine-
    recording
# recording-method = proc
# recording-format = raw      # 录音格式
# redis 支持相关参数
# redis = 127.0.0.1:6379/5
# redis-write = password@12.23.34.45:6379/42
# redis-num-threads = 8
# no-redis-required = false
# redis-expires = 86400
# redis-allowed-errors = -1
# redis-disable-time = 10
# redis-cmd-timeout = 0
# redis-connect-timeout = 1000

# b2b-url = http://127.0.0.1:8090/
# xmlrpc-format = 0

# 日志相关
# log-level = 6
# log-stderr = false
# log-facility = daemon
# log-facility-cdr = local0
# log-facility-rtcp = local1
# 统计图
# graphite = 127.0.0.1:9006
# graphite-interval = 60
# graphite-prefix = foobar.
# Homer 地址，用于监控
# homer = 123.234.345.456:65432
# homer-protocol = udp
# homer-id = 2001

# sip-source = false
# dtls-passive = false # 是否启用 DTLS 被动模式

[rtpengine-testing]                # 另一组设置
table = -1
interface = 10.15.20.121
listen-ng = 2223
foreground = true
log-stderr = true
log-level = 7
```

　　虽然 rtpengine 工作在内核模式时效率很高，但它总归要转发媒体，需要比较高的处理能力和带宽。一个 Kamailio 可以同时连接多个 rtpengine，以便将媒体分散转发到不同的服务器。此外，rtpengine 也可以跟 Redis 配合做 HA（High Availability，高可用）配置。

rtpengine 还有很多有用的功能和特性，但这些都超出了本书的范围。关于 rtpengine 就介绍到这里，更详细的介绍可以参考 Sipwise 官网（https://www.sipwise.com/）以及 Github 上的相关说明（https://github.com/sipwise/rtpengine）。

8.14.4　使用 FreeSWITCH 做 B2BUA 模式

Kamailio 本质上是一个 Proxy（代理服务器），用它做的 SBC 也只能是代理模式。有时候，我们需要 B2BUA 模式的 SBC，这时候就可以使用 FreeSWITCH 配合来做。FreeSWITCH 本质上就是一个 B2BUA，它不仅可以用来做拓扑隐藏，还能基于强大的媒体功能和 API 功能做各种应用级的二次开发。

那么能否单纯用 FreeSWITCH 做 SBC 呢？能，也不能。FreeSWITCH 功能强大，可以监听不同的网卡和 IP 地址，做各种路由转发。但它也有一个缺点，那就是不能直接代理注册，而有些 SBC 需要代理用户注册。当然，FreeSWITCH 也有一种特殊的模式，支持递进的用户注册，即 FreeSWITCH 上的用户可以配置网关，当用户向 FreeSWITCH 注册时，FreeSWITCH 可以继续向上游的网关注册，这种模式下的两个注册实际上是完全独立的，有完全独立的密码和用户认证体系。当然，我们这里介绍的重点不是 FreeSWITCH，所以就不深入探讨这种方法了。下面我们仅讨论如何让 Kamailio 和 FreeSWITCH 配合来做 SBC。

对照图 8-3 所示，使用 FreeSWITCH 做 SBC，会得到图 8-4 所示架构（其中 Kamailio 和 FreeSWITCH 的 SBC 共同完成 SBC 功能，然后对接第三方的 SIP 服务器）。

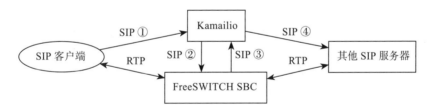

图 8-4　Kamailio 与 FreeSWITCH 组合做 SBC 示意图

一个简单的呼叫流程如下。

（1）客户端的呼叫请求到达 Kamailio。

（2）Kamailio 通过 SIP 呼叫 FreeSWITCH SBC。

（3）FreeSWITCH SBC 再把呼叫送回 Kamailio。

（4）Kamailio 再去呼叫其他 SIP 服务器。

从上述流程中可以看出，本来正常的 SIP 呼叫流程是从 SIP 客户端通过 Kamailio 直接到达其他 SIP 服务器，在此，通过让 SIP 消息到 FreeSWITCH 上绕了一圈，就完成了让 FreeSWITCH 更换 SDP、打开 RTP 媒体转发端口之类的工作，这为后续的媒体转发奠定了基础。

在实际使用中，Kamailio 可以使用 `KSR.hdr.append()` 函数添加 SIP 头域，用于通知 FreeSWITCH 开启相应功能特性，如转码（完全可以自定义，如 X-SBC-Transcode: true）等。FreeSWITCH 可以通过 sip_h_X-SBC-Transcode 通道变量获取该 SIP 头域的值进而进行相应处理。返回 Kamailio 时，FreeSWITCH 也可以添加其他 SIP 头域。

总之，Kamailio 和 FreeSWITCH 组合的 SBC 与 Kamailio 和 rtpengine 组合的 SBC 相比，相当于使用 SIP 控制信息代替了 ng 控制命令，且 RTP 消息通过 FreeSWITCH 转发。它们之间的另一个不同是——FreeSWITCH 是一个 B2BUA，FreeSWITCH 侧的 SIP 消息是"一进一出"的，即从 FreeSWITCH 出来的 SIP 消息已经是 FreeSWITCH 中的另一条腿了，SIP Call-ID 与进来的那条腿上的 Call-ID 没有任何关系，这就做到了拓扑隐藏。

当然，由于使用了 SIP，Kamailio 中就有了判断 4 个方向的 SIP 消息，具体如下。

❑ 来自 SIP 客户端。

❑ 来自 FreeSWITCH SBC，客户端呼叫其他 FreeSWITCH 服务器方向。

❑ 来自 FreeSWITCH SBC，其他 FreeSWITCH 服务器呼叫 SIP 客户端方向。

❑ 来自其他 SIP 服务器。

不过，相信通过"呼叫从哪里来"（参见 6.4 节）的例子，加上更多的"if…else"判断，你就可以轻松应对来自各种不同呼叫方向的消息了。具体的实现留给读者自行练习，由于篇幅原因，我们就不讲具体的代码了。

8.14.5 拓扑隐藏

SIP 消息可能会泄露 SIP 网络拓扑信息，这主要是由 SIP 的设计决定的。SIP 消息每经过一级转发，相关的 SIP 代理服务就会把自己的 IP 地址以及一些相关的参数放到 Via 头域中，通过观察这些头域，就可以推断 SIP 集群的内部结构，甚至在集群外部多打一些电话，也能计算出内部 SIP 服务器的数量。

没有进行拓扑隐藏操作的消息如下所示（很多 IP 地址一目了然）。

```
INVITE sip:9196@seven.local;transport=tcp SIP/2.0
Record-Route: <sip:192.168.7.8:35060;r2=on;lr=on;ftag=FLc9x1-plwtH16Fa7C2V1SpiDVqNybog>
Record-Route: <sip:192.168.7.8:35060;transport=tcp;r2=on;lr=on;ftag=FLc9x1-
    plwtH16Fa7C2V1SpiDVqNybog>
Via: SIP/2.0/UDP 192.168.7.8:35060;branch=z9hG4bKaee3.91f795d5f556cd83c611aaec087
    3f028.0;i=1;rport
Via: SIP/2.0/TCP 192.168.7.8:53530;received=172.22.0.1;rport=61024;branch=z9hG4bK
    PjUV5PuoV3n8hd.YYkYTUBwZ0gWy3EMymb;alias
Call-ID: eDkzvZrfhVUFJMDHPCU1.WmbvXEpBnL6
Contact: "Seven Du" <sip:1000@192.168.7.8:54839;transport=TCP>
```

有时候为了安全，需要将拓扑隐藏，但又要遵循 SIP 协议，这就需要一些技术。在 FreeSWITCH 中，SIP 很好隐藏，因为 FreeSWITCH 本身是一个 B2BUA，桥接的两条腿无任何直接的关系。在 Kamailio 中，有一个 topoh 模块可以进行拓扑隐藏，其原理是将一些没有直接关系的 IP 地址加密，这样对方在不知道加密密钥的情况下就无法看到相应的 IP 地址了。

下面是开启 topoh 模块的方法。

```
loadmodule "topoh.so"
modparam("topoh", "mask_key", "YanTaiXiaoYingTao") # 设置一个加密密钥，要让别人不容易猜到
modparam("topoh", "mask_ip", "10.0.0.1") # 将真实 IP 地址替换成这个假的 IP 地址
modparam("topoh", "mask_callid", 1) # 是否也加密 Call-ID，旧的客户端在 Call-ID 中会包含
    IP 地址等敏感信息
modparam("topoh", "callid_prefix", "***") # 在 Call-ID 头域中增加前缀
```

开启 topoh 模块后，再看一下 SIP 消息，有些 IP 地址已经被隐藏掉了（变成了假 IP 地址，当然最边缘的代理服务器 IP 地址无法隐藏，也没有必要），具体如下。

```
INVITE sip:9196@seven.local;transport=tcp SIP/2.0
Record-Route: <sip:192.168.7.8:35060;r2=on;lr=on;ftag=ratGXswB97-t-V43DH8qiLCU9ly4QTlc>
Record-Route: <sip.10.0.0.1;line=sr  fcTSOJF.pRxEOhrEvRRSQ.K.QDTS7XvDVF5-
    3Yv10KPD7Nu-O2Y6fRu612Y6fRuCLXUC5KvDBXlVlE7bOw7ZBbmQOb5XJhR-Ve.bK4F6lwP4QXyDT**>
Via: SIP/2.0/UDP 192.168.7.8:35060;branch=z9hG4bK0c.8e2a27eacf2662f599f7bf58891e710b.0;
    i=1;rport
Via: SIP/2.0/UDP 10.0.0.1;branch=z9hG4bKsr-4PebZ52r.kY4bKNh.cwvZOJfSkR7ZOhiEc.FEc-
    u-tQOCVefCVbY.c-vZO2vZONr.cm4H0KwjBDu-LoG-LbYEOJTE5huDLWU6tEAnBAFjJ-PDwmbjOQ2
    CQQbCBoeQdCkQ4eZjOEVcPXpXKERjVlPb7aUVedBSfdyjVd5
Contact: "Seven Du" <sip:10.0.0.1;line=sr--feTSOJT.0oN.cwvZOJfSkR7ZOhiEc.FEc-
    u1lWU6LET67WPnQX040mGDh**>
Call-ID: ***EJhFVJXdSBEQXO17Q0JK43K7jfKc.VKKCeE0c0NPC7A*
```

在集群环境下，多个服务器可以共享相同的 mask_key，而不同的服务器都可以解密相关的头域。在实际应用中，也可以定期更换 mask_key，减小它因泄露或被破解带来的风险。

使用 topoh 模块仅需要加载它并配置相应的参数，而无须在路由脚本中写呼叫逻辑。

8.15　WebRTC

WebRTC⊖的全称是 Web RealTime Communication，即基于 Web 的实时通信。实际上 WebRTC 提供了在浏览器中使用 JavaScript API 访问本地的音频和视频设备的手段，以及点对点流媒体实时传输等功能。目前大部分浏览器都已经支持 WebRTC，包括一些移动端的浏览器。WebRTC 只是媒体层的标准，没有规定信令。从理论上讲，用户可以使用任何信令在通话的双方间交换 SDP，进而建立点对点的媒体连接。由于 SIP 的广泛使用并深入人心，因而将 SIP 移植到浏览器里也成为理所当然的事。由于浏览器没有原生的 UDP 和 TCP 通信协议，但支持 WebSocket，因此，WebSocket 也成了浏览器中信令传输层的协议。基于 WebSocket 实现的 SIP 称为 SIP over WebSocket⊖，缩写为 SIP/WS 或 SIP/WSS，分别对应非安全连接和安全连接。

Kamailio 支持 SIP over WebSocket。使用它需要加载以下模块，因为 WebSocket 是基于 HTTP 升级而来的。

⊖ 参见 http://www.webrtc.org/。

⊖ 参见 https://datatracker.ietf.org/doc/html/rfc7118。

```
loadmodule "websocket.so"
loadmodule "xhttp.so"
modparam("xhttp", "event_callback", "ksr_xhttp_event")
```

下面的脚本可以将 WebSocket 呼叫转发给后端的服务器（如 FreeSWITCH）。

```
function ksr_request_route()
    ksr_register_always_ok()

    KSR.rr.record_route();
    -- 转发到后端的 FreeSWITCH URI，UDP 通常可以工作，但这里我们使用了 TCP
    -- 因为基于 WebRTC 的 SIP 包通常比较大，UDP 传输容易超过网络 MTU 而发生分包，有时无法有效恢复
    KSR.pv.sets("$du", FS1_URI .. ';transport=tcp')
    KSR.tm.t_relay()
    KSR.x.exit()
end

function ksr_xhttp_event(evname)
    KSR.set_reply_close()
    KSR.set_reply_no_connect()

    KSR.info("==== http request:".. evname .." ".. "Ri:".. KSR.pv.get("$Ri").. "\n")
    local upgrade = KSR.hdr.get("Upgrade")
    -- 检查是否存在 Upgrade 头域，如果为 WebSocket 请求
    if upgrade == "websocket" then
        -- 则进行 WebSocket 握手
        if KSR.websocket.handle_handshake() > 0 then
            -- 握手成功
            KSR.info("handshake ok\n")
        else
            KSR.err("Handshake ERR\n")
        end
        return 1
    end

    KSR.xhttp.xhttp_reply(404, "Not Found", "text/plain", "Not Found")
    return 1
end
```

从上面的脚本中可以看出，SIP 是在 WebSocket 中传输的，除首次连接需要进行一次握手外，其他的信令传输都跟普通的 SIP 没什么区别，转发流程也类似。

为了能进行测试，我们编写了如下 HTML。

```
<html>
    <head>
        <meta http-equiv="Content-Type" content="text/html; charset=UTF-8" />
    </head>
    <body>
        <button onclick="makeCall()">呼叫</button>
        <button onclick="hangup()">挂断</button>
        <br/>
        <br/>
        <video id="remoteVideo"></video>
        <video id="localVideo" muted="muted"></video>
        <script src="sip-0.20.0.min.js"></script>
        <script src="demo.js"></script>
    </body>
</html>
```

上述代码很直观，只有两个简单的按钮（button），当有呼叫时，远端媒体和本端媒体会显示在两个 video 标签上（video 标签也支持音频）。在此我们使用的是 SIP.js⊖库。JavaScript 脚本（demo.js）如下。

```javascript
var host = '192.168.7.8'; // SIP 服务器地址，改成你自己的
var port = '35060';       // SIP 端口，改成你自己的
// 将 HTTP 和 HTTPS 分别替换为 ws 和 wss
const protocol = window.location.protocol.replace('http', 'ws');
const wsUrl = protocol + "//" + host + ":" + port;

const SimpleUser = SIP.Web.SimpleUser;

const domain        = host;
const callerURI     = 'sip:alice@' + domain; // 主叫 URI
const calleeURI     = 'sip:9196@' + domain;  // 被叫 URI

// 获取 HTML 中的 video 标签，在呼叫将这些标签关联起来
const remoteVideoElement = document.getElementById("remoteVideo");
const localVideoElement  = document.getElementById("localVideo");

const configuration = {
    aor: callerURI,             // 主叫地址，aor 的全称是 Address of Record
    delegate: {                 // 回调函数
        onCallCreated: () => {  // 在呼叫创建时回调
        },
        onCallAnswered: () => { // 在应答时回调
            console.log('answered');
        },
        onCallHangup: () => {   // 在挂机时回调
        }
    },
    media: {                    // 媒体参数
        local: {                // 本地媒体关联的 HTML 中的 video 标签
            video: localVideoElement,
        },
        remote: {               // 远端媒体关联的 HTML 中的 video 标签
            audio: remoteVideoElement,
            video: remoteVideoElement,
        },
        constraints: {
            audio: true,        // 是否启用音频呼叫
            video: true,        // 是否启用视频呼叫
        }
    },
    userAgentOptions: {
        displayName: 'Alice',
    },
};

// 创建一个简单的 SIP UA 并连接
const simpleUser = new SimpleUser(wsUrl, configuration);
simpleUser.connect();

function makeCall() { // 呼叫
```

⊖　参见 https://sipjs.com/ 。除此之外，也可以使用 JsSIP 和 SIPML5 等库。

```
    simpleUser.call(calleeURI);
}

function hangup() { // 挂断
    simpleUser.hangup();
}
```

在上述代码中笔者添加了详细的注释，更多的 API 可以参考 https://github.com/onsip/
SIP.js/blob/master/docs/simple-user.md 中的内容。

可以使用如下命令之一启动一个简易的 Web 服务器⊖。

```
python -m SimpleHTTPServer   # Python 2
python3 -m http.server       # Python 3
```

然后就可以使用浏览器（如 Chrome）访问 http://localhost:8080，进行呼叫测
试了，如图 8-5 所示，这里呼叫的 9196 是 FreeSWITCH 的环回测试，其中左侧是远端视
频，右侧是本端视频（从摄像头采集的视频）。

图 8-5　呼叫 9196 进行环回测试

上面只是简单讲解了 WebRTC 的配置和演示，在实际的生产环境中逻辑肯定更复杂，
可以参考以下链接中的内容获取更多配置：

❑ https://github.com/kamailio/kamailio/tree/master/misc/examples/webrtc。

❑ https://www.kamailio.org/docs/modules/devel/modules/websocket.html。

⊖　当然也可以使用其他方式，如用 Nginx 或 Apache 等启动 HTTP Server。需要注意的是，考虑到 WebRTC
　　安全，在实际环境中使用时必须使用 HTTPS 和 WSS 这类安全传输协议，只有 localhost:// 地址才可
　　以使用普通的 HTTP 和 WS 协议。

第 9 章 *Chapter 9*

性　能

Kamailio 装在一般的服务器上每秒都可以处理上万次的注册请求和呼叫请求，包括完整的 Challenge 验证。虽然现实生产中的场景要比实验室里的场景复杂很多，但依然极少会达到 Kamailio 的性能瓶颈。

那么，Kamailio 性能强悍的秘密是什么？其实，无非就是拥有精心编写的代码，并使用了正确的数据结构和算法。下面我们先来看一些测试数据，然后再分析一下 Kamailio 高性能的秘密[⊖]。

9.1　性能测试

本节给出的测试数据是笔者找到的 Kamailio 团队所做测试得到的一些性能测试数据，有些测试数据比较旧，但是所涉及的测试步骤和测试方法现在依然适用。一般来说，每个企业在 Kamailio 实际上线前都要根据自己的场景和业务逻辑制定压力测试方案，所以本节的测试步骤和数据也只是给大家提供一个大概的参考。感兴趣的读者可以用同样的方法在你自己的软硬件上进行测试、对比。

9.1.1　早期的性能测试

下面是一次早期测试的步骤和相关数据[⊖]。当时的版本是 Kamailio（OpenSER）1.2.0。测试的对象主要是与事务（tm）和用户注册相关的模块（registrar 及 usrloc）。

⊖　本章很多测试数据和插图来自公开的资料，在后面会有相关的链接。

⊖　参见 https://www.kamailio.org/docs/openser-performance-tests/。本节中相关的脚本和配置都可以在该链接中找到。

1. 相关内容和参数

本次测试主要关注事务转发性能，Kamailio 在中间转发 SIP 信令。性能测试拓扑架构如图 9-1 所示。

测试主要有以下两种。

❑ **面向事务转发的测试**：通过转发最简单的
SIP MESSAGE 消息测试基本的性能指标。

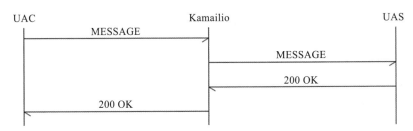

图 9-1　性能测试拓扑架构

❑ **面向呼叫的测试**：复杂的转发流程，覆盖"INVITE+ACK+BYE"的全呼叫流程。

这里的测试软件使用 SIPp，并用 SIPp 分别作为 UAC 和 UAS，用两台配置相同的服务器作为 UAC（32 位 i386 架构、单核 AMD 处理器），Kamailio 以及 UAS 运行在一台配有双核 Intel Core 2 处理器的服务器上。

2. SIP MESSAGE 测试

Kamailio 使用"-m 768"参数启动，即使用 768MB 共享内存。使用两台 SIPp，共产生 400000 个 MESSAGE 消息，观察每次处理的事务数和速度（平均响应时间）。

SIP MESSAGE 测试的流程如图 9-2 所示。

图 9-2　SIP MESSAGE 测试流程

使用的 IP 地址如下。

❑ UAC：192.168.2.100:5060 及 192.168.2.101:5060。

❑ Kamailio：192.168.2.102:5060。

❑ UAS：192.168.2.102:5070。

使用的命令如下。

```
./sipp  -sf  uac_msg.xml  -rsa 192.168.2.102:5060 192.168.2.102:5070 -m 200000 -r
    10000 -d 1 -l 70
```

两台 SIPp 上的统计结果如表 9-1 所示。

表 9-1　UAC MESSAGE SIPp 测试结果统计表

内　　容	UAC1	UAC2
IP 地址	192.168.2.100:5060	192.168.2.101:5060
消息总数	200000	200000

（续）

内　容	UAC1	UAC2
最大并发请求数	70	70
最大允许请求速率	10000 个 / 秒	10000 个 / 秒
平均请求速率	8047.966 个 / 秒	7427.765 个 / 秒
失败数	0	0
重传数	0	0
超时	0	0
总时长	00:00:24:851	00:00:26:926

也就是说在双核服务器上 Kamailio 每秒大约处理了 15000（即 8047+7427）个事务转发请求。

t_relay() 影响时间与请求处理的关系示意如图 9-3 所示，可以看到，大部分转发的处理时间都小于 0.1 毫秒。

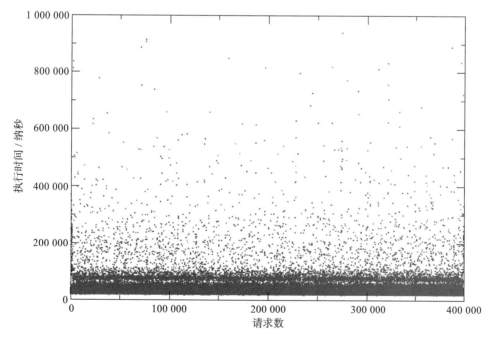

图 9-3　t_relay() 执行时间

根据 SIPp 的 -trace_rtt 参数给出的响应时间画出的示意图，如图 9-4 和图 9-5 所示。从图中可以看出，由于 UAC 侧多了网络层的传输时间，这种方式比 Kamailio 中的统计结果大很多。一件比较有意思的事情是，那些比较高的竖线反映了 Kamailio 内的时钟行为，当请求正好赶上时钟锁定（同步）时，会有比较大的延迟。

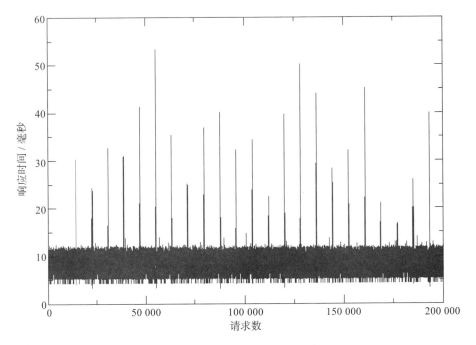

图 9-4　SIPp 统计的 MESSAGE 响应时间 UAC1

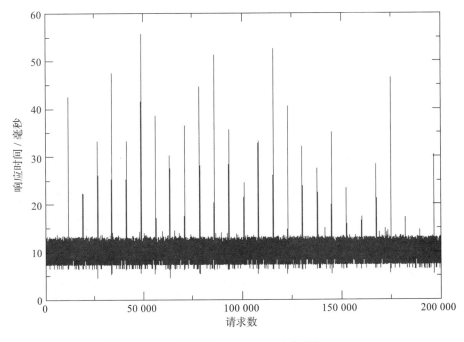

图 9-5　SIPp 统计的 MESSAGE 响应时间 UAC2

3. 呼叫测试

　　呼叫测试的大部分参数都跟上一小节讲的 MESSAGE 测试类似，所以这里就不重复介绍了。呼叫测试的主要流程如图 9-6 所示。

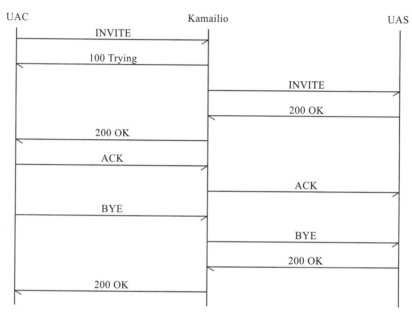

图 9-6　呼叫测试流程

呼叫测试使用的 SIPp 命令如下。

```
./sipp  -sf  uac_inv.xml  -rsa 192.168.2.102:5060 192.168.2.102:5070 -m 200000 -r
    7000 -d 1 -l 27
```

呼叫测试统计结果如表 9-2 所示。

表 9-2　呼叫测试统计结果

内容	UAC1	UAC2
IP 地址	192.168.2.100:5060	192.168.2.101:5060
消息总数	200000	200000
最大并发请求数	27	27
最大允许请求速率	7000 个 / 秒	7000 个 / 秒
平均呼叫请求速率	4164.758 个 / 秒	3896.661 个 / 秒
失败数	0	0
重传数	0	0
超时	0	0
总时长	00:00:48:022	00:00:51:326

从表 9-2 所示数据中可以看出，Kamailio 每秒约处理了 8060 个呼叫请求。SIPp 侧统计的呼叫响应时间如图 9-7 和图 9-8 所示。

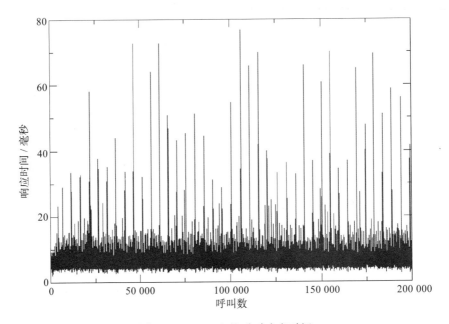

图 9-7　UAC1 上的呼叫响应时间

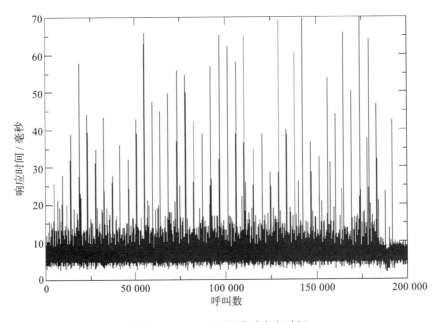

图 9-8　UAC2 上的呼叫响应时间

从这次测试中我们又发现一件有意思的事情：由于呼叫由两个事务组成⊖，两次一共大约处理了 16000（即 8060×2）个事务，跟上面的 MESSAGE 测试的 15000 个事务差不多。

4. 注册测试

注册测试使用了 512MB 的共享内存，启动参数为 -m　512。本次测试仅使用了一个 SIPp 作为 UAC 来发起注册。使用 10 万个 8 位号码，通过 SIPp 以线性顺序发起注册，测试前清空 location 表（用于存储注册信息的表），该表的存储使用 Write-Back 模式，即使用 modparam("usrloc",　"db_mode",　2) 参数来实时将数据写入内存，并定期写入数据库。

测试流程如图 9-9 所示。

图 9-9　SIPp 注册测试流程

用户号码存储在 sip-users-random.txt 中，我们可以使用以下命令发起测试。

```
./sipp 192.168.2.102 -sf uac-reg.xml -inf sip-users-random.txt -r 20000 -m 100000
    -trace_rtt -trace_screen -l 100
```

测试结果如下。

❑ 注册次数：100000。

❑ 最大并发注册数：100。

❑ 最大允许的注册请求频率：20000 个 / 秒。

❑ 平均请求频率：7692.899 个 / 秒。

❑ 失败数：0。

❑ 重传数：0。

❑ 超时：0。

❑ 耗时：00:00:12:999（时 : 分 : 秒 : 毫秒）。

从测试结果来看，Kamailio 每秒处理了约 7600 个注册请求。SIPp 侧统计的注册响应时间如图 9-10 所示。

Kamailio 侧统计的 save(location) 的注册执行时间如图 9-11 所示。

从图 9-11 所示可以看出，大部分写入数据库的处理时间都在 500 微秒以下，那些比较高的线是由于定时器触发了写数据库和检查过期的 Contact 地址的行为。

⊖　两个事务即 INVITE-200 及 BYE-200，ACK 属于一个独立的事务，但 ACK 不转发。

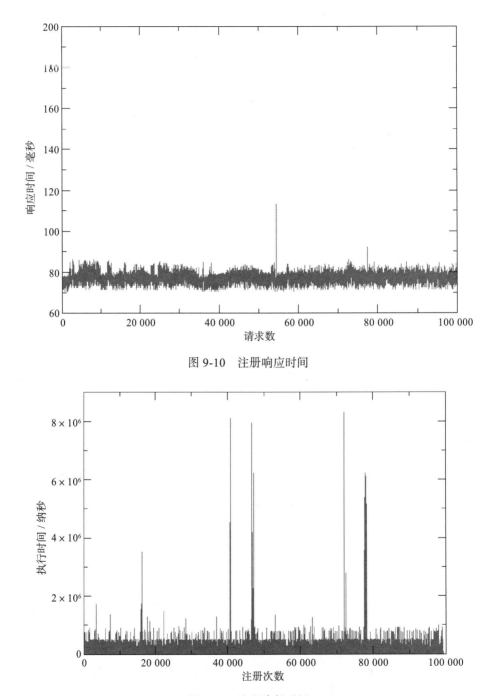

图 9-10　注册响应时间

图 9-11　注册执行时间

接着做一次刷新注册测试，该测试与上述注册流程一样，区别是 10 万个注册信息已经保存在内存哈希表里了，不需要插入新数据，仅需要更新相关的注册记录。将 sip-users-random.txt 复制到 sip-users-linear.txt 并把里面的 CSeq 加 1 以模拟一个刷新注册的行为。使用的测试命令如下。

```
./sipp 192.168.2.102 -sf uac-reg.xml -inf sip-users-linear.txt -r 20000 -m 100000
    -trace_rtt -trace_screen -l 100
```

测试结果如下。

- ❏ 注册次数：100000。
- ❏ 最大并发注册数：100。
- ❏ 最大允许的注册请求频率：20000 个 / 秒。
- ❏ 平均请求频率：10082.678 个 / 秒。
- ❏ 失败数：0。
- ❏ 重传数：0。
- ❏ 超时：0。
- ❏ 耗时：00:00:09:918（时：分：秒：毫秒）。

从测试结果来看，Kamailio 大约每秒处理了 10000 个刷新注册请求。响应时间如图 9-12 所示。

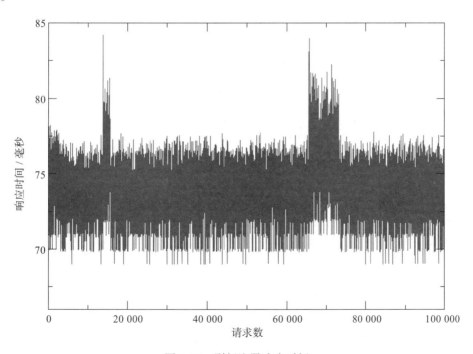

图 9-12　刷新注册响应时间

对比图 9-11 与图 9-12 可以看到，在这两种情况下有比较大的性能提升，这主要是因为处理刷新注册比处理新注册需要更少的内存。

5. 查找注册信息测试

在完成上述注册测试的基础上，10 万个用户信息已经注册到了系统上并写入了 location 表，然后用 SIPp 发送 10 万个 MESSAGE 消息以触发查表（lookup）动作。

图 9-13　查表测试流程

测试流程如图 9-13 所示。

测试时使用的命令如下。

```
./sipp 192.168.2.102 -sf uac-msg.xml
-inf sip-users-random.txt -r 20000 -m 100000 -trace_rtt -trace_screen -l 100
```

测试结果如下。

❑ 注册次数：100000。

❑ 最大并发注册数：100。

❑ 最大允许的注册请求频率：20000 个 / 秒。

❑ 平均请求频率：10488.777 个 / 秒。

❑ 失败数：0。

❑ 重传数：0。

❑ 超时：0。

❑ 耗时：00:00:09:534（时∶分∶秒∶毫秒）。

从结果来看，Kamailio 每秒处理了 10500 次查表。

响应时间如图 9-14 所示。

Kamailio 侧统计的 lookup(location) 的执行时间如图 9-15 所示。

图 9-15 中所示比较高的竖线发生在哈希表碰撞比较多以及定时器触发检查过期的注册信息时，属于正常现象。

6. 小结

上面的测试比较简单，仅涵盖了 tm 模块，在实际应用中肯定还需要进行更多的处理，但 tm 模块应该是这里面开销最大的，因而对其进行测试也比较有代表性。从测试结果来看，Kamailio 在本例的硬件条件下每秒可以处理 8000 个呼叫请求，这意味着每分钟处理 48 万个呼叫请求，即每小时处理 2880 万个呼叫请求。从测试结果来看，还是非常理想的，当然，如果涉及实时数据库的访问，以及路由逻辑处理等，处理速度肯定是比较慢的。不过，退一百步讲⊖，即使这些因素会让整个系统处理能力降低两个数量级，每秒仅能处理 80 个呼叫请求，也能支撑相当多的应用正常使用。

关于用户注册的处理，在实际应用中一般来说平均的注册过期时间是 10 分钟（600 秒）。系统大约可以支持 400 万个（600 秒 × 7000 个 / 秒）注册请求，这个数字已经很可观了。

⊖　或许正确的表达应该是"退一万步讲"，不过后面讲到两个数量级，正好是一百，就当我们玩个文字游戏吧。

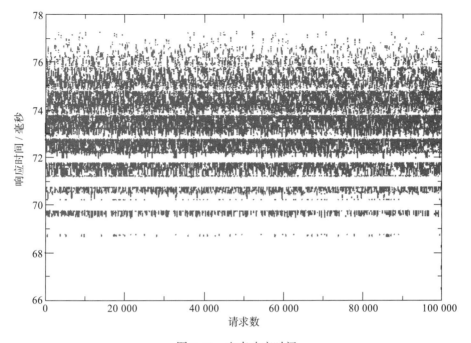

图 9-14　查表响应时间

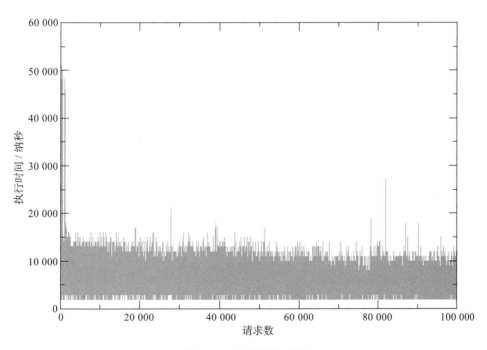

图 9-15　注册执行时间

最后需要注意的是，本次测试仅是在实验室环境中的测试，系统的整体性能往往跟很多因素相关，比如下面这些因素。

- ❏ 硬件性能：系统的性能跟硬件性能成正比，Kamailio 是一个多进程的系统，可以平均用到所有的处理器，所以，CPU 核数越多，性能越好。
- ❏ 网络性能：不同硬件网卡的性能也有很大差异。
- ❏ 测试工具：测试工具有自己的局限性，不一定能反映真实情况。
- ❏ 数据采样：测试中的数据埋点和统计采样也会带来额外的开销。

9.1.2 KEMI 性能测试

Kamailio 自 5.0 版本起引入了 KEMI，官方在 2018 年 11 月专门做了 KEMI 的性能测试⊖，这次测试的重点不是获取 Kamailio 的最大处理能力，而是比较原生路由脚本 request_route 与 Lua 路由脚本 ksr_request_route 的执行时间，以了解原生路由和 KEMI 路由脚本间的性能差异。

测试服务器的规格如下。

- ❏ 服务器：Intel NUC 7i7DNHE。
- ❏ CPU：i7-8650U @ 1.90GHz，4 核 8 线程。
- ❏ 内存：16GB。
- ❏ 操作系统：Debian 10。

使用 SIPp 进行测试，场景为标准的注册（REGISTER）场景，包含 Challenge 验证。使用原生、Lua、Python 这三种路由脚本。其中，原生路由脚本、Lua 路由脚本与我们在 2.3 节讲过的类似，Python 版路由脚本的逻辑也一致，只是所用语言不同。在同样的硬件条件下，分别启动这三种路由脚本，把 Kamailio 的日志输出到日志文件，再用一个 awk 脚本分析日志文件，得到下面的指标。

- ❏ cnt：处理的 SIP 消息数（计数器）。
- ❏ sum：request_route 或者 ksr_request_route() 总的执行时间（微秒）。
- ❏ min：request_route 或者 ksr_request_route() 的最小执行时间（微秒）。
- ❏ max：request_route 或者 ksr_request_route() 的最大执行时间（微秒）。
- ❏ avg：request_route 或者 ksr_request_route() 的平均执行时间（微秒）。

官方在进行测试时，对每种路由脚本都做了多次测试，限于篇幅，在此每种路由脚本仅列举一组指标，如表 9-3 所示。

注意表中的值只是其中一次的结果，实际的情况是，三种脚本的执行效率大致相当，有时原生路由的执行快一点，有时 Lua 路由的执行快一点，注册请求的平均处理时间为 60 ~ 80 微秒，Python 路由脚本跟其他路由脚本的速度差不多，这有些出乎意料。

⊖ 参见 https://www.kamailio.org/wiki/kemi/performance-tests/5.2.x。

表 9-3　KEMI 路由脚本测试指标

指标	原生路由	Lua 路由	Python 路由
总消息数	63157	61080	61031
总时长 / 毫秒	4748289	4203512	4353501
最小时长 / 毫秒	21	26	23
最大时长 / 毫秒	2028	1316	3005
平均时长 / 毫秒	75.1823	68.8198	71.3326

9.1.3　使用 VoIPPerf 进行性能测试

SIPp 是一个经典的压测工具。网上关于 SIPp 的资料比较多，本书就不多介绍了。在此，我们来看另一个压测工具。

VoIPPerf[⊖]是一个新的 SIP 测试工具，使用起来比较简单。它提供了一个测试用 SIP 服务器和一个客户端，可以通过 JSON 配置文件方便地随机产生电话号码。下面来看一看它的使用方法。

VoIPPerf 提供了一个 Docker 镜像，因此测试者无须自己从头编译代码。本书的代码示例中也集成了这个 Docker 镜像，你只需要像其他示例一样使用如下命令启动一个容器即可。

```
make up-perf
```

容器启动后，默认会启动一个 SIP 服务器，可以使用如下命令查看相关信息。

```
# docker logs kb-voip-perf

使用如下参数启动: /voip_perf/voip_perf --local-port 5060  --trying --ringing
--delay=250
12:38:30.354          os_core_unix.c !pjlib 2.9-svn for POSIX 初始化完成
12:38:30.372            voip_perf.c  本地端口号 [5060]
Log 级别设置为 :3
12:38:30.389            voip_perf.c  延迟模块注册完毕 id[12]
voip_perf 0.6.2 使用服务器方式启动
在以下 URI 上接收 SIP 消息 URIs:
  sip:0@172.22.0.7:5060    无状态处理
  sip:1@172.22.0.7:5060    有状态处理
  sip:2@172.22.0.7:5060    呼叫处理
收到的 INVITE 消息如果没有对应的号码将使用有状态处理
```

也可以使用如下命令持续跟踪日志输出。

```
# docker logs -f kb-voip-perf
```

使用如下命令进入容器。

```
make bash-perf
```

⊖　参见 https://github.com/jchavanton/voip_perf。

进入容器后，可以执行客户端命令进行测试。从上面的 Docker 日志输出中我们可以看到，服务端的 IP 地址是 172.22.0.7，因此下面的命令中使用该 IP 地址，即将 voip_pert 客户端连接到 voip_pert 服务端并进行呼叫测试。相关命令和输出如下。

```
# ./voip_perf \
  "sip:+1206??????@172.22.0.7" \
  --method="INVITE" \
  --local-port=5072 \
  --caller-id="+1?????????" \
  --count=1 \
  --proxy=172.22.0.7:5060 \
  --duration=5 \
  --call-per-second=500 \
  --window=100000 \
  --thread-count=1 \
  --interval=1 \
  --timeout 7200
13:29:35.560        os_core_unix.c !pjlib 2.9-svn for POSIX 初始化完成
13:29:35.571        voip_perf.c  方法:[INVITE]
13:29:35.571        voip_perf.c  本地端口号 [5072]
13:29:35.571        voip_perf.c  主叫号码:[+1?????????][12 位 ]
添加代理服务器 : [sip:172.22.0.7:5060;lr|22]
日志级别设为 :3
13:29:35.589        voip_perf.c  延迟模块注册完毕 id[12]
发送一个 INVITE 呼叫到 'sip:+1206??????@172.22.0.7'，最大 100000 个并发任务，请等待 ...
1 个任务已启动，0 个已完成，等待中 ...
13:29:42.997 voip_perf.c  INVITE-100 count[1] 平均 [3.0ms] 标准差 [0.0ms] 最大 [3ms]
13:29:42.997 voip_perf.c  INVITE-180 count[1] 平均 [6.0ms] 标准差 [0.0ms] 最大 [6ms]
13:29:42.997 voip_perf.c  INVITE-200 count[1] 平均 [252.0ms] 标准差 [0.0ms] 最大 [252ms]

完成

共发送 1 个 INVITE 呼叫，用时 18 毫秒，速率 55 个 / 秒
共收到 1 个响应，用时 5265 毫秒，速率 0 个 / 秒：
>> 收到的连接响应消息详细信息 :
 - 200 连接响应 :              1      (OK)
>> 收到的断开连接响应消息详细信息 :
 - 200 断开连接响应 :          1      (OK)
                           ------
 总响应数 :                   1      (速率 =0 个 / 秒)

最大并发任务数 : 0
```

从上面的输出我们可以看到，在同一个 Docker 容器中，voip_perf 作为客户端连接了 voip_pert 服务器并成功完成了一次测试呼叫，但由于数量太少所以统计出来的速率为 0。其中，客户端使用的参数如下。

❏ "sip:+1206??????@172.22.0.7"：这是 Request URI，即请求 URI，? 部分会随机生成号码。

❏ --method="INVITE"：发送 INVITE 消息。

❏ --local-port=5072：本地端口。

❏ --caller-id="+1?????????"：主叫号码。

❏ --count=1：一共发送 1 个消息。

❑ --proxy=172.22.0.7:5060：代理服务器地址，SIP 消息将发送到这个地址上。

❑ --duration=5：持续时长 5 秒。

❑ --call-per-second=500：每秒最多发送 500 个呼叫请求。

❑ --window=100000：最大并发呼叫数。

❑ --thread-count=1：使用一个线程。

❑ --interval=1：统计采样间隔，此处每秒向 voip_perf_stats.log 文件写入一次数据。

❑ --timeout 7200：超时（秒），如果到了这个时间还有没发送完消息，则退出并打印相关统计。

执行完上述命令后，可以看到 voip_perf 服务端的 Docker 日志中有类似下面的输出（call 变成了 1）。

总数（速率）：无状态 :0（0/ 秒），有状态 :0（0/ 秒），呼叫 :1（0/ 秒）

接下来，如果读者在同步做实验，可以修改其中的参数，如 --count 和 --thread-count 等，观察对比测试数据。

初步了解了该工具以后，我们再把 Kamailio 加上。使用如下脚本，把从 voip_perf 客户端来的呼叫转发到 voip_perf 服务端。

```
-- voip-perf.lua:
function ksr_request_route()
    KSR.rr.record_route()
    KSR.tm.t_relay() -- 保证客户端发来的 R-URI 中是 voip_perf 的服务端地址，在此直接路由即可
end
```

由于容器启动后，kb-voip-perf 容器跟 Kamailio 容器一样都连接到同一个网络上，因此可以直接使用内网 IP 地址访问 Kamailio 容器。找到 Kamailio 的 IP 地址（在笔者的环境中是 172.22.0.3），修改命令行上的参数，其他不变，只修改如下一行代码。

```
--proxy=172.22.0.3:35060 \
```

当然，不要忘了，其实在 Docker 中也可以直接使用容器的名字进行 DNS 访问，如上面命令可以换成以下命令，这样就不需要知道 Kamailio 容器内部的 IP 地址了。

```
--proxy=kb-kam:35060 \
```

总之，上述命令可以将 SIP 消息发送到 Kamailio 服务器，由于请求的 R-RUI 还是"sip:+1206???????@172.22.0.7"，因而，呼叫在 Kamailio 的路由脚本中又转发给了 voip_perf 服务器。

在只有一个并发（--count=1）的情况下确认一切正常后，慢慢将并发数加大以进行压测。更多的参数和使用方法可以参阅 VoIPPerf 工具的相关说明手册。掌握好 VoIPPerf 工具后，读者也可以尝试修改 Lua 路由脚本，让它指向 FreeSWITCH，或者对本书中其他的 Lua 脚本（如无状态转发和有状态转发脚本等）进行压测。

9.2　拆解 Kamailio 高性能信令服务设计

Kamailio 的共同创始人 Daniel-Constantin Mierla 在 2016 年 1 月 FOSDEM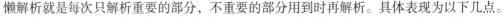上的演讲中详细讲解了 Kamailio 内部的一些设计和权衡，该演讲的标题是 "Designing High Performance RTC Signaling Servers"。这一节，我们就对这次演讲中提到的要点进行简要分析。

9.2.1　懒解析

懒解析就是每次只解析重要的部分，不重要的部分用到时再解析。具体表现为以下几点。

❏ **只解析需要解析的部分**。比如只解析必备的 SIP 消息头域，那些用不到的头域无须解析，如果后续在路由脚本中用到，再进行解析。

❏ **将解析出来的部分缓存起来**，这样以后再用到的时候就无须重复解析了。

❏ **不复制，只保留解析的指针**。在解析时不会复制整个消息，也不会破坏当前 SIP 消息的内存。仅需要很少的额外内存开销来保存解析出来的消息的指针，在用的时候就可以快速定位了。

❏ **使用私有内存**。SIP 消息仅跟当前的事务有关，不会跟其他进程共享，因而解析 SIP 消息仅使用私有内存，无须加锁，这样可保证实时高效。

❏ **只有在需要的时候才将相关数据移到共享内存**。当然，如果需要跟踪整个对话，或需要跟异步 Worker 进行互操作，就需要将私有的 SIP 数据移到共享内存。

❏ **保留对消息修改的 `diff` 列表**。在处理 SIP 消息时，如果对 SIP 有修改，不是直接修改当前的 SIP 消息，而是保存一个变更列表，这样速度最快。

❏ **只有在发送的时候才根据修改的内容生成完整的消息（按需生成）**。如果对 SIP 消息有变更（对应上文提到的 diff 列表），则在消息发出前把这个列表应用到整个 SIP 消息上，生成新的 SIP 消息。这样在对 SIP 消息有很多修改时，可以一次性集中操作，以节省资源。

当然，任何事情都有两面性，上面的处理方式也会带来如下一些问题。

❏ **缺少对消息的合法性验证**。由于消息只在发出时才产生，在中间无法进行有效的合法性验证。但由于消息生成是可控的（毕竟路由脚本是我们自己写的），因而该问题也不是太严重。

❏ **新手可能对消息懒处理比较困惑**。比如，当你修改了一个 SIP 头域，再次查询这个 SIP 头域的时候，发现该头域并没有变，但在 SIP 消息发出后，又发现它变了。随着对 Kamailio 的深入理解，就会知道这是正常现象。

下面来举一个例子。如图 9-16 所示，Kamailio 在收到 SIP 消息后，解析该消息，取得头域和正文部分，然后删除 Subject 头域（第 7 行），并在第 11 行加上 My-Subject 头域。在这个过程中，SIP 消息内容没有任何变化，但是保存了修改列表（diff 列表），该列表记录了删去了多少个字符、在哪个位置添加了哪些内容等，在消息向外发送时将这些修改

⊖　一个开源开发者大会，由志愿者主办，参见 https://fosdem.org/。

应用到消息上，并形成新的消息然后发送出去。

图 9-16　懒解析示意

Kamailio 有自己的 `str` 类型，它是一个典型的字符串类型的结构体，保存了字符串指针和长度，具体如下。

```
struct _str{
    char* s; /**< Pointer to the first character of the string */
    int len; /**< Length of the string */
};

typedef struct _str str;
```

使用这种字符串结构的好处是，在解析时无须破坏被解析的消息本身（一般来说，由于 C 语言的字符串要求必须以 "\0" 结束，因此仅用 C 语言原生的字符串指针必然会破坏原始内存空间，如果要保存原来的信息就不得不复制一份）。

图 9-17 所示是对 From 头域的解析示例，其中 `from.uri`、`from.username` 等都是 `str` 类型的结构体。我们可以看到，虽然解析出了各种结构，但是并没有破坏 From 头域的内存内容，而只是在解析出结构体的同时保存了字符串的指针起始位置和长度。

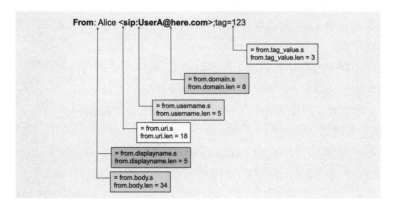

图 9-17　对 From 头域的解析示例

9.2.2　内存管理

Kamailio 有自己的内存管理器和内存池。内存管理器首先向操作系统申请一大块内存作为自己的内存池，然后自己管理内部的内存申请和释放。Kamailio 的内存分为共享内存和私有内存。由于 Kamailio 是一个多进程的系统，各进程使用私有内存，可以自由存取而无须加锁，这保证了使用效率。而 Kamailio 中通用的数据结构，如路由、事务等，则存放在共享内存中。内存管理器提供一个抽象层用于共享内存的存取，并可便于开发者调用。另外，内存管理器也有一些专门针对 SIP 操作的优化功能，通过这些功能可使 SIP 操作非常快。Kamailio 的内存结构如图 9-18 所示。

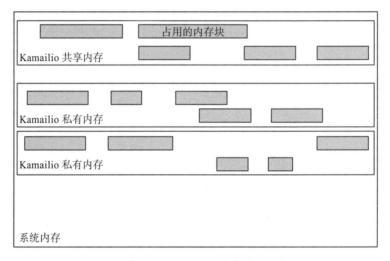

图 9-18　Kamailio 内存结构

Kamailio 的这种内存管理方式有以下好处。

❑ **可以对常用的内存块大小做优化**。自己管理的内存更方便进行内部优化，如将小内存块放到一起或将大块的内存放到一起等。

❑ **启用或禁用连接（join）操作**。可以按需将空闲的小内存块合成一个大的内存块，避免出现内存碎片等。

❑ **可以选择不同的内存申请算法（在启动时）**。其中主要的可选算法如下。

　　○ fast malloc（即 f_malloc）是 Kamailio 中默认的算法。

　　○ quick malloc（即 q_malloc）中有一些额外的用于辅助调试的信息和功能，适用于在开发时进行内存相关的调试。

　　○ tlsf malloc⊖是 2015 年 Kamailio 在 4.3 版本中引入的，它的内存申请和释放（malloc 和 free）都是 $O(1)$ 的时间复杂度，并且没有最坏的情况。

⊖　参见 https://www.kamailio.org/w/2015/06/tlsf-high-performance-memory-manager/。

○ doug lea malloc 是由 Doug Lea⊖写的内存申请算法，该算法已进入公有领域⊜。

❑ **避免非必要的锁定**。使用私有内存，能不加锁就不加锁，以保证存取效率。

❑ **方便排错，可按需调整**。有的内存算法（如 quick malloc）内部有相应的调试手段，方便检查内存问题，发现问题时也可以根据需要调整算法。

当然这样做也有如下一些缺点。

❑ **在同一个项目中使用不同的内存管理工具不是一件很容易的事**。开发者需要小心地使用这些工具。

❑ **需要 Kamailio 核心开发者自己维护内存管理代码**。这是很大的工作量。

Kamailio 默认使用 32MB 共享内存和 4MB 私有内存，可以在 Kamailio 启动时使用如下命令调整这两种内存。

```
kamailio -m 512 -M 8
```

在 Kamailio 脚本中，下列伪变量会在私有内存中。

❑ `$ru`、`$rU`、`$rd`：请求 URI 相关的变量。

❑ `$fu`、`$tu`：From URI、To URI 相关的变量。

❑ `$hdr(name)`：SIP 消息头。

❑ `$var(name)`：私有变量。

❑ `$dbr(key)`：数据库查询结构。

下列伪变量会在共享内存中。

❑ `$avp(key)`：跟每一个 SIP 事务相关的键值对。

❑ `$xavp(key)`：键值对的扩展实现。

❑ `$shv(key)`：共享变量。

❑ `$sht(key)`：共享哈希表。

私有内存适用于当前 SIP 消息中相关属性的引用和处理，如果你想在处理 SIP 请求时保存一个值并在处理 SIP 响应时引用，则需要使用共享内存中的变量。

9.2.3　并发和同步

当多个进程或线程对共享内存同时访问时，必须有相应的互斥手段，这类手段包括如下几个。

❑ 尽量将数据存到私有内存，只有在有必要的情况下才放到共享内存。

❑ 可使用标准的 Posix 锁，也可使用自己实现的基于忙等待（Busy Loop）的锁。

❑ 可使用消息队列。

⊖ 该算法已被编译进一些 Linux 系统作为默认的内存管理算法，Doug Lea 曾是 libg++ 的主要作者。参见 https://www.cs.tufts.edu/~nr/cs257/archive/doug-lea/malloc.html。

⊜ 公有领域是一种知识共享组织的版权许证，参见 https://creativecommons.org/licenses/publicdomain/deed.zh。

❑ 可使用内存围栏。

Kamailio 通过在不同情况下灵活使用级别和互斥、锁和数据结构，可以非常好地支持并发访问。

9.2.4 定时器和异步操作

定时器可以为很多模块实现"懒"操作，如保活（Keep Alive）、清除过期的数据等对时间要求精确度不高的操作。这些定时器触发的回调会在独立的 Worker 进程中异步执行，因而不会响应当前的 SIP 消息解析。用户也可以根据情况自行调整定时器的时间间隔，示例如下。具体含义可参阅这些模块的说明文档。

```
modparam("usrloc", "timer_procs", 4)                    # 启动多少个时钟 Worker 进程

modparam("nathelper", "natping_processes", 6)           # 启动多少个 NAT Ping 进程

modparam("dialog", "timer_procs", 4)                    # 启动多少个时钟 Worker 进程
modparam("dialog", "ka_timer", 10)                      # 保活时钟数
modparam("dialog", "ka_interval", 300)                  # 保活时间间隔
```

9.2.5 缓存

Kamailio 内部使用大量哈希表做缓存，哈希表的大小是可以调整的。usrloc、dialog 等模块都用到了哈希表，示例如下。

```
modparam("usrloc", "hash_size", 12)

modparam("htable", "htable", "a=>size=4;autoexpire=7200;")
modparam("htable", "htable", "b=>size=8;")

modparam("dispatcher", "ds_hash_size", 9)
```

除哈希表外，还可以用树。比如，字冠路由就比较适合用树的方式查找。pdt、mtree、userblacklist 使用的都是树。图 9-19 所示是从号码分析树中查找 010 和 021 等，该图仅是示意图，不代表 Kamailio 中真实的结构。

mtree 模块就使用了树，下面是该模块的一些示例配置。

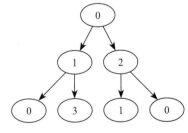

图 9-19　号码分析二叉树示意图

```
loadmodule "mtree.so"

modparam("mtree", "db_url", DBURL)
modparam("mtree", "mtree", "name=didmap;dbtable=didmap;type=0")
modparam("mtree", "char_list", "0123456789*+")
modparam("mtree", "pv_value", "$var(mtval)")
```

示例路由脚本如下（关于 mtree 更详细的用法参见 8.1 节）。

```
if KSR.mtree.mt_match("didmap", KSR.pv.gete("$rU"), 0) then
    local dsid = KSR.pv.get("$(var(mtval){s.int})")
    KSR.info("Routing to " .. dsid .. "\n")
end
```

9.2.6　异步处理

异步处理可以在等待外部 IO 或 API 时防止阻塞 SIP 路由进程。主要处理方式如下。

❑ 将耗时的操作转移到专门的 Worker 进程中处理，这可以通过 async 模块实现，具体的执行过程为 tmx（暂停）→ mqueue（分配）→ rtimer（处理）。

❑ 采用异步方式进行数据库读写（目前仅 MySQL 支持异步读写），可以防止数据库读写阻塞当前进程。

❑ 采用异步方式进行 HTTP/JSON-RPC 交互，可以防止阻塞当前进程。

与数据库异步处理相关的配置参数示例如下。

```
async_workers=4                                         # 异步 Worker 进程数量
modparam("sqlops","sqlcon","ca=>dbdriver://username:password@dbhost/dbname")

sql_query_async("ca", "delete from domain"); # 使用异步函数执行 SQL 语句
modparam("acc", "db_insert_mode", 2)                    # 使用异步方式插入数据
```

与定时器触发的异步处理不同，本节所讲的异步处理是由路由脚本主动发起的。

9.2.7　其他

与性能相关的条件和因素，除了上面讲过的以外，还有下列值得注意的地方。

❑ children 参数可以控制启动多少个 Worker 进程，可以根据实际需要配置。

❑ TCP/TLS 协议有最大并发限制（Max Connections），有文件描述符限制。

❑ 通过内部的 DNS 缓存可以提高性能，在有些情况下也可以禁用某些缓存。

❑ 在关键的字段上添加索引可以大大优化数据库查询时间（但要注意过犹不及）。

❑ Syslog 也有异步模式，可以按需使用。

❑ 保证 DNS 能及时响应（在使用域名路由时，如 DNS Failover），DNS 查询是同步操作，是阻塞的。

❑ 使用 API 路由时，API 服务要能及时响应，否则会拖慢整个应用，影响系统的吞吐量。

最后，简单做一下总结。本章的内容在前文中大部分都有涉及，因此在这里仅就性能相关的要点进行了集中罗列，并没有深入展开。Kamailio 是一个历史很长的项目，各种性能优化也都经历了真实项目和时间的考验，但深入研究 Kamailio 内部的秘密并不是本书的重点。如果读者通过对本章的学习，能领会到 Kamailio 功能的强大、性能的强悍，那就足够了，剩下的就看你怎么用好它了。当然，在学会 Kamailio 基本的使用方法之后，再去追求性能也是理所当然的事。笔者希望本章的内容能作为你下一个追求的起点。

安　全

安全生产高于一切，没有安全一切都免谈。在实际的生产环境中，经常会遇到各种各样的攻击，典型的攻击有疯狂注册（又称呼叫"撞"密码）、洪水攻击、DDoS 攻击等。其中，DDoS 是一个世界性的难题，这需要云主机厂商跟你一起对抗，其他的攻击 Kamailio 都能轻松应对。

10.1　基本安全手段和策略

在深入讨论安全问题之前，我们先说明一点——安全问题并没有万能的解决方案，你必须能 7×24 小时进行监控并能及时启用新的安全策略。下面是一些常用的基本安全手段。

- ❏ 监控、探测并屏蔽来自同一 IP 地址的高频率呼叫。
- ❏ 监控、探测同一时间段内大量鉴权失败信息。
- ❏ 只允许白名单中的 IP 地址段访问你的系统。
- ❏ 呼叫某目的地要消耗过多资源时，提供警告、屏蔽功能，或启用二次验证。
- ❏ 并发超限时告警。
- ❏ 超长通话告警。
- ❏ 计费超限时告警。
- ❏ 检查且仅允许使用安全的密码。
- ❏ 启用 TLS 等。
- ❏ 只允许成功注册的用户呼叫。
- ❏ 带 To tag 的 INVITE 请求必须与已有的 Dialog 匹配。
- ❏ 限制并发注册的数量。

- ❏ 限制允许的 User-Agent 头域。
- ❏ 当用户在允许的区域外注册时，限制一些呼叫权限。
- ❏ 不同时段启用不同的策略。
- ❏ 如果有可能，换用非"众所周知"的端口，如不要用 5060 端口。

在实际的生产环境中，要根据具体情况采用不同的安全策略。下面我们来看一些典型的例子⊖。注意与前文相比，本章的例子更关注安全逻辑和算法，例子中用到的模块和函数大部分在前文都有提到，即使是前文没有出现过的新函数，限于篇幅，我们也只是大致解释其用法和作用，不再详细讲解所有参数的含义了，有需求的读者可以自行查阅相关文档。

10.2 限呼

典型的安全手段是动态探测可能的恶意呼叫并进行限呼。下面是一些限呼实例。

10.2.1 限制 User-Agent 头域

通过限制 User-Agent 头域可以限制一些已知的扫描者。比如，SIPvicious⊜是一个著名的 SIP 安全扫描工具，它通过扫描服务器来检测其有没有漏洞，进而在黑客攻破系统之前就已修补漏洞。但网上有些人却直接拿它来扫描别人的系统。如果你的系统经常受到这种扫描，可以先从 User-Agent 头域下手，屏蔽一部分扫描。示例代码如下。

```
bad-ua.lua:
BAD_USER_AGENTS = { -- 黑名单
    "sipcli",
    "sipvicious",
    "sip-scan",
    "sipsak",
    "sundayddr",
    "friendly",
    "iwar",
    "sivus",
    "gulp",
    "sipv",
    "smap",
    "siparmyknife",
    "test agent",
    "xcv123",
    "pplsip",
    "sipscan",
    "custom",
    "sipptk",
    "vaxsip",
    "加入更多 ...",
}
```

⊖ 本章部分示例可参考 http://www.kamailio.org/events/2015-Kazoocon/dcm-kamailio-and-voip-wild-world.pdf。

⊜ 参见 https://github.com/EnableSecurity/sipvicious。

```
function ksr_request_route()
    if KSR.corex.has_user_agent() > 0 then
        local ua = string.lower(KSR.pv.gete("$ua"));  -- 获取 User-Agent 头域
        for idx, val in pairs(BAD_USER_AGENTS) do     -- 循环检查是否在我们的黑名单中
            if string.find(ua, val) then
                KSR.warn("Dropping " .. KSR.pv.gete("$rm") .. " UA ["..val.."]" ..
                        " from " .. KSR.pv.gete("$fu") .. " IP:" ..
                        KSR.pv.gete("$si") .. ":" .. KSR.pv.gete("$sp") .. "\n");
                KSR.x.drop(); -- 如果 User-Agent 在黑名单中，直接丢弃，不给对方任何消息提示，
                        沉默是金
            end
        end
    end
    -- 下面是正常的业务代码 --
end
```

上面的函数循环判断 SIP 请求中的 User-Agent 头域是否在已知的列表中，如果是，则不做任何响应，让对方不知我们的虚实。如果用 KSR.sl.sl_send_reply(200, "OK") 直接返回 200 OK，那就是一个"密罐"⊖了。

据说以上方法可以屏蔽 90% 以上的扫描攻击，但需注意的是，以上方法治标不治本，它只能防止那些漫无目的的攻击，如果黑客确实盯上了你的服务器，他们很容易改变自己的 User-Agent 头域让你认不出来。

10.2.2　限呼某些目的地

可以通过呼叫字冠或正则表达式限呼。本示例使用 mtree 模块，该模块的加载和配置方法如下。

```
loadmodule "mtree.so"
modparam("mtree", "db_url", DBURL)
modparam("mtree", "char_list", "+0123456789")  # 允许出现在字冠中的字符，默认为
    0123456789
modparam("mtree", "mtree", "name=pblock;dbtable=pblock") # 定义树的名字
modparam("mtree", "pv_value", "$var(mtval)")
```

下面是路由脚本（pblock.lua）。

```
function ksr_request_route()
    ksr_register_always_ok()
    local dest = KSR.pv.gete("$rU");
    if KSR.mtree.mt_match("pblock", dest, 0) == 1 then    -- 如果从表中找到匹配的数据
        KSR.tm.t_send_reply("503", "Destination Blocked") -- 则返回 503
        KSR.x.exit()
    end
    -- 一切正常，来话不在黑名单中，可以继续路由
    KSR.tm.t_send_reply("404", "Not Found") -- 在此，我们无事可做，简单返回 404 只是为了
        脚本完整
end
```

pblock 建表语句如下。

⊖ 密罐是一种伪装技术，就是在遇到攻击时假装中招并套取对方的更多信息。详见 https://baike.baidu.com/item/ 密罐 /9165942。

```
CREATE TABLE pblock (
    id SERIAL PRIMARY KEY NOT NULL,
    tprefix VARCHAR(32) DEFAULT '' NOT NULL,
    tvalue VARCHAR(128) DEFAULT '' NOT NULL,
    CONSTRAINT pblock_tprefix_idx UNIQUE (tprefix)
);
```

插入一条黑名单数据，具体如下。

```
INSERT INTO pblock (tprefix, tvalue) VALUES ('1234', 'bad number');
```

运行上述脚本，如果拨打 1234 开头的号码，就会返回 503，否则返回 404。关于 mtree 的用法详见 8.1 节。

10.2.3　限制高频呼叫

使用 pike、pipelimit、htable 等模块可以限制呼叫频次，htable 也可以用 fail2ban 代替。我们在 2.3 节讲过使用 pike 模块限制呼叫频次的例子，在此，我们再看一下使用 pipelimit 模块⊖的例子。

对 pipelimit 模块配置如下。

```
loadmodule "pipelimit.so"
modparam("pipelimit", "db_url", DBURL) # 数据库 URL
```

Lua 代码如下（pipelimit.lua）。

```
function ksr_request_route()
    ksr_register_always_ok()
    if KSR.pipelimit.pl_check("test") < 0 then -- 检查是否超过限制
        KSR.pipelimit.pl_drop();              -- 如果超限则默认返回 503，响应码也可以配置
        KSR.x.exit();
    end
    KSR.info("Good to go\n")
end
```

pipelimit 模块相关的数据表结构如下。

```
CREATE TABLE pl_pipes (
    id SERIAL PRIMARY KEY NOT NULL,
    pipeid VARCHAR(64) DEFAULT '' NOT NULL,      -- 表名
    algorithm VARCHAR(32) DEFAULT '' NOT NULL,   -- 使用的算法
    plimit INTEGER DEFAULT 0 NOT NULL            -- 限制
);
```

pipelimit 模块使用 ratelimit 模块提供的 TAILDROP、RED、NETWORK、FEEDBACK 算法，具体算法可以参见模块说明文档。在数据库表中插入以下数据。

```
INSERT INTO pl_pipes VALUES (default, 'test', 'TAILDROP', 10);
```

重启 Kamailio，打两个电话，日志中会打印"Good to go"，这证明没有超限。使用 kamcmd pl.list 命令查询会发现 last_counter 变成了 2。

⊖　参见 https://www.kamailio.org/docs/modules/devel/modules/pipelimit.html。

```
{
    name: test
    algorithm: TAILDROP
    limit: 10
    counter: 0
    last_counter: 2
    unused_intervals: 0
}
```

10.2.4 限制太多的错误鉴权

下面是一个常用的场景：如果在一段时间内鉴权失败且超过一定次数，则将对应客户端屏蔽。

要实现上述功能就需要用到哈希表存储鉴权次数。在配置文件中加入以下配置（在此我们设置自动过期时间为 300 秒）。

```
modparam("htable", "htable", "userban=>size=8;autoexpire=300;")
```

具体的逻辑参见下面的脚本及其中的注释（userban.lua）。

```
function ksr_request_route()
    local au
    local auth_count
    au = KSR.pv.get("$au") -- 获取鉴权用户名
    if au then              -- 如果有的话，说明用户需要鉴权
        -- 从哈希表中获取鉴权总数，其中，哈希表的键是当前鉴权用户名与 `::auth_count` 拼接的字符串
        auth_count = KSR.htable.sht_get("userban", au .. "::auth_count")
        if auth_count and auth_count >= 10 then
            local exp = KSR.pv.get("$Ts") - 300 -- 将过期时间设为距当前时间 300 秒内
            -- 如果用户最后一次不成功则鉴权在 300 秒以内，表示该用户应该被屏蔽
            if KSR.htable.sht_get("userban", au .. "::last_auth") > exp then
                KSR.err("auth - User blocked\n")         -- 打印错误消息
                KSR.sl.sl_send_reply(403, "Try later") -- 可以返回错误，以便给用户一个
                                                           友好的提示
                KSR.x.exit() -- 结束该消息处理
            else
                -- 否则打印当前的鉴权累计数
                KSR.htable.sht_seti("userban", au .. "::auth_count" , 0)
            end
        end
    end

    if KSR.hdr.is_present("Authorization") < 0 and KSR.hdr.is_present("Proxy-
        Authorization") < 0 then
        -- 如果以上两个头域不存在，则发送 Challenge 鉴权验证（401 或 407）消息
        KSR.auth.auth_challenge(KSR.kx.gete_fhost(), 0)
        KSR.x.exit()
    end

    -- 根据 `subscriber` 表对用户进行鉴权，如果小于 0 则表示鉴权不通过
    if KSR.auth_db.auth_check(KSR.kx.gete_fhost(), "subscriber", 1) < 0 then
        if not auth_count then -- 如果哈希表不存在，则初始化并生产一个哈希表
            KSR.htable.sht_seti("userban", au .. "::auth_count" , 0)
        end
        -- 将计数器加 1
```

```
        auth_count = KSR.htable.sht_inc("userban", au .. "::auth_count")
        KSR.info("auth_count = " .. auth_count .. "\n") -- 打印当前的计数器值
        if auth_count >= 10 then -- 如果超过 10 次就不再继续鉴权了
            KSR.err("many failed auth in a row\n")
            KSR.x.exit()
        end
        -- 记住最后一次失败的时间
        KSR.htable.sht_seti("userban", au .. "::last_auth", KSR.pv.get("$Ts"))
        KSR.auth.auth_challenge(KSR.kx.gete_fhost(), 0) -- 再次发起 Challenge 鉴权
        KSR.x.exit()
    end
    -- 鉴权通过，可以清空原来的鉴权失败计数
    KSR.htable.sht_rm("userban", au .. "::auth_count")
    -- 删除鉴权相关的头域，以免转发到下一跳时对下一跳造成困扰
    if not KSR.is_method_in("RP") then
        KSR.auth.consume_credentials()
    end
    -- 一切正常，下面可以继续后续的流程，如转发给下一跳等
    return 1
end
```

通过上述代码可以看到，我们使用了哈希表存储鉴权失败的计数，如果在一定时间内失败超过一定次数则拒绝对应的客户端，如果认证成功则清空计数。

此外，本例子也是一个 Challenge 验证的例子，根据请求消息中是否有 Authorization 或 Proxy-Authorization 头域决定是否发起 Challenge 验证。

10.2.5　限制并发呼叫

有时候为了服务器安全，也需要限制每个账号的并发呼叫数。Kamailio 对 SIP 的处理是事务级别的，如果要跟踪整个会话或对话，就需要用到 dialog 模块。

首先加载 dialog 模块，并设置相应的参数，具体如下。

```
loadmodule "dialog.so"
modparam("dialog", "db_mode", 0)                   # 不使用数据库
modparam("dialog", "hash_size", 1024)              # 哈希表的大小
modparam("dialog", "enable_stats", 1)              # 启用统计
modparam("dialog", "profiles_with_value", "caller") # 使用 caller 做 profile 的名字
```

其中，dialog 中的 profile 用于对话跟踪。在本例中，我们对该用户的最大呼叫数使用了硬编码的值，在实际使用时，可以从数据库或其他地方获取该值。赋值语句如下（在此最大并发数设为 1）。

```
KSR.pv.seti("$xavp(caller=>active_calls)", 1)
```

详细的流程见下面脚本内的注释（active-calls.lua）。

```
FLT_ACALLS = 10                                    -- 定义一个 Flag

function ksr_request_route()
    ksr_register_always_ok()
    KSR.pv.seti("$xavp(caller=>active_calls)", 1) -- 设置最大并发呼叫数
    ksr_route_dialog()                             -- 调用该函数进行对话处理
    KSR.rr.record_route();
```

```
    KSR.pv.sets("$du", FS1_URI)
    KSR.tm.t_relay()                                    -- 转发到下一跳
end

function ksr_route_dialog()                             -- 对话处理函数
    if KSR.is_CANCEL() or
        (KSR.siputils.has_totag() > 0 and KSR.is_method_in("IBA")) then --
            INVITE|BYE|ACK
        KSR.dialog.dlg_manage()                         -- 自动管理对话
        return
    end

    if KSR.is_method("INVITE") and KSR.siputils.has_totag() < 0 and (not
        (KSR.isflagset(FLT_ACALLS))) then
        -- 仅处理第一个 INVITE 消息 (不包含 reINVITE)
        -- 从 XAVP 中获取 active_calls 计数，默认值为 0
        local active_calls = KSR.pv.getvn("$xavp(caller[0]=>active_calls)", 0)
        if active_calls > 0 then -- 如果启用 active_calls 且其值大于 0，则继续检查
            -- 从 dialog profile 中获取当前一共有多少对话，存放在 `$var(acsize)` 变量中
            local rc =  KSR.dialog.get_profile_size("caller", KSR.pv.get("$fU") ..
                "@" .. KSR.pv.get("$fd"), "$var(acsize)")
            if rc < 0 then -- 获取失败，返回 500 消息并退出
                KSR.sl.sl_send_reply(500, "Exceeded Max Allowed Active Calls")
                KSR.x.exit()
            end
            local acsize = KSR.pv.getvn("$var(acsize)", 0) -- 从变量中获取值并将其赋给 Lua
                变量
            KSR.info(KSR.pv.get("$fU") .. "@" .. KSR.pv.get("$fd") .. " acsize =
                " .. acsize .. "\n")
            if acsize >= active_calls then -- 如果当前并发的对话数大于预设的值
                -- 则返回 500 消息并退出处理
                KSR.sl.sl_send_reply(503, "Exceeded Max Allowed Active Calls")
                KSR.x.exit()
            end
            -- 将当前的对话记到 caller 这个 profile 里
            KSR.dialog.set_dlg_profile("caller", KSR.pv.get("$fU") .. "@" .. KSR.
                pv.get("$fd"))
        end
        KSR.setflag(FLT_ACALLS)      -- 设置处理标志，表示我们已经处理过了，防止重复处理
        KSR.dialog.dlg_manage()      -- 自动对话管理
    end
end
```

通过上述代码可以看出，对并发呼叫的处理其实依靠的就是一个计数器。在此使用了 dialog 模块的 profile 功能进行跟踪计数。当收到首个 INVITE 时将计数器加 1，失败或收到 BYE 消息时将计数器减 1。除此之外，也可以使用共享内存、Redis 之类的工具进行计数，这些内容留给读者自行练习。

10.3 TLS

到目前为止，UDP 还是最流行的 SIP 承载协议，但随着技术的发展、时代的进步，以及人们对安全性要求的提高，TLS 也渐渐成了 SIP 的标配。

TLS[⊖]（Transport Layer Security，安全传输层）协议是 HTTPS 底层使用的协议。通过使用 TLS 协议，工作在应用层的程序（如 HTTP 和 SIP）就可以使用同样的安全加密机制了。

10.3.1　理解 TLS 证书及密钥

使用 TLS 协议需要有安全证书，而使用安全证书需要有加密密钥。在理解 TLS 协议之前，我们需要了解一下加密技术及一些相关术语。

TLS 协议所使用的加密方法主要是非对称加密[⊖]，每个人（或服务器）都有一对密钥——私钥（Private Key）和公钥（Public Key），前者自己拿着，后者通过公开信息发布出去，如果用私钥加密，就可以用公钥解密，反之亦然。私钥主要用于签名，比如我想向外发布一则消息，我就用自己的私钥对这个消息进行加密。消息发布出去以后，由于所有人都知道我的公钥，他们可以使用公钥解密，这样所有人都可以确认这个消息确实是我发出的，而不可能是有人伪造的，因为只有我自己拿着我的私钥。在这个例子中，私钥用于签名，公钥用于解密和验证。但公钥同样也可以用于加密。比如有人想给我发一条机密消息，他先用我的公钥将消息加密，然后将密文发给我，我用私钥对密文进行解密，就看到了消息内容，而其他任何人即使盗取了这条加密消息，由于他们不知道我的私钥，也无法解密。当然，这里面的重点是：**私钥一定自己拿着且放到安全的位置。**

我们来看标准的 HTTPS 网站。网站上的内容都用网站的私钥加密，而所有浏览器都有网站的公钥，若是能通过公钥解密并看到网页上的信息，就可以确信该网站不是伪造的。但这里有一个问题，那就是浏览器如何知道它拿到的网站公钥不是伪造的呢？这就涉及公钥的分发问题了。当然，实际情况比这个要复杂得多，网站分发的并不是公钥，而是网站证书（Certificate），在网站证书中包含服务器的公钥及服务器的域名等信息。

浏览器客户端为了能验证网站上的证书是真实有效的，就需要找一个可信任的第三方去问，而这个可信任的第三方就叫 CA（Certification Authority，证书认证机构）。所有人会对这个 CA 无条件信任，CA 把自己签名的证书装到所有人的电脑或手机里了（装操作系统的时候证书就已经安装好了，不管你用的是 macOS、Windows 还是 Android）。显而易见，如果有人动过你的电脑，把你的电脑中的 CA 证书替换了，你的电脑也就不安全了。

有了 CA 以后，CA 给网站发证，并且用它自己的私钥加密，然后拍胸脯说这个证书是

⊖　TLS 及其前身 SSL（Secure Sockets Layer，安全套接层）都是一种安全协议，目的是为互联网通信服务，并提供安全及数据完整性保障。网景公司（Netscape）在 1994 年推出首版网页浏览器——Netscape Navigator 时推出 HTTPS 协议，并用 SSL 进行加密。后来，IETF 对 SSL 进行标准化，1999 年公布第一版 TLS 标准文件。随后又公布 RFC 5246（2008 年 8 月）与 RFC 6176（2011 年 3 月）。浏览器、电子邮件、即时通信、VoIP、网络传真等应用程序广泛支持这个协议。OpenSSL 是该协议的具体实现，应用非常广，2014 年爆发的心脏滴血（Heartbleed，CVE-2014-0160）事件，便是 OpenSSL 代码中的一个漏洞导致的，影响非常广。

⊖　非对称加密主要是基于数学上的素数特性实现的——设有两个非常大的素数 p 和 q，它们的乘积为 N，通过 N 很难推导出 p 和 q。

安全的，你相信它就行了。这就是整个信任的原理。当然，一个 CA 忙不过来，它可以授权二级 CA，二级 CA 又可以授权更多的 CA 来做这件事。最顶端的那个 CA 就称为根 CA（Root CA），它要保证私钥的绝对安全，要把私钥存到安全等级很高的保险柜里。当然根 CA 也不止一个，据统计，全球有数百个公共根 CA。

那网站如何申请证书呢？你需要先写一个申请书，申请书中包含你自己机构的一些信息及你的公钥。CA 收到你的申请书后，会给你签发证书，并用它的私钥进行签名。然后你就可以将证书放到自己的网站，供浏览器进行验证了。

10.3.2　自签名证书

一般来说，证书是需要向证书颁发机构购买的，而且得先有域名。但在很多测试场景下或在开发过程中，若仅为了测试证书的可行性以及验证完全流程，则就可以使用自签名证书。使用如下命令可以生成自签名证书。

```
openssl req -x509 -nodes -newkey rsa:1024 -keyout kamailio-book.key -out kamailio-
    book.crt -addext "subjectAltName=DNS:seven.local,IP:192.168.3.180"
```

在生成证书的过程中，它会问你一些问题，按提示填入即可，示例如下。

```
Country Name (2 letter code) [AU]:CN                              # 国家代码，CN 代表中国
State or Province Name (full name) [Some-State]:Shan Dong         # 省
Locality Name (eg, city) []:Yan Tai                               # 市
Organization Name (eg, company) [Internet Widgits Pty Ltd]:Kamailio Book # 组织或公司名
Organizational Unit Name (eg, section) []:SIP                     # 部门名称
Common Name (e.g. server FQDN or YOUR name) []:seven.local        # 公用名称，一般是域名
Email Address []:dujinfang@gmail.com                             # Email 地址
```

在上述命令中，我们创建了一个私钥（kamailio-book.key）和一个证书（kamailio-book.crt），在检查证书时，有的客户端会针对其中的公用名称做检查，但更多的会根据别名中的域名或 IP 地址做检查。所以，这里我们通过 -addext 参数添加了域名和 IP 地址作为别名。其中的域名和 IP 地址是笔者本地的，读者在使用时可以换成你自己的。

10.3.3　在 Kamailio 中配置 TLS

在 Kamailio 中配置 TLS 支持也很简单，首先修改 kamailio.cfg，增加如下配置。

```
#!define WITH_TLS
```

实际上，上述代码解锁了以下配置。

```
enable_tls=yes
listen=tls:KAM_IP_LOCAL:KAM_SIP_TLS_PORT advertise KAM_IP_PUBLIC:KAM_SIP_TLS_PORT
```

配置 tls.cfg，内容如下。

```
[server:default]                              # 服务端默认配置
method = TLSv1.1+                              # 使用 TLSv1.1 以上版本
verify_certificate = no                       # 不验证证书
require_certificate = no                       # 不需要客户端提供证书
```

```
private_key = /etc/kamailio/tls/kamailio-book.key    # 私钥
certificate = /etc/kamailio/tls/kamailio-book.crt    # 证书

[client:default]                                     # Kamailio 作为客户端时的默认配置
method = TLSv1.1+
verify_certificate = yes
require_certificate = yes
```

10.3.4　TLS 连接测试

配置好 Kamailio 后即可重启 Kamailio，之后就可以使用 OpenSSL 做连通性测试了，命令和输出如下。

```
# openssl s_client -connect seven.local:35061

CONNECTED(00000005)                                  # 连接成功
depth=0 C = CN, ST = Shan Dong, L = Yan Tai, O = Kamailio Book, OU = SIP, CN =
    seven.local, emailAddress = dujinfang@gmail.com
verify error:num=18:self-signed certificate         # 自签名证书
verify return:1
depth=0 C = CN, ST = Shan Dong, L = Yan Tai, O = Kamailio Book, OU = SIP, CN =
    seven.local, emailAddress = dujinfang@gmail.com
verify return:1
---
Certificate chain                                    # 证书信任链
0 s:C = CN, ST = Shan Dong, L = Yan Tai, O = Kamailio Book, OU = SIP, CN = seven.
    local, emailAddress = dujinfang@gmail.com
  i:C = CN, ST = Shan Dong, L = Yan Tai, O = Kamailio Book, OU = SIP, CN = seven.
    local, emailAddress = dujinfang@gmail.com
  a:PKEY: rsaEncryption, 1024 (bit); sigalg: RSA-SHA256
  v:NotBefore: May 13 06:37:22 2022 GMT; NotAfter: Jun 12 06:37:22 2022 GMT
---
Server certificate                                   # 证书内容
-----BEGIN CERTIFICATE-----
MIIDIjCCAougAwIBAgIUHoGQHqTuF07Y02zb1qpD3isYPAUwDQYJKoZIhvcNAQEL
BQAwgZMxCzAJBgNVBAYTAkNOMRIwEAYDVQQIDAlTaGFuIERvbmcxEDAOBgNVBAcM
... 省略很多行 ...
```

另外，也可以使用 Chrome 浏览器打开相关域名和端口，如打开 https://seven.local:35061，Chrome 提示连接失败，并在地址栏中显示"非安全连接"，点击后可以显示证书，显示内容与上述内容类似。

确保 TLS 连通后，就可以使用 sipexer 发送 SIP 消息进行测试了，示例如下。

```
sipexer -tls-insecure "sip:seven.local:35061;transport=tls"
sipexer -tls-insecure -ruri sip:seven.local "sip:192.168.3.180:35061;transport=tls"
```

在上述命令中，我们使用了 -tls-insecure 参数，这可让客户端不验证证书，因为我们的证书是自签名的，验证也无法通过。在实际使用时，如果验证证书，可能会出现如下错误。

（1）证书由未知的机构颁发，具体如下。

```
error: x509: certificate signed by unknown authority
```

（2）无法验证证书，因为证书中不包含任何关于 IP 地址的 SAN⊖，具体如下。

```
error: x509: cannot validate certificate for 192.168.3.180 because it doesn't
    contain any IP SANs
```

10.3.5　自制 CA 根证书

在 10.3.4 节中，由于我们使用了自签名证书，但其不能被操作系统信任，因此，我们使用了不安全的选项运行 sipexer。在此，我们尝试自己做一个 CA 根证书，这样就可以自己给自己签名了。

由于我们需要自己充当 CA，所以需要先产生一个 CA 私钥（ca.key），实现方法如下。

```
openssl genrsa -out ca.key 1024
```

生成 CA 机构自己的证书申请文件——ca.csr，其中 csr 是 Certificate Secure Request 的缩写，具体如下。

```
openssl req -new -key ca.key -out ca.csr
```

CA 用自己的私钥和证书申请文件生成自己签名的证书，这样便得到了 CA 根证书（ca.crt）。

```
openssl x509 -req -in ca.csr -signkey ca.key -out ca.crt
```

生成的几个文件可以使用如下命令查看和验证自己的证书。

```
openssl rsa -noout -text -in ca.key
openssl req -noout -text -in ca.csr
openssl x509 -noout -text -in ca.crt
openssl verify ca.crt                    # 验证证书，结果会显示是自签名证书
```

为我们的 Kamailio 服务器生成一个新的私钥，实现方法如下。

```
openssl genrsa -out server.key 1024
```

生成一个证书申请文件，实现方法如下。

```
openssl req -new -key server.key -out server.csr
```

使用 CA 证书对我们的申请文件进行签名，生成我们 Kamailio 服务器所需的证书，实现方法如下。

```
openssl x509 -req -CA ca.crt -CAkey ca.key -CAcreateserial -in server.csr -out
    server.crt -extfile extfile
```

上述命令中我们使用一个 -extfile 参数指定了一个文件 extfile。该参数相当于前面讲过的 -addext 参数，但此处不能使用 -addext，只能使用 -extfile 指定从一个文件中读取相应的文件。在笔者电脑上 extfile 文件的内容如下。

⊖　全称是 Subject Alternative Name，即主题别名。如果我们在上面用 -altext 指定 IP 地址别名就不会出现这个错误了。

```
subjectAltName=DNS:seven.local,IP:192.168.3.180
```

有了 CA 签名的证书，就可以用 `server.key` 和 `server.crt` 替换掉原来的 `kamailio-book.key` 和 `kamailio-book.crt` 了，之后就可以重启 Kamailio 进行测试。

当然，由于我们自己的 CA 是不受操作系统信任的，在测试时客户端还是会报错。为了让操作系统信任我们的 CA，可以将 CA 根证书导入系统中。在笔者的 macOS 系统中，直接在终端命令行上通过 `open ca.crt` 命令打开系统的钥匙串按提示导入证书并信任该证书即可；在 Windows 上，可以从"控制面板"→"系统和安全"处导入证书。

在本例中，我们成功充当 CA，生成了自签名的根证书，并用它签发了证书。如果测试完毕，可以将根证书从系统中删除；如果不删除，则一定要注意保护好这个 CA 的私钥。

10.3.6　其他

上面使用自签名证书（通过自制的 CA 根证书签名的证书）演示了 TLS 的配置。在实际使用时，如果在生产环境的公网上使用，则需要向证书颁发机构购买真正的证书。国内腾讯云、阿里云等都提供限量版的免费证书，国外的 Let's Encrypt⊖机构也提供免费证书。无论是免费的证书还是收费的证书，如果是由权威机构签发的，一般在申请时仅需要提供域名，而不需要 IP 地址。事实上，很多机构不支持针对 IP 地址签发证书。当然，证书的安全级别也有很多种，高安全级别的证书（如金融机构使用的证书）签发前需要提供更多的企业信息以供验证，费用也比较高。

在此我们主要讨论 SIP 服务器端的证书。实际上，客户端也可以有证书，并且可以被服务端验证，但通常没有人这么做，这主要是由于为每个客户端安全地分发证书是非常困难的⊜。所以，上面在 Kamailio 的 `tls.cfg` 中设置了不验证客户端证书。这其实问题不大，因为我们后续还会在 SIP 消息中对用户的身份进行 Challenge 验证。

如果是在企业内网上使用 TLS，有人也会将域名解析到内网 IP 地址，但这样做是不允许的，主要原因是会影响反向地址解析。如果内网与外网完全隔离，则需要在企业内部架设 DNS 服务器。有些证书颁发机构也会给企业颁发适用于内网的证书。当然，也可以在公司内部使用自签名证书，但那样的话，需要将自己当作 CA，并把自己的 CA 根证书装到每一个需要连接 TLS 的电脑和设备上。更简单的办法是，在 SIP 客户端或话机上直接关掉 TLS 证书验证。但这些做法都是很不安全的，在实际使用时请与企业内部的安全主管讨论，以选择适当的安全策略。

此外，值得一提的是，RFC 5922 明确说明了 SIP 协议必须不支持泛域名证书⊜。这种证

⊖　参见 https://letsencrypt.org/。

⊜　服务器只有一个，但客户端可能有千万个。实际上，银行给客户提供的 U 盾中就包含客户端证书，可以想象一下 U 盾的分发成本。

⊜　如 `*.example.com` 这样的域名可以通过通配符匹配很多域名，这类域名称为泛域名，这在 HTTP 协议的网站上很常见。虽然有的 SIP 终端是支持泛域名证书的，但这很不安全。详见 https://www.rfc-editor.org/

书存在一个典型问题：假设你的泛域名证书支持很多域名（如 *.example.com）和主机，并且大部分都非常安全（如 secure.example.com），但是只要有一台主机安全级别不高（如 weak.example.com）并被黑客攻破，黑客就可以想办法冒充其他安全的主机，从而导致整个泛域名下的主机变得不安全。

10.4　iptables

纵然 Kamailio 有很多安全手段，我们也不要因为学了 Kamailio 而忘记 iptables。iptables 是 Linux 上的一个实用程序，用于在用户空间（User Space）管理内核（Kernel）中的防火墙 IP 包过滤规则。iptables 不仅功能强大，而且由于其实际的过滤规则工作在内核中，所以运行非常高效。

iptables 规则一般由一些链（Chain）组成，常用的有 INPUT（入链）、OUTPUT（出链）及 FORWARD（转发链）等。下面是一些基本的 iptables 规则。

```
iptables -A INPUT -i lo -j ACCEPT                               # 允许所有 loopback 网络包
# 允许所有已经成功连接的数据包（用于 TCP）
iptables -A INPUT -m state --state ESTABLISHED,RELATED -j ACCEPT
iptables -A INPUT -p tcp --dport 22 -j ACCEPT                   # SSH 端口
iptables -A INPUT -p tcp --dport 80 -j ACCEPT                   # Web 端口，HTTP
iptables -A INPUT -p tcp --dport 443 -j ACCEPT                  # 安全 Web 端口，HTTPS
iptables -A INPUT -p tcp --dport 5060:5069 -j ACCEPT           # 允许这些 SIP TCP 端口
iptables -A INPUT -p udp --dport 5060:5069 -j ACCEPT           # 允许这些 SIP UDP 端口
iptables -A INPUT -p udp --dport 16384:32768 -j ACCEPT        # 允许这些 RTP 端口
iptables -A INPUT -p icmp --icmp-type echo-request -j ACCEPT  # 允许 ping
iptables -P INPUT DROP                                          # 其他端口都不允许，丢弃数据包，黑洞
iptables -P FORWARD DROP                                        # 不允许端口转发
iptables -P OUTPUT ACCEPT                                       # 允许所有向外发的包
```

除了这些基本规则外，我们还可以拒绝一些常见的扫描包，这与 10.1 节所讲的内容类似。下列规则屏蔽了包含 friendly-scanner 的 IP 包。

```
iptables -I INPUT -j DROP -p tcp --dport 5060 -m string --string "friendly-
    scanner" --algo bm
iptables -I INPUT -j DROP -p udp --dport 5060 -m string --string "friendly-
    scanner" --algo bm
```

上述规则仅供参考，可以根据需要添加。下面是一些 iptables 常用命令，仅供参考。

```
iptables -L -v                              # 列出所有规则
iptables -L -v -n --line-numbers            # 列出所有规则，并显示行号
iptables -D INPUT 2                          # 删除 INPUT 链的第二行
iptables -P INPUT ACCEPT                     # 允许 INPUT 链
iptables -P OUTPUT ACCEPT                    # 允许 OUTPUT 链
iptables -P FORWARD ACCEPT                   # 允许 FORWARD 链
iptables -F                                  # 清空所有规则
# 开 IP 地址白名单，允许 1.2.3.4 访问本机的 5060 端口
iptables -A INPUT -j ACCEPT -p tcp --dport 5060 -s 1.2.3.4/32
```

---

rfc/rfc5922.html#section-7.2。

```
# 黑名单，从 1.2.3.4 收到的包全部丢弃，黑洞
iptables -I INPUT -s 1.2.3.4 -j DROP
```

上面这些规则都是通过手工或使用脚本执行 `iptables` 命令的方式设置的 IP 包过滤规则。`iptables` 本身没有稳定的 C 语言 API，所以不方便直接在 Kamailio 中调用，不过，有一个 `iptables-api` 项目[⊖]支持通过 HTTP REST API 的方式设置 iptables IP 包过滤规则。有了它，再配合我们在 6.5.1 节讲过的 HTTP 相关模块，就可以在 Kamailio 中动态调整 `iptables` 规则了。

使用 iptables 最大的风险就是在操作远程主机的防火墙时自己把自己隔离在外面，所以在学习和设置 iptables 时一定要慎重。

10.5　其他安全建议和相关链接

关于安全我们暂时就讲这么多。正如本章开头所说，安全问题并没有万能的解决方案。在实际应用中还需要多监控，遇到问题做到早发现、早解决。幸运的是，网络上大部分扫描攻击都是漫无目的的，如果你不幸遇到大规模的有组织的攻击，那么事先准备好的服务降级（如只保留最重要客户的 IP 地址段）策略也许能救命，而且你应该在第一时间报警。此外，应用程序的缺陷、运维管理的疏漏、来自内部人员有意或无意的破坏也是不可忽视的影响安全的因素，有时这些甚至比外来的攻击更难以发现和定位，破坏性更强。

除了本章列出的方法和示例，下面的链接中还有一些有用的内容，大家可自行学习。

❏ APIBAN 是一个 SIP 安全网站，提供免费 API，用于检查恶意呼叫。其网址为 https://apiban.org/。

❏ Fail2Ban 让 Kamailio 在鉴权失败时打印客户端的 IP 地址，通过监控 Kamailio 日志并调用 iptables 屏蔽这些 IP 地址，并可以在指定的时间后自动解封，具体参见 https://www.fail2ban.org/wiki/index.php/Main_Page。

❏ Kamailio 安全的相关内容可以参见 http://www.kamailio.org/wiki/tutorials/security/kamailio-security。

❏ 关于 18 小时 SIP 扫描攻击的相关介绍可以参考 https://kb.asipto.com/kamailio:usage:k31-sip-scanning-attack。

❏ 关于 SIP 安全的内容可以参见 https://www.wiley.com/en-gb/SIP+Security-p-9780470516362。

⊖ 参见 https://github.com/jeremmfr/iptables-api。

安装 Kamailio

为了方便大家学习和使用，本书的 Kamailio 示例都是基于 Docker 镜像和 Docker 容器的方式讲解的。如果你不会使用 Docker 或者你的环境中无法使用 Docker，就会影响对本书内容的理解和使用。为了避免这种情况，我们在此简单介绍通用的非 Docker 环境安装 Kamailio 的方法。

A.1 在 Debian 和 Ubuntu 上安装 Kamailio

使用 APT 软件仓库安装软件是 Debian 和 Ubuntu 上标准的软件安装方法，Kamailio 官方维护着自己的 APT 软件仓库。

使用 Kamailio 的 APT 仓库前需要先安装其 GPG Key，如果你的机器上还没有 GPG 工具，可以使用如下命令安装。

```
apt-get install gnupg2 wget
```

使用如下命令安装 GPG Key。

```
wget -O- https://deb.kamailio.org/kamailiodebkey.gpg | sudo apt-key add -
```

将如下内容放到 /etc/apt/sources.list 中。

```
deb     http://deb.kamailio.org/kamailio55 buster main
deb-src http://deb.kamailio.org/kamailio55 buster main
```

上述代码中，`buster` 代表 Debian 10 的发行代号；如果是 Debian 11，则应换成 `bullseye`；如果是 Ubuntu，则应换成 `bionic`、`focal` 等。更多不同的版本和仓库对应关系参见 https://deb.kamailio.org/。

接下来就可以使用如下命令安装 Kamailio 了。

```
apt-get update
apt-get install kamailio
```

如果你想安装其他模块，可以使用如下命令查询 Kamailio 中所有的模块。

```
apt-cache search kamailio
```

选择你需要的模块进行安装，如安装 `mysql` 和 `websocket` 模块，命令如下。

```
apt-get install kamailio-mysql-modules
apt-get install kamailio-websocket-modules
```

按照上述方法安装的 Kamailio，配置文件在 /etc/kamailio/ 目录下。安装完成后你就可以使用本书中介绍的方法创建数据库，以及启动和关闭 Kamailio 了，具体如下。

```
kamdbctl create
/etc/init.d/kamailio start    # 用 System V 方式启动并控制脚本
/etc/init.d/kamailio stop
systemctl status kamailio     # 用 Systemd 方式启动并控制脚本
systemctl start kamailio
systemctl stop kamailio
```

在 Debian 及 Ubuntu 上安装 Kamailio 的更多内容请参考 https://kamailio.org/docs/tutorials/devel/kamailio-install-guide-deb/。

此外，Kamailio 也维护着 RPM 包，RPM 包适用于 RedHat 和 CentOS 系列的 Linux 系统。不过 CentOS 8 已经在 2021 年 12 月 31 日失去支持⊖，CentOS 7 也已于 2020 年 8 月失去完整支持，并将于 2024 年完全失去支持。至于新的 CentOS Stream，那是另一个版本体系了。如果你在使用 CentOS 或 CentOS Stream，可以参考 http://www.kamailio.org/wiki/packages/rpms。

A.2 从源代码安装

Kamailio 的开发者大都使用 Ubuntu 和 Debian 系列的 Linux 系统。如果你想在其他系统（如 CentOS、Alpine Linux 等）上使用 Kamailio，或者你想使用 Kamailio 最新的版本，甚至自己修改 Kamailio 的代码，则建议你直接从源代码安装，这样更便捷。

在此我们还是以 Debian 为例进行说明。笔者使用的电脑是 Apple Mac M1，CPU 是 ARM 芯片，目前还没有找到相应的 Kamailio 预编译版本，所以只能自己安装了。笔者使用安装了 ARM 版（aarch64）的 Debian Bullseys（11）Docker 镜像。

A.2.1 前期准备

安装前需要准备编译环境，即安装 C 语言编译器及相关的编译工具等，相关命令如下。

⊖ 参见 https://www.centos.org/centos-linux-eol/。

```
apt-get install git gcc g++ flex bison make autoconf pkg-config
```

如果你需要加密支持以及正则表达式等，那么以下依赖库可能会被用到。

```
apt-get install libssl-dev libcurl libcurl4-openssl-dev libxml2 libxml2-dev
    libpcre3 libpcre3-dev
```

如果你想安装其他附加的模块，如 `postgresql`、`mysql` 等，也需要安装相应客户端依赖库，具体如下。

```
apt-get install libpq-dev libmysqlclient-dev
```

创建一个目录并拉取源代码，具体命令如下。

```
mkdir kamailio # 创建一个目录来存放源代码
cd kamailio    # 进入该目录
# 从 Github 上拉取源代码
git clone --depth 1 --no-single-branch https://github.com/kamailio/kamailio
cd kamailio    # 进入源代码目录
```

A.2.2　编译安装

Kamailio 源代码也是使用核心 + 模块的方式组织的，使用了类似 Linux 内核的模块配置方式。先执行以下命令生成模块配置文件。

```
make cfg
```

然后修改 `src/modules.lst`，添加需要编译的模块，具体如下。

```
include_modules= db_postgres db_mysql
```

当然，这里的步骤也可以在执行 `make cfg` 时一起完成，一起完成的命令如下。

```
make include_modules="db_postgres db_mysql" cfg
```

如果你想指定安装的目标路径，可以使用如下命令。

```
make PREFIX="/usr/local/kamailio-devel" include_modules="db_postgres db_mysql" cfg
```

总之，准备好 `src/modules.lst` 以后，就可以进行 Kamailio 的编译安装了，相关命令如下。

```
make all          # 标准编译安装，也可以使用 `make Q=0 all` 查看更多编译输出信息
make install      # 安装
```

A.2.3　安装路径

系统默认将 Kamailio 安装到 `/usr/local` 下，目录结构采用 Linux 标准的 FHS⊖方式。比如，下列命令的可执行文件会被安装到 `/usr/local/sbin` 中。

❑ `kamailio`: Kamailio 服务器。

❑ `kamdbctl`: 数据库操作脚本。

⊖　一种 UNIX 及 Linux 上的文件系统层次结构标准，参见 https://zh.wikipedia.org/wiki/ 文件系统层次结构标准。

❑ kamctl：Kamailio 控制客户端脚本。

❑ kamcmd：Kamailio 控制命令行工具。

Kamailio 模块默认安装到 /usr/local/lib/kamailio/modules/ 或 /usr/local/lib64/modules/ 中。Kamailio 相关的文档可以在 /usr/local/share/doc/kamailio/ 中找到，创建数据库的原始 SQL 代码在 /usr/local/share/kamailio/ 目录中。当然，最重要的是，默认的配置文件是 /usr/local/etc/kamailio/kamailio.cfg。

如果你在上面进行 make cfg 操作时指定了 PREFIX，则所有内容都会安装到 PREFIX 指定的路径下，这样更方便进行查找和一键删除。

关于编译安装 Kamailio 更多的信息可以参考 https://kamailio.org/docs/tutorials/devel/kamailio-install-guide-git/。

FreeSWITCH 快速入门

Kamailio 主要是一个 SIP 转发服务器，本身不能发起通话，不应答通话，也不处理媒体，因而一般与媒体服务器（如 FreeSWITCH）配合使用。与 Kamailio 专注于处理信令相比，FreeSWITCH 更侧重于处理媒体，执行各种不同的呼叫流程，如应答、放音、桥接通话、会议等。本书很多例子中都使用 FreeSWITCH 作为后端的媒体引擎。为了照顾不熟悉 FreeSWITCH 的读者，这里对 FreeSWITCH 进行简单介绍。

B.1　FreeSWITCH 简介

FreeSWITCH 既是一个 SIP 服务器，又是一个 B2BUA（背靠背用户代理）。当有呼叫到达 FreeSWITCH 时，这路呼叫在 FreeSWITCH 中称为一条腿（Leg），也叫一个通道（Channel）。FreeSWITCH 会根据主被叫号码等呼叫相关的参数查找拨号计划（Dialplan）。Dialplan 相当于一个路由表，表中有一些 Action，表明要执行的动作。典型的动作有如下几个。

- ❏ answer：应答。
- ❏ echo：回声测试，自动应答，然后将收到的声音原样回放。
- ❏ playback：放音，可以播放一个声音文件。
- ❏ record：录音。
- ❏ ivr：进入一个交互式语音菜单，需要事先配置，可以通过按键执行一些逻辑，如"查询余额请按 1……"等。
- ❏ bridge：桥接，呼叫另一个终端或通过网关呼叫外网的电话。
- ❏ conference：会议。

上述这些动作又叫 Application，Dialplan 的作用在于找到这些 Application。不同的 Application 有不同的行为（上面已经看到了），也能控制不同数量的腿，如上面前 5 个都是单腿呼叫，`bridge` 则可以控制两条腿（又发起一路呼叫），而 `conference` 则可以控制多条腿（在多人电话会议中实现混音、视频融屏等）。

需要特别说明的一点是，`bridge` 会产生一条新腿。如 `A -> FreeSWITCH -> B` 的呼叫场景。FreeSWITCH 执行 `bridge` 后，`A -> FreeSWITCH` 与 `FreeSWITCH -> B` 是两条不同的腿，是背靠背的，这也是 B2BUA⊖的由来。而在 Kamailio 中，呼叫场景为 `A -> Kamailio -> B`，Kamailio 只负责信令转发，全程传递的都是一个 SIP 消息（当然 Kamailio 可以在中间改一些消息头域，但不改变本质），因而我们说它是一个 Proxy（代理服务器）。

B.2　运行 FreeSWITCH

从头安装和运行 FreeSWITCH 比较复杂，因此，笔者做了一个 Docker 镜像，可以方便大家使用和学习。在此假设你已经熟悉 Docker，如果不熟悉的话也可以翻到附录 D 进行学习。

下面假设你在 macOS 或 Linux 环境中，并且已经安装好 Docker、docker-compose 和 make 工具，我们先看以下命令。

```
git clone https://github.com/rts-cn/xswitch-free.git
cd xswitch-free
make setup # 可选，生成 .env，修改生成的 .env 里的环境变量
make start # 启动 Docker 容器
```

首先，克隆本项目，然后进入 xswitch-free 目录，`make setup` 会生成 .env，.env 里面是相关的环境变量，可以根据情况修改这些变量（一般至少要将 EXT_IP 改为你自己的宿主机的 IP 地址）。最后 `make start` 会以 NAT 方式启动容器。

启动后，你就可以将你称手的软电话注册到 FreeSWITCH 的 IP 地址上（默认端口为5060），**用户名和密码任意**。此时，你打电话就可以看到相应的日志，我们注册的两个不同号码可以互拨。

如果想进入控制台，可以打开另一个终端，这可以通过执行如下命令实现。

```
make cli
```

B.3　环境变量

该 Docker 容器涉及的环境变量及其默认值如下。

❏ `SIP_PORT`：默认 SIP 端口。

⊖　Back to Back User Agent，背靠背用户代理。

- ❏ SIP_TLS_PORT: SIP TLS 端口。
- ❏ SIP_PUBLIC_PORT: SIP public Profile 端口。
- ❏ SIP_PUBLIC_TLS_PORT: SIP public Profile TLS 端口。
- ❏ RTP_START: 起始 RTP 端口。
- ❏ RTP_END: 结束 RTP 端口。
- ❏ EXT_IP: 宿主机 IP 地址或公网 IP 地址，SIP Profile 中的 ext-sip-ip 及 ext-rtp-ip 默认会用到它。
- ❏ FREESWITCH_DOMAIN: 默认的 FreeSWITCH 域。
- ❏ LOCAL_NETWORK_ACL: 默认为 none，在 host 网络模式下可以关闭。

B.4 配置

本镜像没有使用 FreeSWITCH 的默认配置。FreeSWITCH 的默认配置为了展示 FreeSWITCH 各种强大的功能，设计得过于复杂，初学者难以理解，所以，我们使用了最小化的配置，目标是让使用者快速上手，并进一步打造自己的镜像和容器。

以下配置可以接受任何注册，也可以打电话。也就是说，你可以通过软电话使用任意的用户名和密码向 FreeSWITCH 注册。对于初学者而言，能打通电话是最重要的。

```
<param name="accept-blind-reg" value="true"/>
<param name="accept-blind-auth" value="true"/>
```

如果没有配置 EXT_IP 环境变量，需要将配置中如下内容注释掉，然后在 fs_cli 控制台上执行 reload mod_sofia 使配置生效。

```
<param name="ext-rtp-ip" value="$${ext_rtp_ip}"/>
<param name="ext-sip-ip" value="$${ext_sip_ip}"/>
```

B.5 常用命令

FreeSWITCH 常用命令都在 Makefile 中，看起来也很直观。如果你的环境中没有 make，也可以直接运行 Makefile 中的相关命令。

- ❏ make setup: 初始化环境，如果 .env 不存在，会从 env.example 中复制。
- ❏ make start: 启动镜像。
- ❏ make run: 启动镜像并进入后台模式。
- ❏ make cli: 进入容器和 fs_cli。fs_cli 是一个 FreeSWITCH 的客户端，可以连接到 FreeSWITCH 上实时查看日志和控制 FreeSWITCH 的目的。
- ❏ make bash: 进入容器和 bash Shell 环境。可以进一步执行 fs_cli 等。
- ❏ make stop: 停止容器。

❑ `make pull`：更新镜像，更新后可以用 `make start` 重启容器。

❑ `make get-sounds`：下载声音文件到本地，需要有 `wget` 工具。

如果没有安装 Docker Compose，也可以直接使用 Docker 命令启动容器，具体方法如下。

```
docker run --rm --name xswitch-free \
    -p 5060:5060/udp \
    -p 2000-2020:2000-2020/udp \
    -e ext_ip=192.168.7.7 \
    -e sip_port=5060 \
    -e sip_public_port=5080 \
    -e rtp_start=2000 \
    -e rtp_end=2010 \
    ccr.ccs.tencentyun.com/xswitch/xswitch-free
```

由上述内容可以看出，采用上述方法需要输入很多参数，所以还是使用 Docker Compose 比较方便。

Windows 用户可以使用 `build.cmd` 中相关的命令，如可以在命令行环境中执行 `build.cmd start` 来启动 Docker 容器。

B.6　修改配置

可以直接进入容器修改配置，并在 **fs_cli** 控制终端上执行 `reloadxml` 命令或重载相关模块使之生效，但在容器重启后修改过的数据将会被丢弃。

如果想保持自己的修改，那就需要把配置文件放到宿主机上。通过以下命令可以生成默认的配置文件。

```
make eject
```

完成上述操作后就可以修改 `docker-compose.yml` 了，这里我们取消掉以下行的注释。

```
volumes:
    - ./conf/:/usr/local/freeswitch/conf:cached
```

修改后需要重启镜像，具体命令如下。

```
make stop
make start
```

B.7　增加声音文件

为了压缩空间，这里我们没有将声音文件打包到镜像内。如果需要挂载声音文件，可以先执行 `make get-sounds` 命令来下载声音文件，然后修改 `docker-compose.yml` 的 `volumes` 配置，再按如下方法增加挂载。

```
volumes:
    - ./sounds/:/usr/local/freeswitch/sounds:cached
```

B.8　host 模式网络

典型的 Docker 容器是通过 NAT 模式来运行的,但是,如果在 Linux 宿主机上,有时候使用 host 模式会比较方便(因为少了一层 NAT)。本镜像不需要特殊的配置就可以使用 host 模式,只需要在 docker-compose.yml 中启用 host 模式。

如果环境变量中没有 EXT_IP,则可能无法启动 Sofia Profile,此时应禁掉 default.xml 和 public.xml 中的 ext-sip-ip 和 ext-rtp-ip 参数。

默认配置的是 NAT 模式,我们在 Profile 中启动如下配置。

```
<param name="local-network-acl" value="$${local_network_acl}"/>
```

注意,local_network_acl 的值是从 LOCAL_NETWORK_ACL 环境变量来的,默认值为 none,它实际上是一个不存在的 ACL,所以 FreeSWITCH 会认为任何来源的 IP 地址都会在 NAT 后面,因而对外总是使用 EXT_IP 环境变量里面的 IP 地址。

如果在 host 网络模式下,则可以在 .env 中注释掉 LOCAL_NETWORK_ACL 这个环境变量,让它使用默认值 localnet.auto。

B.9　测试号码

在默认配置下,可以拨打表 B-1 所示测试号码。

表 B-1　测试号码

号　　码	说　　明
9196	回音测试 Echo
888	XSwitch 技术服务电话
3000	进入会议
其他号码	查找本地注册用户并桥接,即你可以注册两个不同的用户互拨

FreeSWITCH 相关的配置文件都在 conf 目录下。这里介绍的镜像采用的是一种最精简的配置,读者可以根据需要添加相应的配置来测试不同的功能。在本书的例子中,大部分使用了这些默认的配置,不过,为了能方便与 Kamailio 配合使用,相应的运行环境已经集成到了一起,可以在随书附赠的代码中看到相应的 docker-compose 编排文件。

更多信息可以查看 https://github.com/rts-cn/xswitch-free。

Lua 快速入门

本书介绍的 Kamailio 路由脚本绝大部分是使用 Lua 语言编写的，不熟悉 Lua 的读者可以通过阅读本附录快速入门。

Lua 是一门小众语言，它可能不像其他语言（如 Java）那样"如雷贯耳"，但由于其优雅的语法及小巧的身段受到很多开发者的青睐，尤其是在游戏领域⊖。

Lua 非常简洁又非常强大，经常作为"胶水"语言嵌入各种软件中，比如 FreeSWITCH、Kamailio、VLC、PostgreSQL、Wireshark 中都有它，本书也主要以 Lua 语言做路由配置。当然，正因为它非常简单，所以即使你以前不熟悉 Lua，在读完本章后，也可以轻松阅读本书。

Lua 的语法非常简洁易懂，以致有人说："如果你会其他编程语言，在 30 分钟内就能学会 Lua。"

大家都知道，如果具有某种语言的编程经验，那么可以对比着学另一种新的语言。在这时里，我们对比 JavaScript 语言来学习 Lua。

C.1 Lua 与 JavaScript 的相似性

Lua 与 JS（JavaScript 的缩写，下同）有很多相似的地方，简述如下。

（1）变量无须声明：Lua 与 JS 都是弱类型的语言（不像 C），所以它们不需要事先声明变量的类型。

⊖ 我相信有很多人知道它是缘于 2010 年一则新闻，新闻中说一个 14 岁的少年用 Lua 编出了 iOS 版的名为 *Bubble Ball* 的游戏，该游戏的下载量曾一度超过《愤怒的小鸟》。

（2）区分大小写：Lua 和 JS 都是区分大小写的。true 和 false 分别代表布尔类型的真和假，true 与 True、TRUE 是完全不同的。

（3）函数可以接受不定个数的参数：与 JS 类似，在 Lua 中，与已经声明的函数参数个数相比，实际传递的参数个数可多可少。举例如下。

```
function showem( a, b, c )
    print( a, b, c )
end

showem( 'first' )                          --> first    nil      nil
showem( 'first', 'second' )                --> first    second   nil
showem( 'first', 'second', 'third' )       --> first    second   third
showem( 'first', 'second', 'third', 'fourth' ) --> first    second   third
```

在 Lua 中，不定长的参数列表使用 "..."（称为 vararg expressions）来表示，举例如下。

```
function showem(a, b, ...)
    local output = tostring(a) .. "\t" .. tostring(b)
    local theArgs = { ... }
    for i,v in ipairs(theArgs) do
        output = output .. "\t#" .. i .. ":" .. v
    end
    print(output)
end

showem('first' )                           --> first    nil
showem('first', 'second')                  --> first    second
showem('first', 'second', 'third')         --> first    second   #1:third
showem('first', 'second', 'third', 'fourth') --> first    second   #1:third   #2:fourth
```

（4）哈希表可以用方括号或点方式引用：哈希表是编程语言中一种重要的数据结构。在 Lua 中，哈希表用 Table 来实现，在 JS 中用稀疏数组实现。无论如何，在两者中的哈希表都可以使用如下语法进行引用。

```
theage = gavin['age']
theage = gavin.age
```

（5）数字：在 JS 和 Lua 中，整数和浮点数是没有区别的。它们在内部都是以浮点数表示。在 Lua 中，所有的数字类型都是 number 类型。

（6）分号是可选的：JS 和 Lua 类似，在不产生歧义的情况下，行尾的分号可以有，也可以没有，不同的是对待分号的方式。在 JS 中，按惯例是包含分号的，而在 Lua 中，按惯例是不包含分号的。

（7）默认全局变量：在 JS 中，如果用 var 声明一个变量并赋值，则它是本地变量；如果不用 var 声明，默认就是全局的。举例如下。

```
function foo( )
{
    var jim = "This variable is local to the foo function";
    jam = "This variable is in global scope";
}
```

而在 Lua 中也类似，local 声明一个本地变量，省略 local 则默认为全局变量。举例如下。

```
function foo( )
    local jim = "This variable is local to the foo function";
    jam = "This variable is in global scope";
end
```

（8）使用双引号和单引号表示字符串：在 JS 和 Lua 中，字符串是用引号引起来的，并且单引号和双引号的作用没有任何不同⊖。引号要配对使用，但这两种引号可以混合以避免使用转义符，必要时可以使用 \ 来转义。举例如下。

```
local book = "Seven's Book";               --> Seven's Book
local book = 'Seven\'s Book';               --> Seven's Book
local book = '"Awsome" book of Seven';      --> "Awsome" book of Seven
local book = "\"Awsome\" book of Seven";    --> "Awsome" book of Seven
```

上述代码中，箭头后面为实际变量的值。

（9）函数是一等公民：在 JS 和 Lua 中，函数是一等公民，这意味着，你可以将它赋值给一个变量，将它作为参数进行传递，或者直接加上括号进行调用。比如，在 Lua 中有如下情况。

```
1   mytable = { }
2   mytable.squareit = function( x )
3       return x * x
4   end

5   thefunc = mytable.squareit
6   print( thefunc( 7 ) ) --> 49
```

其中，第 1 行声明一个 Table 类型的变量 mytable；第 2 ~ 4 行定义一个匿名函数，并将它赋值给 mytable 的 squareit 成员变量；第 5 行将上述成员变量的值又赋给了一个变量 thefunc。至此，thefunc 代表第 2 ~ 4 行定义的匿名函数。最后，在第 6 行就可以通过 thefunc 引用该匿名函数，该匿名函数对输入的参数 7 进行平方计算（x * x），最后得到的结果是 49。

（10）闭包：在 JS 和 Lua 中，函数都是闭包。简单来说，这意味着函数可以访问其在定义时可以访问的局部变量，尽管在以后调用时这些局部变量看起来已经"失效"了。比如，下面的 Lua 例子中，local n 是一个局部变量，在执行 makeFunction 函数后，n 的值本应失效，但却能在后面调用时照样使用它，详见代码内注释。

```
local a                        -- 定义一个变量 a，初始值为 nil
function makeFunction()        -- 定义一个函数，该函数的作用是返回另一个函数
    local n = 100              -- 初始化一个局部变量，一般来说该局部变量会在本函数结束时失效
    return function (x)         -- 返回一个匿名函数
        return n + x           -- 匿名函数的作用是返回 n 与输入参数 x 的和
    end
end

a = makeFunction()    -- 执行上面定义的函数，这时变量 a 的值就是一个函数，即上面定义的匿名函数
```

⊖　这一点与 PHP、Ruby 以及 Bash 不同。在这三种语言中，双引号表示引用的内容中如果有变量，则要进行变量替换；而单引号表示引用的内容中的字符串要保持原样，不管有没有变量。

-- 执行完上述函数后，变量 n 由于失去作用域本应该失效，但由于"闭包"的特性，会在 a 这个变量引用该匿名函数期间有效
print(a(1)) # 执行 a 函数并打印结果，输入参数为 1，输出结果为 101
print(a(2)) # 输出结果为 102

C.2　区别

Lua 与 JS 又有很多区别，简述如下。

1. 单行和多行注释

JS 使用 // 做单行注释，而 Lua 中使用 --。

JS 使用"/* ... */"来做多行注释，而 Lua 中使用"--[[...]]"。（注意，这里的"…"表示实际被注释掉的内容。）

JS 中多行注释不能嵌套，解析器将在遇到第一个"*/"时终止该注释，而在 Lua 中可以使用类似"--[===[...]===]"这样的方式进行注释，并通过在方括号中加多个等号（前后等号的数量要匹配）来改变最外层的注释。

参考以下 Lua 注释。

```
-- 本行是单行注释
local jim = "This is not commented"

--[[
local foo = " 本行代码被注释掉了 "
local bar = " 本行代码也被注释掉了 "
--]]

local jam = " 本行是有效的 "
--[[ 本行相当于一个单行注释，只有前面两个 -- 有效
local foo = " 本行也是有效的，为什么？因为上一行是一个单行注释，管不到本行 "
local bar = " 本行也是有效的，原因同上 "
--]] 本行也相当于一个单行注释，只有前面两个 -- 有效

--[==[ 把下面这些内容全都注释掉，直到最后一行（找到相匹配的同样个数的等号）
--[[
local foo = "foo"
local bar = "bar"
--]]
--]==]
```

2. 用 end 终止程序块

Lua 与 Ruby 类似，使用 end 来代替 JS 中的大括号来终止程序块。下面是 Lua 中终止程序块的语法。

```
function foo( )
    --my code here
end

if foo( ) then
    --my code here
```

```
end

for i=0,1000 do
    --my code here
end
```

3. 使用 nil 代表空值

类似 Ruby，在 Lua 中，使用 `nil` 代表空值，在 JS 及 C 语言中则使用 `null` 或 `NULL`（在 Kamailio 原生脚本中使用 `$null`）。

在 JS 中，空字符串（`""`）和 0 在条件测试中都为假（`false`）。而在 Lua 中，`nil` 和 `false` 是仅有的非"真"值，其他所有测试结果都为"真"，如 `if(0)` 会返回真。

4. Lua 中任何值都可以作为 Table 的键（Key）

在 JS 中，对象（Object）的所有键都是字符串（如 `myObj[11]` 与 `myObj["11"]` 是相同的），而在 Lua 中，字符串、数字，甚至另一个 Table 都可以是键。参见如下 Lua 代码。

```
a = {}
b = {}
mytable = {}
mytable[1] = "The number one"
mytable["1"] = "The string one"
mytable[a] = "The empty table 'a'"
mytable[b] = "The empty table 'b'"

print( mytable["1"] ) --> The string one
print( mytable[1] )   --> The number one
print( mytable[b] )   --> The empty table 'b'
print( mytable[a] )   --> The empty table 'a'
```

5. Lua 中没有数组，任何复杂的数据类型都是 Table

在 JS 里有明确的数组对象，并且有对应的操作数组的方法。举例如下。

```
var myArray = new Array( 10 );   // 声明一个新数组，有 10 个空元素
var myArray1 = [ 1, 2, 3 ];      // 声明一个新数组，有 3 个元素
myArray1.pop();                  // 从数组中弹出最后一个元素
```

而在 Lua 中，对象是 Table，prototype 是 Table，哈希表是 Table，数组是 Table，Table 是 Table，总之什么都是 Table。

Lua 中的所谓数组，本身就是一个 Table，它相当于 JS 里的稀疏数组，只是它的第一个值是从 1 开始的，而不是 0。可以使用 Table 的语法来创建数组。下面 Lua 代码中的两种方法是等价的。

```
people = { "Gavin", "Stephen", "Harold" }
people = { [1]="Gavin", [2]="Stephen", [3]="Harold" }
```

如果拿 Table 当数组来用的话，可以使用两种方法来获取和设置数组的大小，并允许数组中有空值存在。举例如下。

```
people = { "Gavin", "Stephen", "Harold" }
print( table.getn( people ) )              --> 3
```

```
people[ 10 ] = "Some Dude"

print( table.getn( people ) )                    --> 3
print( people[ 10 ] )                            --> "Some Dude"

for i=1,table.getn( people ) do
    print( people[ i ] )
end
--> Gavin
--> Stephen
--> Harold

table.setn( people, 10 )
print( table.getn( people ) )                    --> 10

for i=1,table.getn( people ) do
    print( people[ i ] )
end
--> Gavin
--> Stephen
--> Harold
--> nil
--> nil
--> nil
--> nil
--> nil
--> Some Dude
```

6. 数字、字符串以及 Table 都不是对象

与面向对象概念里面的对象不同，数字、字符串以及 Table 本质上都不是对象。
Lua 仍然是面向过程的语言，大多数操作可以通过库函数实现。举例如下。

```
print(string.len(mystring)  )  --> 11
print(string.lower(mystring))  --> hello world
```

其中，`string.len` 是一个函数，实际上 `string` 本身是一个 Table。从 5.1 版本起，
Lua 也支持一些类似面向对象的语法，如上面的例子等价于如下代码。

```
mystring = "Hello World"
print(mystring:len()  )  --> 11
print(mystring:lower())  --> hello world
```

在上面的例子中，通过使用 "：" 把 mystring 看成一个对象，len 和 lower 就类似于
这个对象的方法。实际上，Lua 是在内部对 mystring 这个假的 "对象" 做了特殊处理。找到
mystring 所对应的数据类型（string）后，调用实际的 string.len()，并把 mystring
作为该函数的第一个参数，所以 mystring:len() 与 string.len(mystring) 是等价的
（这种方法通常称为语法糖）。

7. 没有 ++，没有 +=

在 Lua 中没有 ++ 和 += 这样的缩写形式，所以变量自加必须用以下方式。

```
local i = 0;
```

```
i = i + 1;
```

字符串的拼接是使用 ".." 操作符实现的, 举例如下。

```
local themessage = "Hello"
themessage = themessage .. " World"
```

如果把一个字符串和一个数字相加, Lua 会试图将字符串转换成数字。举例如下。

```
print(10 + "2")      --> 12
print(10 + "a")      --> 出错: attempt to perform arithmetic on a string value
```

8. 没有三目运算符

JS 或 C 中的 "a ? b : c" 是很贴心的, 但在 Lua 中没有这样的语法, 不过其有一个短路语法与该语法类似。举例如下。

```
local foo - (math.random( ) > 0.5) and "It's big!" or "It's small!"

local numusers = 1
print( numusers .. " user" ..
(numusers == 1 and " is" or "s are") .. " online.")
--> 1 user is online.

numusers = 2
print( numusers .. " user" ..
(numusers == 1 and " is" or "s are") .. " online.")
--> 2 users are online.
```

9. 模式匹配

正则表达式是很方便的字符串匹配工具。与 JS 以及其他语言不同, 为了保持 Lua 的小巧且减少 Lua 对其他库的依赖, Lua 没有使用常用的 POSIX 正则表达式 (regexp), 也没有使用 PCRE (Perl 兼容的正则表达式), 而是使用自己实现的模式匹配算法, 其相关实现语法也与 JS 有很大不同。

模式 (Pattern) 实际上就是 Lua 中的正则表达式。它与普通正则表达式最大的不同就是使用 % 而不是使用 \ 来进行转义。Lua 模式及其说明如表 C-1 所示。

表 C-1 Lua 模式及其说明

模　式	说　　明	模　式	说　　明
·	所有字符	%s	空白字符
%a	字母	%u	大写字母
%c	控制字符	%w	字母和数字
%d	数字	%x	十六进制数字
%l	小写字母	%z	内部表示为 0 的字符
%p	标点符号		

除此之外, 它还有一些具有魔法含义的特殊字符, 这些字符有 ( )、.、%、+、-、

﹡、?、［ ］、^、$。它们的含义都与 PCRE 里相应的字符差不多，其中 – 的含义与 ﹡ 类似，都是重复前一个字符 0 次或多次，不同的是，﹡ 为最大匹配，它会尽量匹配更长的字符串，而 – 为最小匹配，它会尽量匹配更短的字符串。

C.3　其他

在本书中，我们大部分都在用 Lua 来写 Kamailio 路由脚本。作为对比，我们可以看一个在 FreeSWITCH 中执行 Lua 脚本的例子。

在 FreeSWITCH 中，当有呼入并执行到 Lua 脚本时会自动生成一个 session 对象，因而可以在 Lua 脚本中使用类似面向对象的语法特性进行编程，比如以下脚本可以用于播放欢迎音。

```
session:answer()        -- 应答
session:sleep(1000)     -- 等一会媒体 (毫秒), 在 PSTN 环境中媒体建立可能比较慢
session:streamFile("/tmp/hello-lua.wav") -- 播放声音文件
session:hangup()        -- 挂机
```

最后，向大家推荐一本学习 Lua 的书——《Lua 程序设计 (第四版)》(原名 *Programming Lua*)。另外，英文好的读者可以参考另一本书 *Programming in Lua*，该书第一版是免费的，见 http://www.lua.org/pil/。

Docker 简介及常用命令

随着云计算及云原生的发展，Docker 基本上成了事实上的部署方式。对于运维来讲，使用 Docker 镜像非常简单（当然制作 Docker 镜像还是有些门槛的），因而在本书的例子中主要基于 Docker 镜像和 Docker 容器给大家讲解相关知识。为了照顾不熟悉 Docker 的读者，下面我们对 Docker 进行简单介绍。

D.1　Docker 简介

为了帮助大家理解 Docker，我们需要先来介绍一下虚拟机。大家都知道，计算机有 CPU、内存、硬盘、网卡等基本硬件，而为了高效使用这些硬件，需要一个操作系统来管理和维护它们，典型的操作系统有 Windows、Linux、macOS 等（手机其实也是一台计算机，有 Android 和 iOS 等操作系统）。一般来说，一台计算机上只能运行一个操作系统，为了能同时运行多个操作系统，人们发明了虚拟机。虚拟机就是使用软件模拟 CPU、内存、硬盘和网卡等，这样就可以在操作系统中套操作系统（类似于俄罗斯套娃）。相对于虚拟机，运行原来的操作系统的主机就称为宿主机。常见的虚拟机软件有 VMWare、Virtual Box、Xen 及 KVM 等。

虚拟所有硬件会有些慢，也会有些重。在 Linux 内核中，有一个轻量级的东西叫 control groups（即 Cgroups），它可以做资源控制、进程控制和隔离。使用 Cgroups 做出来的虚拟化技术叫 LXC（Linux Container），由于 LXC 只是使用了资源隔离，而不需要像虚拟机那样将虚拟机里全部的 CPU 指令"翻译"成宿主机的指令，因而更轻。

但是 LXC 用起来比较麻烦，因而其虽然出现了很多年但一直流行不起来，直到 Docker 出现。

Docker 其实并不是什么虚拟化技术，它只是提供了一组工具，可以方便地生成和管理镜像、启动虚拟化容器等。所以，通过 Docker 实现的虚拟化系统也不再叫虚拟机，而叫容器。也就是说，在一个 Linux 操作系统上，可以跑很多不同的容器，不同容器之间的资源（如 CPU、进程、内存、网络、硬盘空间等）都是隔离的，不同容器里的内容可以使用不同的资源，包括不同版本的应用程序或依赖库等，它们彼此独立运行，但共用操作系统内核。Docker 只适用于 Linux，也就是说，宿主机和服务器必须都是 Linux 系统。

虽然在 Linux 宿主机上运行 Docker 的开销很小，但人们还想在 macOS 及 Windows 上运行 Docker。为了实现这个目标，最早人们都是以虚拟机的方式实现的，如基于 Virtual Box 实现。但后来，macOS 上有了性能更高的 Hypervisor.Framework（xhyve 是它的具体实现），Windows 上也出现了 WSL2⊖，这些技术可以更好地支持虚拟化。

还有一个比较有用的工具叫 Docker Compose，它使用一组 YAML 格式的编排文件，通过它可以更方便地管理很多容器。最初该工具是单独提供的，不过最新版本的 Docker 已经整合了该工具。

D.2 Docker 安装

如果你想使用 Ubuntu 或者 Debian Linux 操作系统，可以使用如下命令一键安装 Docker。（通过 `--mirror` 参数使用阿里云的镜像进行安装速度会快一些。）

```
curl -fsSL https://get.docker.com | bash -s docker --mirror Aliyun
```

或使用 DaoCloud 提供的一键安装方式，具体如下。

```
curl -sSL https://get.daocloud.io/docker | sh
```

在其他 Linux 系统（如 CentOS、RHEL 等）上以及 macOS、Windows 上进行安装的方法也有所不同，限于篇幅我们就不一一介绍了，https://docs.docker.com/engine/install/ 上列出了在各种操作系统上安装 Docker 的方法，大家可以自行学习。

下面几个链接上也有中文的安装说明，大家可以参考。

❑ https://www.runoob.com/docker/windows-docker-install.html。

❑ https://www.runoob.com/docker/ubuntu-docker-install.html。

❑ https://www.runoob.com/docker/macos-docker-install.html。

⊖ 值得一提的是，微软现在有了 WSL、WSL2（Windows Subsystem for Linux）及 WSA（Windows Subsystem for Android），相当于直接把 Linux 内核做进了 Windows 里，直接在 Windows 中就可以运行 Linux 和 Android 程序。

D.3　基本概念

这里我们简单介绍与 Docker 相关的一些基本概念。

❑ 镜像：即 Docker Image，里面是一些文件，相当于一个硬盘。镜像是分层的，便于传输和分享。如果日后镜像有更新，可以只下载更新过的层，没动过的层不需要重新下载。

❑ Tag：镜像有一个 Tag 属性，相当于给镜像打一个记号。Tag 是可选的，它就是一个字符串，如果没有 Tag，则默认为 `latest`。Tag 通常用于标志镜像的版本。

❑ 容器：通过一个镜像可以启动一个容器，它是一个隔离的运行环境（可以认为是个轻量级的虚拟机），可以进入一个容器的内部执行命令。Docker 容器在运行期间会保存一个临时的镜像，用于存储变动过的义件。容器重启临时镜像的内容还会保留，直到容器被彻底删除。

❑ 网络：网络最典型的使用方法是使用 NAT 模式，在 Linux 宿主机上也可以使用 `host` 模式，但后者实际上是破坏了网络隔离。

❑ Docker Hub：与 GitHub（众所周知的代码仓库聚集地）类似，Docker hub 是 Docker 镜像的聚集地。除 Docker Hub 外，其他云厂商也提供镜像服务，如 `xswitch-free` 镜像就存储在腾讯云上。

D.4　常用命令

以下命令经常用到。

启动一个容器的命令如下。

```
docker run hello-world

Hello from Docker!
```

在首次需要一个镜像时，Docker 会自行从 Docker Hub（或指定的其他镜像服务器）上下载。其中 `Hello from Docker` 是镜像启动后打印的内容，打印后即退出，容器也会退出。如果想让镜像启动后不退出，可以运行一个永远不退出的程序。比如，以下命令用于运行 `alpine`（它是一个小的 Linux 发行版，非常小）镜像的 Shell。

```
docker run -it alpine sh
```

其中，`-it` 参数表示开启交互式终端。进入 Shell 环境后就可以在容器内部执行一些命令了。在宿主机上换一个终端容器，可以使用 `docker ps` 命令列出所有正在运行的镜像。举例如下。

```
# docker ps
CONTAINER ID   IMAGE    COMMAND         CREATED        STATUS   PORTS     NAMES
873ea4a68dc0   alpine   "sh"    About a minute ago  Up
```

有了 Container ID，就可以在宿主机上进入容器了。

```
docker exec -it 873ea4a68dc0 sh
```

当然，Container ID 是自动生成的，在启动 Docker 镜像时可以用 --name 指定一个好记的名字，如以下代码在容器中启动时指定容器的名字为 alpine-test。

```
docker run --name alpine-test --rm alpine sh
```

上述代码中，--name 用于指定一个名字（alpine-test）；--rm 表示容器停止运行后，自动删除相关资源。如果在容器运行期间创建了一个文件，且当初窗口启动时使用了 --rm 参数，则重启后刚才创建的文件就不存在了；相反，如果启动镜像时并没有使用 --rm 参数，那么重启镜像后上述文件内容还在。

容器有了名字，以后进入容器就可以把 Container ID 换成对应的名字了，如在下面的命令中使用了容器的名字 alpine-test 作为参数，而不是随机生成的 Container ID。

```
docker exec -it alpine-test sh
```

在容器中可以使用 exit 退出 Shell，如果退出的是最初启动的那个 Shell，那么容器就自动退出了。

其他常用的参数还有 -p（做 NAT 端口映射）、-e（设置环境变量）等，我们在此就不详细讲了，在 5.1.2 节和 5.1.3 节有相关的例子。

在宿主机上可以查看标准输出（STDOUT）的日志，命令如下。

```
docker logs alpine-test
```

通过 -f 参数可以进入 Follow 模式，即跟踪日志输出永不退出，具体命令如下。

```
docker logs -f alpine-test
```

停止容器的命令如下。

```
docker stop alpine-test
```

彻底删除容器所有缓存的命令如下。

```
docker rm alpine-test
```

在 Docker 运行期间，会产生大量缓存，如自动下载的镜像，如果我们没有使用 -rm 参数来自动删除容器产生的缓存，也没有使用上面的 docker rm 命令有针对性地进行清除，时间长了这些缓存会占用大量硬盘空间。可以使用如下命令删除缓存。（注意，因为这个命令会删除一些东西，所以在使用前确保知道你自己在做什么，如果不确定的话最好多看看 Docker 手册或找个同事帮助你一块看着。）

```
docker system prune -a
```

D.5　Docker Compose

此处以随书附增的示例代码中的 Docker Compose 文件为例（`docker/kam.yml`）。

```
version: "3.3"                 # 配置文件的版本号

services:                      # 服务，可以有多个
  kb-kam:                      # 定义一个 Kamailio 服务，名字任意
    container_name: kb-kam     # 启动后，容器的名字，类似于 `docker run -name 的名字 `
    image: kamailio/kamailio-ci:5.5.2-alpine  # 使用的镜像，来自 Docker Hub
    # restart: always          # 崩溃后是否自动重启，在生产环境中经常使用
    env_file: .env             # 从该文件中自动导入一些环境变量
    stdin_open: true           # 是否启用标准输入
    tty: true                  # 是否启用控制台，该参数和 stdin_open 参数同时开启可以在控制
                               #   台使用键盘输入
    # command: ["/bin/sh"]     # 容器启动后执行的命令，如果没有则执行构件时 Dockerfile 中指定的命令
    privileged: true           # 特权模式，如是否可以在容器中运行 tcpdump 抓包或 gdb 调试
    entrypoint:                # 启动后自动执行的命令
      - /bin/sh
      # - /start-kam.sh
    volumes:                   # 挂载在宿主机上的目录或文件，这些目录或文件在容器停止后不会消失
      - ../etc:/usr/local/etc/kamailio:cached
      - ../etc:/etc/kamailio:cached
      - ../start-kam.sh:/start-kam.sh
    networks:                  # 指定网络，这里我们指定了一个外部网络，方便跟其他容器共享
      - kamailio-example
    ports:                     # 映射端口，这里引用了环境变量，在 .env 中设置
      - "${KAM_SIP_PORT}:${KAM_SIP_PORT}"
      - "${KAM_SIP_PORT}:${KAM_SIP_PORT}/udp"

networks:
  kamailio-example:
    external: true
```

其中，外部网络使用 `docker network create kamailio-example` 命令创建，这样可以将 Kamailio 容器与 FreeSWITCH 容器启动到同一个网络上（使用相同的网络地址段）。

可以通过以下命令启动容器。（如果你使用新版本的 Docker，也可以将 docker-compose 换成 docker compose，即把 – 换成空格。）

```
docker-compose -f docker/db.yml up      # 启动到前台，可以在当前 Shell 中进行查看日志、输
                                        #   入命令等操作
docker-compose -f docker/db.yml up -d   # 启动，进入后台模式，不占用当前 Shell
```

上述命令中，如果把 up 换成 down 则可以停止服务。从上面可以看出，有了 YAML 编排文件，可以比原始的 Docker 少输入很多命令行参数。另外也可以将多个服务写到同一个 YAML 文件中，同时启停多个服务、管理它们的依赖关系等。

这里只是简单介绍了 Docker 和 Docker Compose，了解了这些内容你就可以顺利阅读本书了。更多的关于 Docker 使用方法的介绍，还需要读者自行去找相关资料。

模块索引表

Kamailio 是一个模块化结构的系统，由核心和外围模块构成。Kamailio 的核心很紧凑，大部分功能，甚至连 SIP 事务处理（tm）这样的基本功能，都是在模块中实现的。Kamailio 模块数量很多，其 5.6 版的官方文档中列出了近 250 个。肯定不会有人同时用到所有的模块，事实上，常用的模块也就几十个。但即使只是几十个，如果全部详细讲明白所有相关的参数和函数，也需要好几本书才行。

本书并没有直接罗列所有的模块和参数，而是把模块的使用融入实际的案例中，这样不仅节省篇幅，读起来也能更生动。当然在本书中，对于各个模块，我们只是讲了一些重点的、比较有代表性的参数和函数的使用方法，更多的内容还需要读者自行查阅相关模块的说明文档⊖。

为便于读者根据模块名字找到书中相关的案例，我们在此做了一个简单的索引表格，供读者查阅。

模　块	说　明	所在位置
pike	并发数跟踪模块	2.3 节
core	核心函数	3.1 节
htable	哈希表存取模块	3.2 节
KEMI	脚本语言嵌入式模块	第 4 章
sqlops	SQL 处理模块	4.4.2 节，7.2 节
sipdump	SIP 日志模块	5.6.1 节

⊖ 参见 https://kamailio.org/docs/modules/devel/。

（续）

模　　块	说　　明	所在位置
tm	事务处理模块	6.2.3 节
dispatcher	负载均衡模块	6.4.2 节
permissions	权限许可模块	6.4.3 节
geoip2	IP 地理位置查询模块	6.4.4 节
xhttp	HTTP 服务端模块	6.5.1 节
http_client	HTTP 客户端模块	6.5.1 节
http_async_client	HTTP 异步客户端模块	6.5.1 节
rtjson	基于 JSON 的路由模块	6.5.2 节
evapi	事件 API 模块（自定义协议）	6.5.3 节
mtree	动态树模块	8.1 节
dialplan	拨号计划模块	8.2 节
lcr	低成本路由模块	8.3 节
prefix_route	字冠路由模块	8.4 节
drouting	动态路由模块	8.5 节
speeddial	缩位拨号模块	8.6 节
alias_db	用户别名模块	8.7 节
carrierroute	运营商路由模块	8.8 节
pdt	字冠 – 域名翻译模块	8.9 节
usrloc	用户位置模块	8.10 节
db_redis	Redis 数据库连接模块	8.10 节
uac	用户代理客户端模块	8.11 节
acc	记账模块	8.13 节
path	路径模块	8.14.1 节
nathelper	NAT 穿透模块	8.14.2 节
rtpengine	RTP 引擎模块	8.14.3 节
topoh	拓扑隐藏模块	8.14.5 节
websocket	WebSocket 模块	8.15 节
pipelimit	流量限制模块	10.2.3 节
dialog	对话模块	10.2.5 节

后　记

至此，本书要跟大家说再见了。作为本书的作者，我其实还有很多的话要跟大家说，有更多实例想跟大家分享，但由于时间以及篇幅的关系，我不能太任性地写下去。作为创业者，我在很多真实的项目中使用了 Kamailio，基于此支撑了大量的并发呼叫；作为技术爱好者和程序员，我编写了大量的 Kamailio 路由脚本，也阅读了一些 Kamailio 的源代码，对 Kamailio 项目的源代码及文档也有一点点贡献。本书中使用的例子，有的来自网上公开的资料，有的来自我及我的团队的实践。我花了大量的时间精选和测试这些实例，就是希望给读者一个全方位的参考，同时保证相关内容不至于太复杂。

使用 Lua 写路由脚本是本书的一大特色，在国际上这也是首创。当然，为了帮助大家阅读原生语言编写的路由脚本，我们在本书中也对原生的概念和函数做了比较详尽的说明。总之，通过对本书的学习，希望大家都能充分理解 Kamailio 的特点和本质，写出更有创造力的路由脚本，做出更完美的解决方案。

Kamailio 历经 20 年而不衰，且与时俱进、不断进步，足以说明其具有强大的生命力。祝愿 Kamailio 开源社区明天会更好，再辉煌 20 年。也希望大家多向行业里的朋友们推荐 Kamailio，即使他们不用 Kamailio，但相信阅读本书对于他们深入理解 SIP、VoIP 及 RTC 通信都有很大的帮助。

最后，也希望有实践经验、有开发能力的读者，能深度参与 Kamailio 技术社区的讨论和交流，为开源项目做贡献，与开源社区共同发展。同时也希望本书能真正为大家带来帮助，帮大家为行业、为社会提供更多、更好、更稳定的 SIP 服务。未来是属于我们大家的。

推 荐 阅 读

5G NR标准：下一代无线通信技术（原书第2版）

作者：埃里克·达尔曼 等 ISBN：978-7-111-68459 定价：149.00元

◎ 《5GNR标准》畅销书的R16标准升级版
◎ IMT-2020（5G）推进组组长王志勤作序

蜂窝物联网：从大规模商业部署到5G关键应用（原书第2版）

作者：奥洛夫·利贝格 等 ISBN：978-7-111-67723 定价：149.00元

◎ 以蜂窝物联网技术规范为核心，详解蜂窝物联网mMTC和cMTC应用场景与技术实现
◎ 爱立信5G物联网标准化专家倾力撰写，爱立信中国研发团队翻译，行业专家推荐

5G NR物理层技术详解：原理、模型和组件

作者：阿里·扎伊迪 等 ISBN：978-7-111-63187 定价：139.00元

◎ 详解5G NR物理层技术（波形、编码调制、信道仿真和多天线技术等），及其背后的成因
◎ 5G专家与学者共同撰写，爱立信中国研发团队翻译，行业专家联袂推荐

5G核心网：赋能数字化时代

作者：斯特凡·罗默 等 ISBN：978-7-111-66810 定价：139.00元

◎ 详解3GPP R16核心网技术规范，细说5G核心网操作流程和安全机理
◎ 爱立信5G标准专家撰写，爱立信中国研发团队翻译，行业专家作序

5G网络规划设计与优化

作者：克里斯托弗·拉尔森 ISBN：978-7-111-65859 定价：129.00元

◎ 通过网络数学建模、大数据分析和贝叶斯方法解决网络规划设计和优化中的工程问题
◎ 资深网络规划设计与优化专家撰写，爱立信中国研发团队翻译

6G无线通信新征程：跨越人联、物联，迈向万物智联

作者：[加] 童文 等 ISBN：978-7-68884 定价：149.00元

◎ 系统性呈现6G愿景、应用场景、关键性能指标，以及空口技术和网络架构创新
◎ 中文版由华为轮值董事长徐直军作序，IMT-2030（6G）推进组组长王志勤推荐